경북의 아름다운

걷기여행

상상출판

Prologue

경상북도의 속살을 만나는 호젓한 길 46곳,
아름다운 길 너머 호젓한 사색의 숲으로 초대합니다

여행에는 두 가지 종류가 있다. 펼쳐진 자연을 눈으로 느끼고 즐기기만 하는 여행과 여행지에 대한 역사를 알고 봐야 제대로 보이는 여행. '아는 만큼 보인다'는 말이 절실한 곳이 바로 경상북도일 것이다. 스쳐 가며 보는 사람들에게는 단순한 '절'과 교과서에 나오는 선비의 고장일 뿐이지만 절과 마을의 내력을 알고 보는 사람에게는 역사책이나 소설보다 더 중요한 의미를 찾아낼 수 있는 곳이기 때문이다.

경상북도는 '한국 정신문화의 수도'로 불릴 만큼 전통문화를 잘 간직하고 있다. 아직까지 개발의 손길이 미치지 않은 수려한 자연경관과 전통문화유산 등 매력적인 관광자원을 보유하고 있으며, 이를 활용한 관광산업은 무한한 가치를 지니고 있다.

예를 들어 안동 하회마을은 새롭게 세계문화유산으로 등재되었다. 영국의 엘리자베스 여왕의 방문으로 지구촌에 많이 알려졌지만 화려함이나 거대함 없이 소박한 마을이다. 하회마을 옆에 위치한 봉정사는 아름다운 길과 전각을 간직한 사찰이다. 주차장에서 산길을 따라 절까지 오르는 길이 아름답고, 절 자체도 어머니의 품에 안긴 것처럼 포근하다. 봉정사까지 오르는 길은 그리 힘들지 않고 계곡을 따라 오솔길이 이어져 운치 있다. 봉정사를 찾아가면서 길 이야기를 빠뜨릴 수 없다. 절의 분위기를 좌우하는 것 중 하나가 절에 들어가는 길일 것이다. 봉정사로 들어가는 길은 솔숲과 굴참나무, 작은 폭포, 넓지도 좁지도 않은 길이 한데 어우러져 아름답다. 새벽 무렵 어둠이 채 가시기 전에 조용히 이 길을 걸어가면 좋겠다는 생각이 절로 든다. 솔밭길을 조금 오르면 봉정사 일주문이 먼저 마중한다. 봉정사에 오를 때는 반드시 주차장에 차를 두고 걸어가기를 권한다. 호젓한 산길을 걷는 재미, 가끔씩 무리지어 피어 있는 들꽃, 아름다운 숲을 보며 걷는 맛이 차를 타고 가는 편안함을 충분히 보상하고도 남는다. 그래서 어느 시인은 내리 숲과 들판과 길을 걸으며 인생의 굴레를 떨쳐버릴 수 있는 시간을 가진다고 했던가. 봉정사로 오르는 숲길은 느림의 미학을 느끼게 해주는 곳이다.

청도 운문사 솔바람길도 인상적인 곳이다. 소나무와 낮은 돌담이 둘러쳐진 돌계단을 따라 오르면 단아하고 정갈한 아름다움이 깃든 운문사 경내가 나온다. 일주문을 지나 대웅전 마당에 서면 사방으로 아담한 전각들이 자리한다. 만세루에 앉아 주위를 둘러보면 확 트인 경관은 아니어도 봉황이 머물 만큼 편안한 공간이라는 생각이 절로 든다. 그래서일까. 만세루를 지날 땐 꼭 큰집 대문을 드나드는 편안함이 느껴진다.

경상북도의 아름다운 마을과 길은 소중한 문화유산이지만 여행객들에게는 휴식과 사색의 시간을 내주는 공간이다. 그래서 사색의 숲과 호젓한 길은 인생의 쉼표 같은 매력을 품고 있다.

『경북의 아름다운 걷기여행』은 여행작가 7명이 경북의 다양한 길과 여행지에 널려 있는 이야기들을 찾아 여행의 달인들의 노하우를 섞어 만든 공동 작업의 결과물이다. 취재를 위해 여러 차례 드나들던 길에서 숨어 있는 이야기와 풍경을 길어올려서인지 싱싱하고 깊은 울림을 주는 사진들이 많다. 또한 여행지에서 만난 사람들과 대화하고 그곳의 삶을 여행 정보와 함께 전해주는 일을 하는 작가들이다 보니 걸으면서 만날 수 있는 매력을 깊이 있는 글과 사진으로 담아냈다.

『경북의 아름다운 걷기여행』이 나오기까지 의미 있는 결과물을 만들어낸 여러 작가들과, 취재에 많은 도움을 준 경북도청 관계자의 노고에 감사의 마음을 전한다.

2011년 봄 (사)한국여행작가협회 참여작가 일동

Contents

발간사 002
46곳 걷기여행 지도 010

Part 01 바다가 아름다운 길

01 바닷길 따라 해 맞으러 가는 길 012
포항 구룡포~호미곶 해맞이길

02 자연과 내가 하나 되는 첩첩산중의 흙길 018
포항 하옥계곡길

03 포항의 내연산 속살을 걷는 즐거움 024
포항 청하골 12폭포길

04 울창한 솔숲 길 청신한 기운 듬뿍, 신선 길이 여기인가? 032
영덕 블루로드 고불봉길

05 산 따라, 바다 따라 천혜의 풍치 자랑하는 블루로드 040
영덕 목은 이색 탐방길

06 평화로운 바닷가를 지나 청신한 솔숲에 들다 046
울진 대게마을길

07 세계의 유명 교량들을 건너 천연 노천탕을 만나다 052
울진 덕구계곡 테마 등산로

08 아름드리 금강소나무 숲으로 이어지는 열두 고갯길 058
울진 십이령길

09 바다를 굽어보며 걷는 숲길 064
울릉도 내수전~석포 옛길

10 울릉도의 독특한 자연을 두루 껴안은 명품 트레킹코스 070
울릉도 행남산책로

11 우산국의 역사와 울릉도의 자연을 담은 길 078
울릉도 남양~태하 옛길

12 태곳적 신비를 간직한 숲의 바다를 걷다 084
울릉도 성인봉 원시림길

Part 02 역사와 문화가 흐르는 길

13 신라 천년의 불국토를 걷다   092
경주 남산 종주길

14 천년의 역사를 만나러 가는 길   098
경주 천년고도 도심 답사길

15 세속의 욕심 벗어두고 마음만 건너가라   106
경주 양동마을 가는 길

16 퇴계의 자취를 찾아 걷는 길   112
안동 퇴계오솔길(녀던길)

17 소복하게 내려앉은 세월을 밟고 걸어   118
안동 하회마을, 병산서원 옛길

18 문화유산과 호반을 따라 걷는 길   126
안동 시내에서 안동호까지

19 선비들이 들려주는 옛이야기 따라 걷는 길   132
영주 소백산자락길

20 청운의 꿈을 품은 선비들의 자취를 따라 걷는 길   138
영주 죽령 옛길

21 마음도 쉬어 넘는 호젓한 오솔길   144
영주 고치령

22 벼랑길에 남아 있는 역사의 흔적   150
문경 토끼비리길

23 청운의 꿈을 품은 선비들이 걷던 길   158
문경 문경새재 과거길

Part 03 경관이 아름다운 숨겨진 길

24 강물 따라 산줄기 따라 휘휘 돌아가는 길   166
예천 회룡포 물길

25 오래된 마을과 풍경 속을 거닐다   172
예천 십승지지 금당실길

26 마늘고장에서 만난 선비고장, 사촌마을과 천년고찰 고운사   178
의성 사촌마을과 고운사

27 바위로 두른 돌병풍 속 길을 걷다   186
청송 주왕산길

28 주왕산의 또 다른 비경, 주산지와 절골계곡을 걷다   192
청송 주왕산 절골계곡길

29 몸과 마음이 치유되는 아름다운 숲길   198
영양 대티골 숲길

30 후손을 위해 만든 생명의 숲, 금강소나무를 만나다   204
영양 본신리 금강소나무 숲길

31 하늘 끝에 선 고고함 속에 들어서는 길   212
봉화 서벽리 금강소나무 숲길

32 낙동강 원류 따라 나를 찾는 길   218
봉화 석포~승부역길

33 바람이 소리를 만나는 청량한 길   226
봉화 청량사길

Part 04 숲이 아름다운 길

34 꼬불꼬불 모퉁이 돌고 돌면 쏴~한 그리움이 생겨나는 길   234
   김천 직지 문화 모티길

35 첩첩 오지 1천 고지의 숲길 따라 무념무상 걷기   240
   김천 수도산 녹색숲 모티길

36 금오산의 아름다운 숲과 호수를 따라 걷는 길   246
   구미 금오산 올레길

37 옛 오솔길과 임도를 따라 비봉산 자락을 걷다   254
   구미 선산 주아리 숲길

38 별을 쫓아 하늘을 향해 걷는 길   260
   영천 천수누림길

39 산 따라 강 따라 들 따라, 휘파람 불며 걷는 길   266
   상주 낙동강길

40 다디단 포도와 오미자 향기 흐르는, 신선이 사는 고장   272
   상주 우복동길

41 오르고 내리는 발걸음에 소망을 담아   278
   경산 갓바위 오르는 길

42 육지 속의 제주도, 오래된 돌담 따라 천 년 고을을 만나다   284
   군위 한밤마을 돌담길

43 구름이 머무는 곳, 마음이 머무는 절   290
   청도 운문사 솔바람길

44 대가야의 이야기를 찾아가는 길   298
   고령 주산 산책로와 지산동고분군

45 수려한 풍경에 마음을 털어내는 길   304
   성주 독용산성길

46 외침을 막기 위해 쌓은 산성, 아름다운 숲길과 어울리다   310
   칠곡 가산산성길

경북의 아름다운

걷기여행

21 영주 고치령

19 영주
소백산자락길

20 영주 죽령 옛길

영주

25 예천
십승지지 금당실길

23 문경 문경새재 과거길

24 예천
회룡포 물길

18 안동
시내에서 안동호까지

문경

22 문경 토끼비리길

예천

안동

40 상주 우복동길

17 안동 하회마을, 병산서원 옛길

상주

39 상주 낙동강길

26 의성
사촌마을과 고운사

37 구미 선산 주아리 숲길

구미

의성

김천

36 구미
금오산 올레길

군위

42 군위
한밤마을 돌담길

34 김천 직지 문화 모티길

칠곡

46 칠곡 가산산성길

45 성주
독용산성길

성주

35 김천 수도산
녹색숲 모티길

41 경산
갓바위 오르는 길

44 고령 주산 산책로와
지산동고분군

고령

31 봉화 서벽리
금강소나무 숲길

32 봉화
석포~승부역길

07 울진 덕구계곡 테마 등산로

08 울진 십이령길

봉화

11 울릉도
남양~태하 옛길

12 울릉도
성인봉 원시림길

09 울릉도
내수전~석포 옛길

10 울릉도
행남산책로

30 영양 본신리 금강소나무 숲길

영양

33 봉화
청량사길

29 영양 대티골 숲길

울진

06 울진 대게마을길

16 안동
퇴계오솔길(녀던길)

28 청송 주왕산
절골계곡길

청송

05 영덕 목은 이색 탐방길

영덕

27 청송 주왕산길

04 영덕 블루로드 고불봉길

02 포항 하옥계곡길

03 포항 청하골 12폭포길

38 영천 천수누림길

01 포항 구룡포~호미곶 해맞이길

영천

경주

포항

15 경주 양동마을 가는 길

14 경주 천년고도
도심 답사길

경산

13 경주 남산 종주길

청도

43 청도 운문사 솔바람길

Part 01
바다가 아름다운 길

o4/46
해맞이 공원

바닷길 따라 해 맞으러 가는 길

포항 구룡포~호미곶 해맞이길

구룡포와 호미곶은 포항의 대표적인 여행지다. 구룡포는 바다에서 하늘로 올라가던 열 마리의 용 가운데 한 마리가 떨어지는 바람에 아홉마리만 승천했다는 전설이 전해오는 곳이다. 호미곶은 호랑이 꼬리를 닮았다고 해서 생긴 지명이다. 호랑이와 용의 기운이 서린 두 곳을 연결하는 바닷길이 있으니 바로 호미곶 해맞이길이다. 이 길 위에선 어디서든 해돋이를 감상할 수 있다. 글 I 사진 김혜영 출발지인 구룡포는 조선시대까지만 해도 작은 어촌에 불과했다. 그러다 일제강점기에 들어와 어업전진기지로 개발되면서부터 동해안 최대의 어항이 되었다. 항구가 커지자 일본인들이 몰려와 구룡포에 정착하기 시작했다. 구룡포 항구에 1000여 척의 배가 수시로 들락거렸고, 부둣가에는 일본인이 이용하는 상점들이 빼곡히 들어섰다. 지금도 구룡포우체국 옆쪽 골목길에는 100여 년 전 일본인들이 살았던 가옥 50여 채가 보존돼 있다. 그나마 남아 있는 가옥들도 상당수 개축되어 앙상하게 뼈대만 남은 가옥 벽면에 붙어 있는 옛 사진만이 그 당시를 기억한다.

구룡포어업조합장을 지낸 하시모토 젠기치의 자택은 리모델링하여 일본인가옥거리 홍보관으로 사용 중이다. 일본인가옥거리 중간쯤에 있는 가파른 계단을 오르면 구룡포공원이 있다. 계단 끝에 서면 구룡포항 일대가 손금 보듯 훤

 걷기좋은계절 봄, 여름, 겨울 　　 난이도 ★★★

호미곶면

호미곶
해맞이광장

925

대보리

대동배리

925

강사리

해국자생지

발산리

석병리

흥환간이
해수욕장

마산리

중흥리

삼정리

삼정해수욕장

눌태리

구룡포리

구룡포해수욕장

읍암리

입곡리

구룡포항

석르

상정리

후동리

구룡포읍

① 포항 구룡포~호미곶 해맞이길 [13.5km, 5시간]

포항(시외)버스터미널 → (22km, 버스로 40분) → 구룡포항 → (2km, 30분) → 구룡포해수욕장 → (0.8km, 10분) →

삼정해수욕장 → (3.1km, 1시간) → 석병리 석병교회 → (2km, 40분) → 해국자생지 → (5.7km, 2시간) → 호미곶등대

히 보인다. 구룡포공원에는 원래 일본인이 세운 신사와 조선총독부에 구룡포 개발을 제안한 도가야 야사브로의 송덕비가 있었다. 해방 이후 구룡포 청년들이 신사를 부수고 송덕비에 시멘트를 부었다. 지금은 충혼탑과 충혼각이 그 자리를 대신하고 있다. 일제강점기는 잊고 싶은 과거이지만 기억해야 할 과거이기에 일본인가옥거리를 벗어나서도 일본 가옥 옛 사진이 잔영으로 남아 눈앞에 아른거린다.

일본인가옥거리를 나와 구룡포해수욕장으로 향한다. 구룡포항에서 구룡포해수욕장까지는 약 40~50분 걸어야 한다. 바다를 오른쪽에 끼고 갓길을 걷는다. 구룡포해수욕장 인근 바닷가엔 검은 갯바위가 바다 위로 넓적하게 드러나 있다. 용암이 급격히 굳으면서 만들어진 주상절리 지형도 보인다. 제주도 바닷가 풍경과 흡사하다. 구룡포해수욕장 이정표를 따라 해변으로 내려간다. 철 지난 바다는 갈매기들이 주인이다. 요란한 소리로 떼를 지어 다니며 먹이를 찾아 헤맨다. '민박상회'를 끼고 오르막길을 올라 다시 찻길로 올라선다.

구룡포에서 호미곶까지 가는 길은 대부분이 해안도로다. 갓길로 걷다가 어촌 마을이나 해수욕장이 나오면 바닷가로 내려갔다가 다시 찻길로 올라와야 한다. 해변길이 마을과 마을 사이에 연결돼 있지 않기 때문이다.

구룡포공원에서 내려다본 구룡포항 전경

◎ 해맞이길 트레킹 요령

구룡포~호미곶간 바닷길은 그늘이 없는 찻길이므로 편한 신발과 모자, 선크림이 필수다. 호미곶에서 일출을 보고 구룡포로 걸어가도 된다. 구룡포에서 200번 버스를 타면 호미곶까지 간다.

구룡포개인콜택시 276-9000, 276-5011

일본인가옥거리 홍보관 개관시간 평일 오전 9시~오후 5시/ 토·일요일 오전 10시~오후 5시

좌 해안도로 옆 비탈에 연보랏빛으로 만발한 해국자생지 **우** 말똥성게를 손질하고 있는 삼정리마을 주민

구룡포해수욕장에서 삼정해수욕장으로 걷는다. 삼정해수욕장까지는 약 15분 정도 걸린다. 바다 풍경은 잔잔한 파도처럼 큰 변화가 없기 때문에 약간 지루할 수도 있다. 보이는 것은 갯바위와 갈매기, 바다에 떨어지는 눈부신 햇살, 해변에 널어놓은 오징어와 과메기 정도다.

삼정3리 포구에 다다르니 과메기 건조장이 많이 보인다. 과메기는 겨울이 제철이라 겨울을 앞두고 과메기를 손질하는 주민들의 손길이 바쁘다. 삼정3리를 지나 석병리로 향한다. 석병교회 표지석에서 내리막길로 내려가면 석병리다. 석병리 주민들이 말똥성게 껍질을 까고 있다. 말똥성게는 또아리처럼 생겼는데 속을 파면 주황빛 연한 속살이 나온다. 주로 일본으로 수출되며, 주민들의 고소득원이라고 한다. 석병2리에서 해변을 따라 가는 길이 끊어져 다시 오르막길로 걸어 올라가 찻길로 진입한다. 30분쯤 걷다 보면 다무포 고래해안생태마을 간판이 보인다. 다무포는 고래 서식지로 유명하다.

다무포를 지나 40분쯤 걸으면 호미곶 해국자생지를 만난다. 오른쪽 비탈이 온통 연보랏빛 해국으로 뒤덮였다. 해국자생지 사이로 작은 산책로가 있다. 해국자생지 꼭대기에서 바다를 바라본다. 끝이 보이지 않는 도로와 끝을 알 수 없는 바다는 평행선으로 달린다. 해국자생지에서 20분쯤 가다 보면, 강사2리쯤 되는 지점에 간이화장실이 있다.

대보1리를 지나 호미곶으로 가는 도중에 해녀들을 종종 만난다. 쉬이 쉬이 숨비소리와 해녀들이 왁자하게 주고받는 말소리에 적막하기만 한 바닷길에 활기가 돈다. 바닷가에 '상생의 손' 하나가 하늘을 움켜쥐듯 불쑥 솟아 있는 것이 보인다. 종착지인 호미곶광장이 가까웠다는 징표다. '상생의 손'의 한 손은 바다 위, 그리고 또 한 손은 해맞이광장에서 서로 마주보며 서 있다. 이 '상생의 손' 위로 붉은 태양이 떠오르는 광경은 호미곶을 찾는 관광객들이 꼭 한번쯤 보고 싶어 하는 명장면이다.

구룡포에서 호미곶에 이르는 바닷길은 총 13.6km로서 5~6시간 정도 걸린다. 해안선이 단조롭기 때문에 지루할 수도 있으니 맘 맞는 친구와 동행하면 더없이 좋겠다.

구룡포 해수욕장을 바라보며 걷는 바닷길

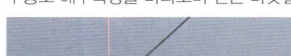

여행 스케줄

1일차 구룡포 – 점심식사(전복죽) – 구룡포해수욕장 – 삼정해수욕장 – 해국자생지 – 호미곶등 대 – 보경사 앞 이동 – 저녁식사(산채정식) – 숙박

2일차 아침식사 – 보경사 – 내연산트레킹 – 죽도시장 – 점심식사(포항물회) – 서울

여행지 정보

호미곶등대 호미곶면 대보리에 있기 때문에 '대보등대'라고도 부른다. 우리나라 최초의 등대인 인천 팔미도 등대에 이어 두 번째로 세워진 등대이다. 규모는 높이 26.4m, 둘레는 밑부분이 24m, 윗부분이 17m로서 전국 최대이다. 호미곶등대는 철근을 사용하지 않고 벽돌로만 지어졌다는 점 이 특이하다. **문의** 284–9814

새천년기념관 호미곶 해맞이공원 광장에 있는 기념관으로 2009년에 개관했다. 지하 1층, 지상 3 층 규모로 지하 1층에는 공예체험실이, 1층에는 '빛의 도시 포항 속으로' 전시실이, 2층에는 포항 바다화석 박물관이 자리하고 있다. 3층에는 영상 세미나실 및 시청각실이 설치돼 있다. 옥탑에는 전망대가 있다. 매주 월요일 휴관이며 오전 10시부터 오후 5시까지 운영한다.

죽도시장 죽도시장은 경북 동해안의 최대 상설시장으로 없는 것 빼고 다 있다는 곳이다. 회골 목, 문어골목, 건어물골목, 수제비골목 등 골목들이 빼곡히 들어찼다. 죽도시장의 대표적인 수산 물인 개복치와 상어돔배기, 고래고기, 돌문어뿐만 아니라 의류, 혼수, 생필품 상가들도 밀집해 있 다. **문의** 1566–8253

Travel info

가는 길

자가용 경부고속도로를 타고 북대구를 지나 도동분기점에서 대구~포항 고속도로를 탄다. 포항 나들목을 빠져나와 31번 국도를 타고 구룡포항까지 이동한다.

비행기 김포공항에서 포항공항까지 하루 8번 비행기가 운항된다.

버스 서울고속버스터미널에서 포항행 버스가 06:00~00:30 동안 30분 간격으로 운행된다. 포항 버스터미널에서 시내버스(200, 200–1번)를 타고 구룡포항(종점)에 내리면 된다.

맛집 구룡포에서 유명한 음식은 과메기와 모리국수이다. 유가네(과메기, 276–8056)와 까꾸네모 리국수(274–2298)를 추천할 만하다. 할매전복집(전복죽, 276–3231)은 전복전문식당으로 유명하 다. 포항죽도시장의 할매고래집(고래고기, 241–6283), 원조환여횟집(포항물회, 251–8847)도 이름 난 맛집이다.

숙박 구룡포항이 한눈에 들어오는 자작나무호텔(276–5858), 앙코르포항호텔(282–2700)의 시설 이 깨끗하다. 호미곶에선 호미곶한나모텔(284–9802), 해송모텔(284–8245)을 추천할 만하다. 보 경사 입구의 연산온천파크(262–5200)는 굿스테이로 지정된 숙소이다.

자연과 내가 하나 되는 첩첩산중의 흙길

포항 하옥계곡길

강원도의 어느 두메산골 같은 포항시 죽장면 일대의 풍경은 동해 바닷가의 제철도시라는 포항의 이미지와 뚜렷이 대비된다. 특히 하옥계곡에서는 바다와 도시가 아득하게 느껴진다. 피서철 이외에는 인적마저 드물어서 자연과 내가 하나되는 일체감을 느낄 수 있다. 줄곧 계곡의 물길과 나란히 달리는 비포장도로는 걷거나 하이킹을 즐기기에 안성맞춤이다. 글 | 사진 양영훈

포항시 북구 죽장면은 육지 속의 섬이나 다름없다. 사방 어느 쪽이든 외지로 들고나려면 험준한 고갯길을 넘어야 한다. 북서쪽의 청송은 꼭두방재, 남동쪽의 포항은 한티재를 넘어야 오갈 수 있다. 동북쪽의 영덕은 가사령을 넘어야 하고, 포항 청하면의 바닷가에 닿으려면 가사령에다 샘재 하나를 더 넘어야 한다. 이처럼 해발 700~1000m대의 고봉들과 준령들이 장성처럼 둘러쳐진 죽장면의 주민들은 바깥세상에서 아무리 큰 전란이 발생해도 별다른 영향을 받지 않았을 듯하다. 실제로 이곳은 신라시대부터 난리를 피해서 들어온 사람들이 많았다고 한다.

하옥계곡은 죽장면에서도 가장 오지에 위치한 계곡이다. 죽장면 소재지에서 69번 국가지원지방도(국지도)를 타고 가사령이라는 나지막한 고개를 넘으면 상옥리에 도착한다. 하옥계곡은 바로 이 상옥리와 그 이웃마을인 하옥리에 걸

 ☀ **걷기좋은계절** 여름, 가을　　　☀ **난이도** ★★★★

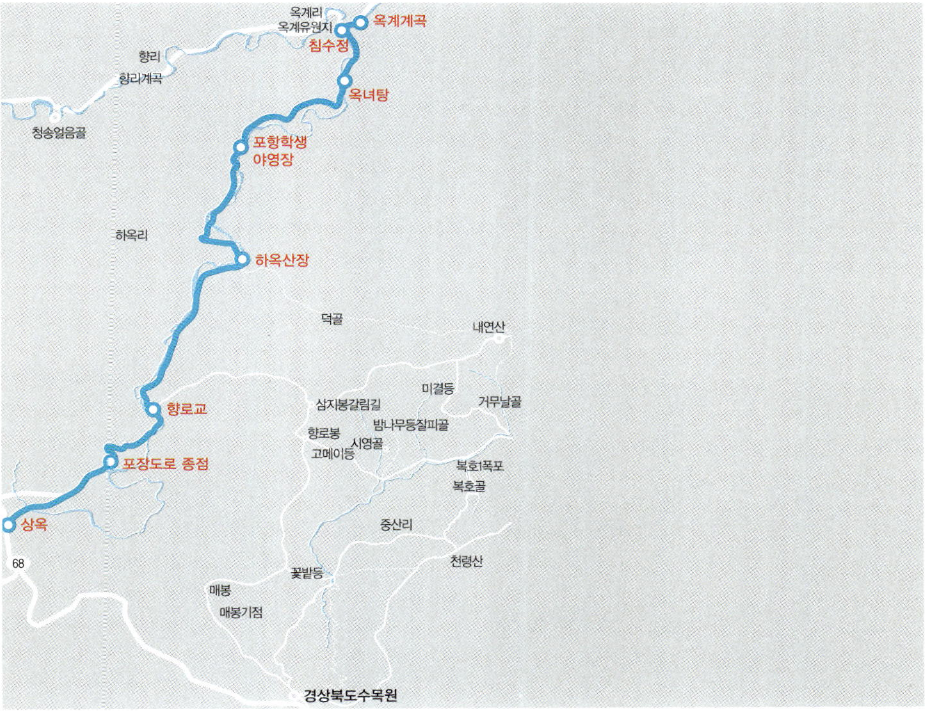

② **포항 하옥계곡길** [13.5km, 5시간]

포항 시외버스터미널 →(22km, 버스로 40분)→ 청하 환승센터 →(18km, 버스로 50분)→ 상옥리 →(9.3km, 3시간 30분)→ 포항학생야영장 →(4.5km, 1시간 30분)→ 옥계곡 침수정 →(23km, 버스로 40분)→ 영덕시외버스터미널

옥계계곡과 만나는 하옥계곡의 종점

쳐 있다. 동대산(791m), 내연산(710m), 향로봉(930m), 삿갓봉(718m) 등의 서쪽
기슭을 타고 내려온 물줄기들이 모두 이 계곡으로 모여든다.

하옥계곡 탐방로는 단순하다. 계곡의 물길을 따라서 69번 국지도가 나란히 달
리기 때문이다. 하지만 69번 국지도의 아스팔트도로 구간은 68번 국도와 갈라
지는 상옥주유소 삼거리로부터 1.8km쯤 떨어진 지점에서 끝난다. 거기서 옥계
계곡을 관통하는 930번 지방도와 만날 때까지의 나머지 12km 구간은 흙먼지
폴폴 날리는 비포장도로이다. 자동차를 이용한 오프로드 드라이브나 MTB(산
악자전거)를 타고 오프로드 하이킹을 즐기기에도 안성맞춤인 길이다. 하지만
하옥계곡의 아름다운 풍광과 숨겨진 매력을 오감으로 느끼려면 자연을 벗 삼
아 찬찬히 걷는 것이 최선의 방법이다.

약 40리에 이르는 하옥계곡길을 걷는 동안에는 물길을 아홉 번이나 건넌다. 물
길을 건너는 곳마다 어김없이 콘크리트다리가 놓여 있지만, 두세 곳은 반잠수
교를 통과해야 한다. 장마나 폭우로 인해 계곡물이 크게 불어났을 때 급류에 잠
긴 반잠수교를 건너는 모험은 아예 시도하지 않는 게 좋다.

하옥계곡의 가장 큰 매력은 때묻지 않은 자연미다. 높은 산봉우리들이 병풍처
럼 에워싼 계곡에는 맑고 시원한 물이 흐르고, 눈에 들어오는 풍광은 순수하
고도 아름답다. 특히 아스팔트도로 종점에서 2km쯤 떨어진 향로교 주변의 풍
광은 한 폭의 동양화 같다. 깎아지른 암벽에는 독야청청 소나무들이 뿌리를 내
리고, 암벽 아래에는 에메랄드빛의 맑은 계류가 소와 폭포를 이루며 쉼 없이
흘러내린다.

피서철이나 주말, 휴일이 아닌 날의 하옥계곡에서는 사람 구경을 하기가 쉽지
않다. 1시간 가까이 걸어도 사람은 물론이고 자동차 한 대조차 마주치지 못할
때가 잦다. 그렇다고 해서 무인지경의 심산유곡은 아니다. 하옥계곡길 주변의
작은 골짜기와 완만한 비탈에는 상·하마두, 상·하양장, 배지미, 고천, 원터,

◎ 하옥계곡에서 캠핑하기

하옥계곡의 어디에서나 캠핑이 가능하다. 하지만 여러 가지 조건을 감안할 때에 캠핑하기에 가장 좋은 곳은 하옥계곡과 옥계계곡이 만나는 침수정 주변이다. 찻길과 가까워서 악천후나 비상시에 계곡을 빠져나가기도 좋고, 여름철에는 물놀이하기 좋은 천연 풀장이 곳곳에 형성돼 있다. 근처에 민박, 식당, 매점 등의 편의시설이 많다는 이점도 빼놓을 수 없다.

청송얼음골에서 야영하는 사람들

새터 등의 작은 마을들이 듬성듬성 자리잡았다. 오염되지 않은 자연처럼 사람들의 인정도 넉넉해 보인다. 어쩌다 마주친 주민들은 초면의 길손에게도 피붙이처럼 따뜻한 말과 인정을 아낌없이 건네곤 했다.

하옥계곡의 공식 야영장으로는 계곡 중간쯤의 배지미마을에 자리 잡은 포항학생야영장(옛 하옥분교)이 유일하다. 하지만 길가의 숲 속과 계곡 어디서나 야영이 가능하다. 길을 걷다가 마음에 드는 장소를 발견하면 그곳에 텐트를 치고 대자연의 넉넉한 품에 안겨 별빛 헤아리는 하룻밤을 보내면 된다. 단 캠핑사이트를 구축하기 위해, 자연을 훼손하거나 쓰레기와 오물을 버리는 일은 절대 하지 않는다는 원칙을 준수해야 한다.

사실 하옥계곡은 피서철에도 사람들이 만들어내는 소음이나 공해가 별로 없다. 피서객들이 밀물처럼 빠져나간 밤이면 오로지 물과 새와 바람이 만들어내는 자연의 소리만 들려온다. 워낙 계곡이 길고도 깊숙한 덕택이다. 하옥계곡으로 흘러드는 지류만도 12개에 이른다. '세상을 등진 골짜기'라는 이름의 둔세동 계곡도 있고, 소를 잡아먹고 나와도 감쪽같다는 덕골계곡도 있다.

하옥계곡은 철 따라 달라지는 풍경이 눈부시다. 봄이면 산벚꽃과 산복숭아꽃이 흐드러지게 피고, 여름철에는 짙푸른 녹음이 시원스럽다. 가을이면 오색단풍과 은빛 억새가 가득하고, 겨울에는 수묵화 같은 설경이 일품이다. 언제 어느 철에 찾아가도 선경(仙境)이 따로 없다

물에 반쯤 잠긴 하옥계곡의 찻길

1일차 서울 – 포항 – 청하 환승센터 – 상옥리(버스 이용) – 점심(상옥리) – 하옥계곡 트레킹
– 저녁식사 후 숙박

2일차 아침식사 – 하옥계곡 – 옥계계곡 – 점심식사 – 영덕읍(버스 이용) – 서울

여행지
정보

경상북도수목원 포항시 북구 죽장면 상옥리 내연산 자락의 해발 650m 지점에 위치한 수목원이다. 면적이 3222ha로서 국내 최대 규모를 자랑하며, 국내 유일의 고산수목원이기도 하다. 전망대에 오르면 울창한 숲과 깊은 골짜기, 멀리 영일만과 호미곶등대까지도 한눈에 들어온다. 또한 고산식물원, 울릉도식물원, 식용식물원, 방향식물원, 침엽수원, 활엽수원 등의 분원이 조성돼 있어서 철 따라 다양한 꽃들이 피고 진다. **문의** 262–6110, www.gbarboretum.org

옥계계곡 하옥계곡의 물길이 흘러드는 계곡이다. 영덕군 달산면 옥계리에 있다. 하옥계곡 못지않게 물이 맑고 풍광이 수려하다. 물가에 칼로 자른 듯한 바위절벽이 우뚝하고, 절벽 아래쪽에는 물살이 깎아놓은 반원형 동굴이 군데군데 있다. 하옥계곡보다 편의시설도 많고 2차선 아스팔트도로가 관통하는 덕택에 찾아가기도 수월하다. **문의** 730–7405

청송얼음골 청송군 부동면 항리에 있다. 옥계계곡과 하옥계곡의 합류지점에서 932번 지방도를 타고 청송 방면으로 6km쯤 가면 얼음골에 닿는다. 얼음처럼 차가운 샘물이 솟아나는 약수터와 잘 단장된 야영장, 높이 62m의 인공폭포가 있어서 여름철 피서지로는 더없이 좋은 조건을 갖추었다. 겨울철에는 거대한 얼음폭포가 형성되어 전국 방방곡곡에서 수많은 클라이머들이 몰려든다.

Travel
info

가는 길

자가용 경부고속도로 영천IC(4번 국도)→영천(28번 국도, 포항 방면)→영천 조교동 삼거리(69번 지방도, 죽장 방면)→죽장면 소재지→상옥리→하옥리→하옥계곡

버스 **포항→하옥계곡** 포항종합버스터미널에서 영덕·울진행 시외버스를 타고 청하면 소재지의 청하환승센터(232–4006)로 간 다음, 1일 3회(07:10, 11:40, 17:00) 출발하는 하옥행 500번 시내버스 이용. 청하에서 하옥까지 50~70분 소요

영덕→옥계계곡 영덕버스(732–7374)의 농어촌버스가 06:45~19:40 동안 하루 8회 왕복 운행. 영덕읍에서 옥계까지 약 30분 소요

맛집 하옥계곡의 민박집인 하옥산장(262–7885)은 오리고기와 돼지고기 숯불바베큐를 잘하는 맛집으로도 소문나 있다. 하옥계곡의 최상류에 위치한 상옥리에는 오복식당(한식, 262–6335)을 비롯한 식당이 몇 집 있다. 청송얼음골의 수부정(874–0303)은 직접 기른 토종닭으로 요리한 닭백숙, 닭볶음탕을 잘하고, 된장찌개나 산채백반도 내놓는다.

숙박 하옥계곡에는 하옥산장(262–7885), 하옥리버뷰(262–2850), 돌담집(262–6608), 느티나무집(262–6630), 어진이네(733–8025) 등의 민박집이 있다. 옛 하옥분교인 포항학생야영장(262–6421)이 자리한 마을에서 도보로 30~40분 거리의 도등기마을에도 식사와 민박이 가능한 도등기산장(262–7709)이 있다. 하옥계곡과 만나는 옥계계곡 주변에도 덕성식당(732–3894), 옥계식당(732–3801), 팔각산장(732–3920) 등 민박집을 겸한 음식점이 몇 군데 있다.

포항의 내연산 속살을 걷는 즐거움

포항 청하골 12폭포길

내연산 청하골은 12폭포를 품고 있어 '12폭포골'이라고도 불린다. 12개의 폭포가 등산로를 따라 줄줄이 이어진다. 보경사에서 연산폭포에 이르는 등산로는 편도 2.4km로 구간이 짧은데다가 경사도 완만하여 누구나 수월하게 걸을 수 있다. 등산화를 갖춰 신지 않아도 걷는 데 무리가 없다. 가족트레킹 코스로 추천한다. 글 | 사진 김혜영

이른 아침 내연산 트레킹에 나선다. 내연산 군립공원 주차장에서 20여 분 걸으니 보경사 일주문이 보인다. 일주문에 들어서자 은은한 솔향이 풍긴다. 해탈문과 천왕문을 지나 절 마당에 선다. "땡그랑 땡그랑" 청아한 풍경소리가 경내에 가득하다. "싹싹" 보살이 마당 쓰는 소리도 간간이 들린다. 이곳에는 시간은 사라지고 공간만 존재하는 듯하다. 아침햇살에 적광전 앞 오층석탑 그림자가 길게 눕는다.

보경사를 지나 계곡과 나란히 걷는다. 12폭포 중 풍광이 가장 아름답다는 관음폭포와 연산폭포까지 1시간 정도 소요된다. 연산폭포 위쪽으로도 은폭포, 복호 1·2·3, 시명폭포 등을 지나 내연산 정상인 향로봉(930m)까지 등산코스가 이어지지만 험준하다. 가벼운 트레킹을 원하는 사람은 제7폭포인 연산폭포까지만 다녀오는 것이 좋다.

 걷기좋은계절 봄, 가을 ⚑ 난이도 ★★

[지도]

칠성동
갈림길
은폭포
관음폭포
연산폭포 　　잠룡폭포
삼보폭포 　문수암
　　　보현폭포
　　　상생폭포기점
음지밭등 　내연산
　　　군립공원
　　　　　　사령고개지점
쌍생폭포
서운암 　　보경사
용치동 　내면사매표소
음지밭갈림길 　　보경사입구
좋은골 　중산3리
　　　　주차장

❸ **포항 청하골 12폭포길 [6km, 2시간 20분]**

주차장(버스 종점) →(1km, 20분)→ 보경사 →(0.7km, 20분)→ 문수암 갈림길 →(0.1km, 5분)→ 상생폭포 →(1km, 30분)→

관음독포 →(0.2km, 5분)→ 연산폭포 →(3km, 50분)→ 주차장

등산로와 계곡이 철길처럼 나란히 간다. 등산로 대부분이 바윗길이고, 길 폭은 두 사람이 나란히 걷기엔 약간 비좁다. 흙길이 아닌 것이 아쉽지만, 가파른 비탈길이 없는 것으로 만족한다. 비탈이 있어도 데크나 돌계단이 놓여 있어 어린 아이들도 쉽게 걷는다.

보경사에서 10분 정도 걸으면 문수암 갈림길이 나온다. 문수봉으로 갈 사람은 오른쪽 길로 방향을 틀고, 폭포를 따라 향로봉으로 가는 사람들은 계곡을 바라보며 걷는다. 보현암 이정표를 지나자 계곡이 깊어진다. 단풍빛깔도 짙어진다. 등산로 아래로 계곡이 까마득하다. 협곡에서 울리는 물소리만으로 계곡이 흐르고 있다는 것을 짐작한다. 구릉 넘듯 오르락내리락 숲길을 걷는다.

문수암 갈림길에서 25분쯤 걸으니 제1폭포인 상생폭포(쌍생폭포)가 보인다. 상생폭포는 폭포 줄기가 두 갈래로 나뉘어 떨어진다. 왼쪽에 불쑥 솟은 바위가 기화대(妓花臺), 폭포수가 고인 소(沼)는 기화담(妓花潭)이라 부른다. 옛날, 절벽 위에서 고관대작과 가무를 즐기던 기녀가 술에 취해 절벽 아래 소로 떨어져 죽었다고 해서 붙여진 이름이다. 기화담은 기녀의 한이 서린 듯 시퍼렇다. 마주 보고 서니 발걸음이 얼어서 떨어지지 않는다. 상생폭포는 아래에서 보는 것보다 위에서 내려다보는 풍광이 훨씬 웅장하다. 경포호처럼 둥그런 소가 하늘

관음폭포와 연산폭포를 연결하는 아찔한 구름다리

◎ 보경사의 문화재

보경사에는 보경사 원진국사비(보물 제252호)와 보경사부도(보물 제430호), 숙종의
친필 각판 및 5층 석탑 등의 문화재가 있으니 꼭 둘러보자.
문의 262-1117, www.bogyungsa.org

을 가득 품고 있다.

상생폭포를 지나면 보현폭포(제2폭포), 삼보폭포(제3폭포), 잠룡폭포(제4폭
포), 무룡폭포(제5폭포)가 차례로 나타난다. 이 폭포들은 숲에 가려져 잘 보이
지 않는데다가 갈수기에는 폭포 수량이 적어 모르고 지나치기도 한다. 무룡폭
포를 지나면 수직으로 깎아지른 절벽이 눈앞에 버티고 섰다. 선일대, 신선대,
관음대, 월영대라는 이름을 가진 기암절벽들이 병풍을 한 폭씩 펼쳐 놓은 듯
폭포를 둥글게 둘렀다. 관음폭포를 정면에서 보기 위해 시멘트 다리를 건넌다.
관음폭포수가 절벽 위에서 "콰르르" 소리를 내며 흰 구름처럼 흩어져 내린다.
단단한 바위도 뚫을 기세다. 절벽 아래 소는 깊이를 알 수 없어 섬뜩하다. 소 왼
쪽으로 굴 두 개가 콧구멍처럼 뚫려 있는데 관음굴이라 부른다.

계곡과 나란히 이어지는 등산로를 따라 걸으며 트레킹을 즐기는 사람들

계곡 절벽을 바라보며 망중한을 즐기는 등산객

관음폭포 절벽 위로 구름다리가 걸려 있다. 연산폭포로 이어지는 다리다. 관음폭포 옆으로 난 계단을 올라 구름다리 위에서 관음폭포를 내려다보니 솜털이 바르르 일어선다. 구름다리를 건너니 골짜기에 수줍은 듯 숨어 있던 연산폭포가 위용을 드러낸다. 연산폭포는 절벽 사이에 숨어 있어서 다리를 완전히 건너야 볼 수 있다. 구름다리가 비밀의 문인 셈이다.

연산폭포는 청하골에서 가장 규모가 큰 폭포로서 높이 30m, 길이 40m에 이른다. 폭포수가 학소대와 비하대 사이에 있는 비스듬한 바위를 타고 흘러내린다. 연산폭포의 소는 물줄기의 끝을 알 수 없어 감히 들여다볼 엄두가 나지 않는다. 관음폭포가 개방적이고 활달한 기상을 가진 무장을 닮았다면 연산폭포는 겉으로 드러내지 않으나 강인한 내면을 가진, 정숙한 여인을 닮았다. 연산폭포의 장쾌한 물소리를 뒤로하고 다시 구름다리를 건넌다.

계곡을 올라갈 때는 폭포를 볼 욕심에 바삐 걸었지만, 내려올 땐 여유를 가지고 천천히 걷는다. 계곡가 바위에 앉아 낙엽들이 계곡물에 빙글빙글 돌며 흘러가는 모습을 즐긴다. 보경사 절 마당으로 되돌아오니 오층석탑 그림자가 어느새 뭉툭해졌다.

좌 계곡 구름다리와 관음폭포의 웅장한 모습 우 가족 걷기코스로 적합한 청하골 12폭포길

1일차 서울 - 경상북도수목원 - 점심식사(산채비빔밥) - 보경사 - 내연산 트레킹 - 저녁식사(활
어회) - 호미곶 숙박

2일차 호미곶 일출 감상 - 아침식사(곰치국) - 새천년기념관/등대박물관 관람 - 구룡포(일본인
가옥거리) - 점심식사(포항물회) - 죽도시장 - 서울

여행지
정보

호미곶 호미곶은 영일만 끝부분으로, 지도상으로 호랑이 꼬리 부근이다. 그래서 조선시대엔 호
미곶이라고 불리다가 일제강점기에 말갈기라는 뜻의 장기곶으로 바뀌었다. 2001년에야 호미곶
이란 명칭을 되찾았다. 매년 12월 31일과 1월 1일에 호미곶 광장에서 열리는 해맞이축제에 전국에
서 많은 사람들이 찾고 있다.

오어사 신라 진평왕 때 자장율사가 세운 사찰로서 원래 이름은 항사사였다. 신라 때 고승인 혜공
과 원효가 오어사에서 함께 수도하고 있을 때 서로의 법력을 시험하고자 고기를 낚아 다시 살리
는 재주를 겨뤘다. 한 마리 차이로 승부가 나게 되자 서로 자신이 살린 고기라 주장하였다 하여
항사사에서 오어사(吾魚寺)로 바뀌었다는 설화가 전해온다.

가는 길

자가용 경부고속도로에서 영천IC로 나와 포항 방향 28번 국도를 타고 안강에서 68번 지방도를 이
용한다. 신광을 지나 송라면에서 보경사 방면으로 우회전한다.

버스 포항시외버스터미널 맞은편 버스정류장에서 500번 버스(보경사 입구까지 가는 것은 하루
3회 운행/ 07:35, 11:20, 16:20)를 타고 청하환승센터에서 보경사 입구까지 가는 셔틀버스로 갈아
탄다.

맛집 보경사 입구에는 산채정식, 산채비빔밥, 칼국수집이 즐비하다. 삼보식당(손칼국수, 262-
1610), 춘원식당(262-1170), 보경식당(산채비빔밥, 262-0638), 진주식당(262-1330)이 유명하다.
포항은 물회도 유명한데 돌횟집(261-7502), 청기와횟집(261-4249), 독도횟집(262-7757), 새포항
물회집(251-8847)을 추천할 만하다.

숙박 보경사 매표소 바로 앞에 있는 연산온천파크(262-5200)는 온천사우나와 숙소를 함께 갖췄
다. 이외에 보경펜션(261-1183), 라마다앙코르포항호텔(282-2700), 코모도호텔(241-1400), 선프린
스관광호텔(242-2800), 자작나무호텔(276-5858) 등이 있다. 호미곶 인근에는 해수장모텔(284-
8044), 호미곶한나모텔(284-9802), 호미곶콘도텔(010-9555-8044)을 추천할 만하다.

울창한 솔숲 길 청신한 기운 듬뿍, 신선 길이 여기인가?
영덕 블루로드 고불봉길

영덕군에서 개발한 트레킹 코스 '블루로드'. 그중 고불봉길은 강구항에서 창포리 해맞이공원에 이르는 산길이다. 한두 사람이 어깨를 마주하고 걸을 정도의 소나무 숲길이 연이어진다. 소나무의 청신한 기운을 한몸에 쓸어 담으며 걷는 길은 기분을 원 없이 청아하게 해준다. 이렇게 아름다운 길이 있을까? 살아생전 한 번쯤 걸어봐야 할 길임이 확실하다. 글 | 사진 이신화

걷기 시작점은 강구터미널이다. 도로변에 그려진 노란 화살표가 안내자다. 마을 초입의 좁은 골목길은 약간 급경사다. 오름길에 일부러 만들어 놓은 자그마한 정자가 있다. 심호흡을 하고 몸을 돌리면 발아래로 강구마을이 내려다보이고 눈을 들면 바다 너머로 삼사공원이 함께 조망된다. 조금 걸었을 뿐인데도 발밑 풍치가 멋지다. 이내 등산로 팻말 따라 발길을 옮기면 한적한 숲길이다. 바위 없는 평평한 흙길. 오솔길은 다리에 전혀 무리가 없는, 산행하기에 최상의 길이다. 피톤치드가 폐부까지 스며드는 것 같다. 그렇게 1시간 이상 걸으면 금진도로를 가로지르는 구름다리를 만난다.

구름다리에서 고불봉까지의 길도 별반 다르지 않다. 약간의 오름과 내림이 있지만 대체적으로 경사도가 낮아 걷기에는 최상이다. 비록 가까이 바다를 조망

 ☆ 걷기좋은계절 봄, 가을, 겨울   ☆ 난이도 ★★

오보해수욕장

풍력발전단지

해맞이공원

20

창포리

영덕군청

고불봉

딜산면

하저해수욕장

914

강구항

강구터미널

오션뷰CC

930

④ 영덕 블루로드 고불봉길 [17.5km, 6시간]

강구터미널 →0.8km 20분→ 등산로 입구 →3.4km 1시간→ 구름다리 →3.6km 1시간 10분→ 고불봉 →7.7km 2시간→

풍력발전단지 →1.8km 30분→ 창포마을 갈림길 →4km 1시간→ 해맞이공원

할 수는 없지만 결코 불평스럽지 않다. 한없이 걸어도 지칠 기미가 보이지 않는 산행이다. 단 한 명의 등산객이 없더라도 무섭지 않다. 그렇다. 이 길은 사람을 편안하게 하는 마력이 있다. 거기에 갈림길이 많지 않고 이정표도 아주 잘 설치되어 있어 불편할 일도 없다. 무념무상. 풀숲을 살펴보고 한 떨기 피어난 야생화를 가늠하면서 걷고 또 걸으면 여자의 가슴처럼 봉곳하게 올라간 고불봉의 위치가 가늠된다.

고불봉(207m)을 앞두고 나무 계단이 만들어져 있다. 고불봉은 화림산(374m)과 무둔산(208m)의 산줄기가 뻗어내려 형성되었다. 현재는 고불봉이라고 부르지만 예전에는 망월봉이라고 불렀다. 당시 동쪽 기슭에 망월암이 있었다고도 한다. 또 영덕군 내에서 가장 먼저 설립되었던 남강서원도 산 아래에 있었

다. 그러다 대원군의 서원철폐령에 따라 철거되어 이제는 터만 남아 있다. 고불봉이라는 표시석 주변은 평평한 공간이다. 체육시설을 갖추고 있고 쉬어가라는 벤치도 놓여 있다.

발길을 조금씩 옮겨보면 동쪽으로 바다를 배경으로 풍력발전단지가 건너다보인다. 남쪽 산줄기 너머로는 강구항이다. 더 멀리로는 동대산(791.3m), 바대산(646m), 내연산(710m) 줄기까지 길게 이어져 있다. 서쪽으론 오십천 줄기와 영덕 읍내가 한눈에 내려다보인다. 마치 헬기에서 보는 듯 한눈에 영덕 읍내가 조망된다. 고개를 들어 더 멀리 눈길을 던지면 낙동정맥이 산 물결을 이룬다. 멀리 주왕산과 팔각산까지 눈 안에 들어선다. 북쪽은 화림지맥 너머로 북으로 뻗은 낙동정맥 마루금이다.

영덕 블루로드에서 가장 아름다운 바닷길

환　　　영
영덕달맞이야간산행

영덕 풍력단지

◎ 강구항에서 해맞이공원 가기

고불봉에서 풍력단지까지는 임도가 길고 지루하다. 먹거리, 마실 것, 챙 있는 모자 등
은 꼭 준비해야 한다. 코스 전부를 일주할 생각이 아니라면 영덕~흥저를 잇는 국도
에서 영덕 읍내의 택시를 불러 곧추 해맞이 공원으로 가는 방법도 있다. 블루로드 전
구간 도로 바닥에 노란 화살표가 그려져 있고 방향표시판과 안내판 등이 잘 설치돼
있다. 또 강구항 초입에 탐방길 따라 지정된 식당 5곳에 안내 캠플릿이 비치돼 있다.
문의 영덕군청 산림경영과 730-6311

좌 고불봉 정상의 전망대 우 고불봉 정상 표지석

이 멋진 풍경은 '불봉조운(佛峰朝雲, 동해의 붉은 해가 떠오를 무렵 새벽 구름
에 휩싸여 있는 모습)'이라 하여 영덕팔경 중 하나다. 고산 윤선도(1587~1671)
가 1636년 병자호란 때 영덕에 유배되었다가 고불봉에 대한 시를 읊었다.

*봉우리 이름이 높은데 높지 않다는 고불봉이라 듣는 이 모두가 괴상하다고 하지
만(峯名高不人皆怪)/늘어선 봉우리 중 가장 높고 특출하다네(峯在諸峯崔特然)/
어디에 쓰이려고 그렇게 구름 위 달 좇아 홀로이 외롭게 솟았나(何用孤高比雲
月)/아마 좋은 시절 만나서 한 번 쓰일 때는 저 혼자 하늘을 떠받치는 기둥이 될
것이네(用時猶得獨擎天)*

고불봉의 멋진 모습을 한껏 감상하고 오던 길로 내려오면 임도가 이어진다. 임
도 따라 내려오면 영덕읍과 하저를 잇는 국도를 만난다. 아스팔트길을 조금 내
려가면 왼쪽에 풍력단지를 잇는 임도 길이 나온다. 이곳부터 풍력단지까지는
무려 7.5km 정도. 산길이 아닌 임도를 걷는 일은 그리 쉽지 않다. 인내심을 키
워야 할 것이다.
해풍에 빙빙 돌아가는 풍력기. 풍력단지 속으로 들어갈수록 풍력기 숫자는 많
아지고 소리도 커진다. 풍력기 외에도 별반산 봉수대가 있다. 남쪽의 황석산,
북쪽의 대소산과 더불어 영덕 앞바다의 위급함을 알리는 전령 역할을 했던 곳

1일차 강구항 어시장 보기 – 아침식사 – 강구항 출발 – 구름다리 – 고불봉 정상 – 점심식사 및 휴식 – 임도길 걷기 – 풍력단지 감상하기 – 해맞이공원 주변 둘러보기 – 숙박지로 이동 – 저녁식사 및 자유시간

2일차 아침식사 – 삼사해상공원 및 어촌민속관 – 장사해수욕장이나 인근 바닷가에서 해안드라이브 – 점심식사 – 경보화석박물관 관람 – 부경온천욕 – 귀가

여행 스케줄

이다. 또 신에너지 재생관, 오토캠핑장, 윤선도 시비 등이 있다. 이곳이 특히 좋은 점은 전망이 빼어나다는 점이다. 산과 바다가 한꺼번에 조망되는 지점에 서면 하루종일 걸어 뻐근해진 다리 아픔도 잊게 된다.

이제 고불봉길 막바지 지점인 창포마을이다. 해양수산부로부터 '4월의 가장 아름다운 어촌'으로 선정된 곳. 해안에는 영덕해맞이공원이 조성되어 있다. 사시사철 꽃이 피고 지는 곳, 대게 모양을 한 등대가 매우 특이하면서 멋지다. 저녁이면 루미나리에 조명등에 불이 밝혀지는 이곳은 그저 아름답다는 말을 연거푸 할 수밖에 없다.

강구항 수산시장 대게골목 풍경

강구어시장 강구항은 영덕군에서 가장 큰 항구이자 대게로 유명한 곳이다. 11월부터 이듬해 4~5 월까지의 대게철에는 수많은 대게잡이 어선들이 이곳에 집결한다. 고깃배가 부산스럽게 항구로 들어오면서 전날 잡아온 물고기를 육지에 퍼 내리기에 여념 없다. 어느새 해가 중천을 향해 달려 가면 펼쳐진 난전에서는 손님을 유치하기 위한 상인들의 목소리가 커진다. **위치** 강구면 강구리

삼사해상공원 삼사해상공원에서는 강구항을 한눈에 조망할 수 있다. 매년 12월 31일 해맞이 축제 가 열린다. 경북대종 타종을 비롯, 각종 공연을 즐길 수 있다. 또 바닷가 끝에 2005년 12월에 개관 한 영덕어촌민속전시관이 있다. 풍어제를 지내는 모형이나 대게잡이를 하는 어부의 모습은 이 지 역의 특색을 잘 살려 놓았다. 또한 직접 배에 올라 운전을 해보는 것이나 3D입체영상관에서 시뮬 레이션 체험도 가능하다. **위치** 강구면 삼사리 **문의** 어촌민속전시관 730-6790

장사해수욕장 모래사장이 길어서 장사라는 이름이 붙은 동해의 일출 명소. 각종 편의시설도 잘 갖추어져 있으며 가자미, 넙치, 우럭 등이 많아 바다 낚시꾼들도 즐겨 찾는다. 눈길을 끄는 것은 전적비와 위령탑이다. 한국전쟁 당시 '장사상륙작전'이 강행된 곳으로 당시 800여 명의 학도병이 희생되었다. **위치** 남정면 장사리 **문의** 남정면사무소 730-6603

경보화석박물관 개인수집가인 강해중 관장이 20여 년 동안 수집한 화석을 모아 1996년에 개관했 다. 한국 및 세계 20여 개국에서 모은 화석 1500여 점을 전시하고 있다. 특히 보기 드문 규화목 등 을 볼 수 있다. **위치** 남정면 원척리 **문의** 732-8655, www.hwasuk.com

가는 길

자가용 서울→영동고속도로→만종IC→중앙고속도로→서안동IC→안동 →34번 국도 이용→청 송→진보→영덕읍→강구항이다. 또 다른 방법으로는 강릉~동해시를 잇는 고속도로를 이용해 도 된다. 동해시에서 7번 국도를 통해 영덕 읍내로 오면 된다. 안동으로 오는 것보다 30분 정도 더 소요되지만 직선 길이라 편하고 바닷가의 멋진 풍치를 감상할 수 있다.

버스 동서울터미널(07:00~18:00)에서 9회 운행한다. 영덕까지 4시간 30분 정도 소요된다. 영덕 읍에서는 강구항 시내버스가 자주 있다.

문의 영덕터미널 732-7673, 강구시외버스터미널 733-9613, www.yardkorea.com

맛집 강구항 일대에는 대게 전문점이 100여 곳 이상이나 된다. 대게를 직접 구입해서 따로 돈을 내고 찜통에 쪄서 먹는 것도 방법이다. 그 외 야성 숯불가든(733-3993, 영덕읍), 현해탄(733-3413, 삼사공원), 청화대(733-4130, 남정면) 등이 괜찮다.

숙박 강구항 쪽에 숙박할 곳이 많다. 또 삼사공원 쪽에서는 오션뷰호텔(732-0700), 리베라호텔 (734-6887), 동해해상호텔(733-2222)을 비롯하여 그랜드비치모텔(733-6030), 글로리모텔(733- 6450) 로얄파크호텔(733-6411), 삼사파크모텔(733-3001), 테마파크모텔(733-7774) 등 많다. 원하 는 여행지 방향 근처를 선택하는 것이 좋다. 남정면 바닷가 쪽에 펜션들이 많다.

o5 바다가 아름다운 길

산 따라, 바다 따라 천혜의 풍치 자랑하는 블루로드

영덕 목은 이색 탐방길

영덕군의 '블루로드' 목은 이색 탐방길은 영양 남씨의 시조비, 봉수대, 목은 이색 선생의 흔적이 고스란히 남아 있는 길이다. 그저 생각 없이 걷는 길이 아닌, 역사를 되새김질하면서 걷는 길이라서 긴 거리의 지루함을 떨쳐낼 수 있다. 특히 봉수대에서 바라보는 발밑 풍경은 한 폭의 수채화를 그려낸다. 거기에 대진을 지나 고래불해수욕장까지 아름다운 해안길이 더해진다. 글 | 사진 이신화

영덕 목은 이색 탐방길의 시작점은 축산항이다. 지형이 '소가 누워 있는 형국'이어서 이름 붙은 축산리. 특히 죽도산이 아름다운데, 약 3백 년 전 오씨와 추씨가 함께 대나무를 심고 죽산동이라 했다고 전해온다. 작은 대나무가 주종이지만 보리수, 인동초, 해국, 산국, 참나리, 천문동 등 계절마다 다양한 식물군이 형성된다. 죽도산을 에둘러 나무데크가 만들어져 있다. 푸른 바닷물을 바라보면서 섬 한 바퀴 도는 재미가 쏠쏠하다. 전망대에 서면 마을이 한눈에 조망되고 멀리 봉수대도 가늠된다. 이어 버스정류장 근처의 계단을 오르면서 탐방길이 시작된다. 계단을 오르면 영양 남씨 시조비가 있고 풀숲 뒤에 전각도 있다. 숲길에서는 일광대, 월광대라는 돌 표지석과 송림 사이로 명신각이 있다. 어부들이 한해의 안녕을 기원하

 ☆ 걷기좋은계절 봄, 가을, 겨울   ☆ 난이도 ★★

⑤ 영덕 목은 이색 탐방길 [17.5km, 6시간]

죽도산 0.5km 20분 ▶ 축산항 3.5km 1시간 ▶ 망일봉 전망대 1.1km 20분 ▶ 망일봉 0.5km 20분 ▶ 아치교 1km 20분 ▶

이색 산책로 3.5km 1시간 ▶ 목은기념관 0.4km 20분 ▶ 괴시리 전통마을 1km 40분 ▶ 덕천해수욕장 6km 2시간 ▶

고래불해수욕장

봉수대에서 바라본 축산항

는 제를 올리던, 해신당과 같은 역할을 하던 곳이다. 숲길은 다시 도로변과 만나고 이내 화살표가 대소산(282m) 숲길로 안내한다. 봉수대로 이어지는 산길은 오래전 축산과 영해를 이어주는 지름길이었다. 특히 영해장이 서는 날에는 온갖 물건을 등짐지고 오르락내리락했던, 삶의 애환이 깃든 길이라 할 수 있다. 30여 분 정도 오르면 하늘이 환하게 열리는데 그곳에 봉수대(경북기념물 제37호)가 있다. 마치 봉분처럼 느껴지는 대소산 봉수대는 조선 초기에 만들어졌다. 남쪽의 별반산 봉수대(현재 풍력단지)가, 북쪽의 후리산(평해) 봉수대, 서쪽의 광산 봉수대를 거쳐 진보의 남각산 봉수대로 이어져 서울의 남산 봉수대까지 알렸다. 당시 중요한 통신 역할을 했던 봉수대는 아직도 원형 그대로 남아 조선시대를 거슬러보게 한다. 무엇보다 봉수대에서 바라보는 풍경은 폐부까지 시원하게 해준다. 내가 거슬러 올라온 남쪽 산등성이가 축산과 함께 어우러져 한 폭의 수채화다. 축산항 오른쪽으로 차유마을, 석리, 그리고 멀리 풍력단지까지 블루로드의 해안선이 한눈에 펼쳐진다. 낙동정맥이 병풍처럼 늘어서 파도를 치는 듯하다. 반대쪽, 북쪽으로 고개를 돌리면 얕은 산봉우리가 물결처럼 굽이치는 그 너머로 영해 들판이 시원스레 펼쳐진다.

봉수대를 지나면 야트막한 능선 길이 계속 이어진다. 아스라이 바다도 보인다.

좌 봉수대에서 바라본 동쪽 바다 **우** 축산항과 죽도산

그렇게 한참을 걸으면 바닷가 전망 좋은 곳에 망일정이 있다. 망일봉 표지판에는 주세붕의 「망일봉」 시가 적혀 있다. 풍기군수를 지낸 주세붕의 이야기가 전해오며 오래전부터 선비들이 일출을 보러 찾아오던 곳이다. 망일봉(152m)을 지나면 구름다리를 만난다. 이제부터 목은 이색 등산로가 시작된다. 걷기에 참으로 좋은 길이지만 능선이 길다. 오름과 내림을 거듭해야 한다. 그렇게 발품을 팔면 이색 선생(1328~1396)의 기념관이 반긴다. 기념관에는 이색 선생의 삶을 들여다볼 수 있는 자료들이 전시되어 있다. 기념관 뒤쪽 언덕 위에 관어대가 있다. 관어대는 외가에 놀러온 선생이 붙인 이름이다. 당시에는 넓은 바다가 내려다보이고 바닷물이 아주 맑아서 물고기가 뛰노는 모습까지 보일 정도였다고 한다. 하지만 울창한 소나무 숲이 주변을 에워싸고 있어 현재 바다는 보이지 않는다.

길을 따라 내려오면 괴시리 전통마을이다. 영양 남씨 집성촌으로 200년 이상된 고택들이 30여 가구 이상, 옛 모습 그대로 보존돼 있다. 마을 앞으로 넓은 연꽃 단지가 있다. 고택체험(주말 오전 10시~오후 6시)이 가능하고 궁중무용(무고), 월월이청청, 동해어부들의 소리 재현 등이 펼쳐진다. 격년제로 '목은문화제'가 열린다. 블루로드는 대진~덕천~고래불로 이어진다. 아스팔트 국도를 따라가면 대진해수욕장을 만나게 된다. 올망졸망 떠 있는 고깃배와 어촌풍경이 정겹다. 대진해수욕장은 소설가 이문열의 『젊은 날의 초상』 속의 「그해 겨울」의 배경지다. 젊은 날의 고뇌 종지부를 찍던 소설 속의 그 장소다.

◎ 괴시리 마을 구경하기

걷는 데는 큰 어려움이 없으나 생각보다 시간이 오래 걸린다. 축산면에서 국도 따라 봉수대까지는 찻길 통행이 가능하다. 또 걷는데 무리가 따른다면 괴시리 마을에서 종지부를 찍고 영해에서 버스를 이용하면 된다. 괴시리에서 영해까지는 걸어서 10분쯤 걸린다. 또 대진에는 어촌체험관과 블루로드를 완주했다는 도장 받는 집이 있다.
문의 영덕군청 산림경영과 730-6311

1일차 아침식사 – 축산항 및 죽도산 둘러보기 – 봉수대 – 망월정 – 점심식사 – 목은기념관 – 괴시리
마을 즐기기 – 대진해수욕장 – 고래불해수욕장 – 저녁식사 및 자유시간 – 숙소 이동 및 휴식
2일차 아침식사 – 신돌석 장군 생가 및 유허비 – 화수루와 장륙사 – 점심식사 – 영해장터 – 인
량마을 나라골 보리말 체험 – 옥계계곡 – 귀가

여행
스케줄

여행지
정보

신돌석 장군 생가와 충의사 평민이었던 신돌석 장군(1878~1908)은 19세(1896년) 때 100명의 의
병을 이끌고 영해에서 항일운동을 한 의병장이다. 영해, 평해, 춘양, 황지 등에서 일본군을 격파했
다. 부하 의병인 김상열의 집에 칩거하다가 형제들에 의해 타살되었다. 생가(경북기념물 제87호)
와 충의사가 있다. **위치** 축산면 도곡리 **문의** 충의사 관리소 730-6397

화수루와 까치구멍집 화수루(경상북도 유형문화재 제82호)는 단종 폐위 시 외친척의 유일한 생
존자인 권오봉 공이 유배돼 살던 곳이다. 조선 숙종 19년에 창건됐고 현재는 안동 권씨 문중의 소
유다. 이 화수루 옆에 있는 납작한 초가집은 화수루에 머무는 양반들을 시중하는 사람이 살도록
지은 집(지방민속자료 제2호)이다. 강원도와 경북 산간에서 볼 수 있는 겹집 또는 양통집(까치구
멍집)이다. **위치** 창수면 갈천리

이어 덕천~고래불을 잇는 해송명사 20리가 기다린다. 덕천해수욕장으로 들어
가 솔숲, 모래사장을 따라가면 고래불해수욕장이다. 고래들이 하얀 분수를 뿜
으며 노는 것을 보고 '고래가 노는 펄'이란 뜻으로 '고래불'이란 이름을 이색 선
생이 붙인 것. 넓은 백사장과 울창한 소나무 숲 그리고 맑은 물과 완만한 경사
에 낮은 수심으로 동해안을 대표하는 해수욕장이다. 금빛모래는 굵고 몸에 붙
지 않아 여기에서 찜질을 하면 심장 및 순환기계통 질환에 효험이 있다고 한다.
이렇게 영덕 목은 이색 탐방길은 끝난다.

목은 이색이 태어난 괴시리마을

장육사 구름이 산다는 운서산의 기슭에 장육사가 있다. 고려 말 나옹선사가 창건했고 이후 조선 세종 연간에 화재로 전소돼 그 후 다시 지었다. 대웅전(경상북도 유형문화재 제138호)에는 조선 초기의 건칠보살좌상(국가지정보물 제993호)이 모셔져 있다. '건칠상'이란, 기본 틀을 만든 위에 종이를 여러 겹 덧붙여 금칠을 한 불상을 말한다. 우리나라에는 많지 않은 지불 가운데 조성연대와 조성경위가 분명한 불상으로 주목받고 있다. **위치** 창수면 갈천리 **문의** 732–6289

인량전통마을 창수면 인량마을은 고려시대 이래로 8대 성씨 12종택이 거주하면서 현재에 이른다. 여러 종가의 종택이 보전돼 내려오고 있어 전통과 예절이 살아 숨 쉬는 마을로 손꼽힌다. 정담 정려비(경북문화재자료 제380호)와 갈암종택(경상북도 지정기념물 제84호), 강파헌 정침(경상북도 문화재자료 제358호), 용암종택(경상북도 민속자료 제61호), 삼벽당(경상북도 문화재자료 제458호) 등을 비롯하여 많다. 또 농촌전통테마마을 나라골 보리말이 있다. **체험 문의** 734–0301

옥계계곡 옥계계곡은 팔각산과 동대산(791m), 바데산(646m)에서 흘러내리는 맑은 물이 합류하는 지점으로 달산천이라고 불린다. 계곡 주위의 깎아 놓은 듯한 기암괴석은 삼구암, 학소대, 병풍석 등 37경의 아름다운 관광명소를 만들며 명소마다 전설이 깃들어 있다. 경관이 가장 빼어난 곳에 침수정이 있다. 조선 광해군 원년(1609)에 손성을 선생이 건립했다. 4월이면 지품면 일원이 복사꽃에 폭 파묻힌다. **위치** 달산면 옥계동

가는 길

자가용 서울→영동고속도로→만종IC→중앙고속도로→서안동IC→안동→34번 국도 이용→청송→진보→영덕읍→강구항이다. 또 다른 방법으로는 강릉~동해시를 잇는 고속도로를 이용해도 된다. 동해시에서 7번 국도를 이용해 영덕 읍내로 오면 된다. 안동으로 오는 것보다 30분 정도 더 소요되지만 직선 길이라 편하고 바닷가의 멋진 풍치를 감상할 수 있다.

버스 동서울터미널, 강남고속버스터미널, 남부터미널에서 수시로 있다. 동서울터미널(07:00~18:00)에서 9회 운행하며 영덕까지 4시간 20분 정도 소요된다. 영덕에서 해안을 따라 석리, 차유, 축산을 운행하는 버스 이용. **문의** 영덕터미널 732–7673, 새마을경제과 730–6252

맛집 축산항에서는 울릉도식당(732–4321)을 비롯해 주민들이 애용하는 백반집 실비식당(732–4042)과 제일반점(732–4548, 중식)이 괜찮다. 일출회타운(733–8800), 등대회식당(732–4023) 등 횟집들도 즐비하다. 영해에는 산해식당(732–2401)이 해물탕이 별미고 영해장터(5, 10일) 안에 있는 병곡식당이 맛있다. 그 앞의 호떡집도 기억하면 좋다. 그 외 대진에는 대진횟집(732–0046)이, 고래불 쪽에도 횟집이 많다.

숙박 축산항에는 수도장 여관(732–4575)을 비롯하여 민박을 해야 한다. 사진리에 파도소리 펜션(733–7737, 사진리)이 있다. 하늘 그리고 바다펜션(010–7616–5002, 대진리) 등 대진해수욕장이나 고래불해수욕장 등에도 숙박할 곳이 많다. 고래불해수욕장과 대진해수욕장을 잇는 명사 20리 동해안이 한눈에 내려다보이는 칠보산 기슭에 자리 잡은 칠보산 자연휴양림(732–1607)을 이용해도 좋다. 일출을 조망하기 좋다. 그 외 인량마을의 삼벽당이나 체험마을을 이용하면 된다.

민박 문의 영덕군청 농정과 730–6266

o6 바다가 아름다운 길
평화로운 바닷가를 지나 청신한 솔숲에 들다
울진 대게마을길

울진은 때 묻지 않은 자연을 간직한 고장이다. 바다는 맑고, 솔숲은 울창하며, 하천은 깨끗하다. 대
도시와의 거리가 적지 않은데다가 도시화가 더뎌서 사람들이 순박하고 인정이 넘친다. 후포항에서
울진대게 원조마을인 거일2리를 거쳐서 월송정에 이르는 30여 리의 길을 한번 걸어보면 울진의 순
수한 자연과 인정을 오롯이 느낄 수 있다. 글 | 사진 양영훈

울진은 영덕과 더불어 우리나라의 대표적인 대게 산지이다. '대게' 하면 흔히 영덕대게를 먼저 떠올리지만, 어획량은 울진군이 더 많다고 한다. 대게는 울진 후포항에서 동쪽으로 23km쯤 떨어진 왕돌잠 해역에서 많이 잡힌다. 맞잠, 중간잠, 셋잠 등의 3개 봉우리를 가진 왕돌잠은 남북으로 길게 뻗은 수중암초이다. 길이는 남북으로 6~10km, 동서로 3~6km에 이르고 면적은 15km²쯤 된다. 수심은 평균 40~60m이지만, 얕은 곳은 10m 이하에 불과해서 이 부근의 해역을 항해하는 배들에게 위협적인 존재가 되기도 한다.

후포항은 죽변항과 함께 울진대게의 대표적인 집산지이다. 울릉도행 여객선의 출항지였을 때는 울릉도를 오가는 외지 관광객들도 적잖이 북적거리곤 했다.

걷기좋은계절 **봄, 가을**　　　난이도 **★★**

오곡리

삼달리

월송정

용정교　직산1리

평해읍사무소

직산리

직산2리

88

거일1리

학곡리

학곡2리

거일리

7

거일2리

울진대게조형물

삼율리

후포3리　후포리

후포버스정류장　　후포항

후포면사무소

후포해수욕장

후포등대

6 울진 대게마을길 [12.1km, 3시간 55분]

후포버스정류장 → 2km 30분 → 후포항 → 0.6km 15분 → 후포 갑바위전망대 → 2.5km 50분 →

거일2리 울진대게유래비 → 1.4km 30분 → 거일1리 → 1.4km 30분 → 직산2리 삼거리 → 1.3km 30분 → 직산1리 → 0.4km 5분 →

용정교 → 1km 20분 → 월송1리 옛 7번 국도 → 0.9km 15분 → 월송정 입구 → 0.6km 10분 → 월송정

좌 후포항에 들어온 붉은 대게잡이 어선 **우** 울진대게 원조마을의 울진대게 조형물

하지만 이젠 한산한 정취가 더 도드라지게 느껴지는 어항이다. 그래도 12월부터 이듬해 5월까지의 대게잡이 철만 되면 어항 특유의 활기가 가득하다. 특히 대게 경매가 열리는 오전 9시 전후로 수협위판장은 경매를 기다리는 대게와 주인, 구경꾼과 중매인들이 뒤섞여 장바닥처럼 붐비곤 한다.

후포항에서 북쪽으로 약 3km 거리의 평해면 거일2리는 울진대게 원조마을로 유명하다. 후포항에서 한적하고 아름다운 해안도로를 따라서 1시간쯤만 걸어가면 이 마을에 당도한다. 그 마을로 가는 길에서는 후포항 근처 갑바위전망대에 올라 상쾌한 바다 전망도 누려보고, 평해광업 앞의 아담한 백사장을 자분자분 걸어보는 호사도 누릴 수 있다.

후포항과 거일리 사이의 해안도로변에는 울진대게를 상징하는 조형물들이 여럿 눈에 띈다. 해안도로변의 늘어선 가로등에도, 주민들이 생선을 널어놓는 건조대 기둥에도 큼직한 울진대게가 한 마리씩 올라앉아 있다. 굳이 누가 말지 않아도 울진대게 원조마을로 이어지는 길임을 저절로 깨닫게 해주는 조형물들이다.

'거일'이라는 지명은 마을의 지형이 게알처럼 생겼다고 해서 붙었다고 한다. '게알'이 '기알'을 거쳐 '거일'로 변했다는 것이다. 그리고 실제로 옛날에는 울진에서 대게잡이가 가장 성했던 마을이기도 하다. 울진대게 원조마을인 거일2리에서 거일1리를 지나 직산2리와 직산1리로 이어지는 해안도로는 아름답고 평화로운 바다 풍경이 시야에서 사라지질 않는다. 유리처럼 투명한 바다, 갯바위에 한가로이 앉아 있는 갈매기들, 느릿하게 항해하는 고깃배 등이 한데 어우러져서 서정미 가득한 풍광을 연출한다. 그래도 딱딱한 아스팔트 포장도로를 걷는 일은 적잖이 고역스럽다. 후포항을 출발한 지 두세 시간쯤 지나면 발바닥과 무릎에 약간의 통증도 느껴진다.

끝없이 이어질 것 같던 해안도로는 직산1리에서 끝나고, 남대천 하구에 놓인 용정교를 건넌다. 남대천은 온정면 백암산(1003m)의 남쪽에 있는 삼승령(747m)

◎ 찻길을 안전하게 걷는 요령

후포항에서 울진대게 원조마을을 거쳐 월송정까지 이어지는 이 코스는 거의 대부분 찻길을 이용한다. 간선도로가 아니어서 오가는 차량은 많지 않지만, 자칫 주의를 소홀히 하면 안전사고의 위험성이 높다. 길을 걸을 때에는 반드시 차량의 진행 방향과 반대쪽으로 걸어야 돌발적인 위험을 재빨리 피할 수 있다. 갓길이 있는 곳에서는 최대한 갓길 쪽으로 붙어서 걷는다. 그리고 배낭이나 재킷은 눈에 잘 띄는 원색의 제품을 착용하는 것이 좋다.

울진의 순수한 자연과 열정을 느낄 수 있는 대게마을 바닷길

후포항 주변의 밤바다를 지키는 후포등대

에서 발원해 백암온천을 지나온 하천이다. 용정교를 지나온 길은 남대천의 물
길이 만들어낸 넓은 들녘의 농로에 들어선다. 추수 끝난 만추의 들녘은 허허롭
기 그지없다. 농로의 끝에서 만난 옛 7번 국도를 따라서 다시 15분쯤 가면 월
송정 입구이다.

관동팔경의 여러 누정 가운데 맨 남쪽에 위치한 월송정은 평해읍 월송리의 울
울한 솔숲에 자리 잡았다. 신라 때의 뛰어난 화랑인 영랑, 남랑, 술랑, 안랑이
솔숲 울창한 이 일대의 수려한 풍광을 미처 알지 못한 채 그냥 지나쳤다고 해서
'월송'이라 불리게 됐다. 월송정이 처음 세워진 것은 고려시대인데 애초에는 정
자가 아니라 왜구의 침입을 살피기 위한 망루였다고 한다. 그러다가 왜구의 준
동이 잠잠해진 조선 중기에 관찰사 박원종이 그 자리에 정자를 중건한 이후 많
은 시인묵객들의 사랑을 받으면서 관동팔경으로 자리 잡았다.

현재의 월송정 건물은 1980년에 고려의 건축양식을 본떠 새로 세운 것이라 그
다지 눈길을 줄 만한 것은 없다. 그러나 여느 관동팔경의 누정들과 마찬가지로
2층 누마루의 조망이 시원스럽다. 넓은 솔숲이 시야를 일부 가린 것이 아쉽기
는 하지만, 솔숲 너머의 너른 바다와 솔밭을 질러온 해풍이 머리 속까지 상쾌
하게 한다. 먼 길을 걷느라 쌓인 심신의 피로가 단번에 사라지는 기분이다. 지
나온 세월과 길은 늘 짧고 아쉽게 느껴진다. 그래서인지 길의 종점에서는 다
시 새로운 길을 계획하기 마련이다. 월송정을 출발해 동해안 곳곳에 흩어진 관
동팔경의 절경들을 두발로 직접 둘러볼 미래를 꿈꾸며 아쉬운 발길을 돌렸다.

**여행
스케줄**

1일차 서울 – 북면 부구터미널 – 덕구온천 – 점심식사 – 덕구계곡 테마 등산로 – 덕구온천 –
저녁식사 후 온천욕 및 숙박

2일차 아침식사 – 울진읍 – 후포버스정류장 – 후포항 – 울진 대게마을 – 월송정 – 울진 읍내 – 서울

**여행지
정보**

후포등대 울진군 후포면 후포리의 등기산(64m) 정상에 있는 등대이다. 높이 11m의 팔각형 흰색
건물인 이 등대는 1968년 1월 24일에 처음 불을 밝혔다. 등대가 자리한 등기산은 옛날부터 낮에는
하얀 깃발을 꽂고 밤에는 봉화를 피워서 후포항을 드나드는 배들의 안전항해를 돕던 곳이다. 이
등대의 불빛은 10초 간격으로 점멸되며 35km 거리까지 도달한다. **문의** 788–2307

산포~덕신 해안도로 근남면 산포리의 망양정해수욕장에서 원남면 덕신리 덕신해수욕장까지 약
10km의 해안도로다. 917번 지방도의 일부 구간인 이 도로는 시종 그림 같은 해안을 끼고 달린다.
특히 바닷가에 우뚝 솟은 촛대바위 주변이 절경이다. 이 길을 따라가다 보면 물 맑고 모래 고운 해
변들이 군데군데 눈에 띈다. 여름철에 피서를 즐기거나 사시사철 바다낚시를 즐기기에 좋다. 이
해안도로는 덕신해수욕장 근처의 덕신교차로에서 7번 국도와 다시 만난다.

백암온천 국내에 흔치 않은 유황온천으로 수온은 53℃에 이르고, 신경통, 만성관절염, 동맥경화
증 등의 질환에 탁월한 효과를 보인다고 한다. 1997년에 관광특구로 지정된 이곳에는 이미 고려
때 지방수령이 주민들을 동원해 커다란 욕탕을 만들었다고 한다. 현재 3곳의 수원지에서 솟아나
는 백암온천의 원수는 온정면 온정리, 소태리 일대의 8개 업소에 공급된다.

**Travel
info**

가는 길

자가용 동해고속도로 동해IC(7번 국도)→울진 후포교차로→후포항

버스 **서울→울진** 동서울종합버스터미널에서 1일 15회 고속버스 출발. 4시간 20분 소요

　　　울진→후포 울진종합버스터미널에서 평해, 후포, 영덕 등을 경유하는 포항행 시외버스가
　　　수시로 출발

맛집 후포항에는 연수횟집(대구탕, 788–6633), 동심식당(생선회, 788–2588), 대명수산식당(울진
대게, 788–1334), 삼일식당(생선회, 788–3954), 왕돌회수산(울진대게, 788–4959) 등의 맛집이 있
다. 그중 연수횟집은 다른 곳에서는 좀체 맛보기 어려운 물곰(곰치)회도 내놓는데, 육질이 부드럽
고 싱싱한 물곰회를 간장소스에 찍어 먹는 맛이 각별하다.

숙박 후포항에는 로얄장텔(788–3971), 마리나펜션(070–8812–6132), 대경펜션(788–0077) 등의
숙박업소가 있다. 울진대게마을인 거일리에도 아침햇살펜션(010–5006–5133), 별똥별펜션(016–
9548–0015), 파도향기펜션(788–6271), 바다목장펜션(788–1525) 등의 펜션형 민박집들이 있다. 온
정면의 백암온천지구에는 백암온천한화콘도(787–7001), 백암스프링스호텔(787–3007), 호텔피닉
스(787–3044), 고려온천호텔(787–3158)을 비롯한 숙박업소가 많다.

o7 바다가 아름다운 길

세계의 유명 교량들을 건너 천연 노천탕을 만나다

울진 덕구계곡 테마 등산로

울진 덕구온천은 우리나라 유일의 자연용출 온천이다. 고려 말에 처음 발견됐다는 원탕과 덕구온천 사이의 계곡에는 '덕구계곡 테마 등산로'가 개설돼 있다. 왕복 8km의 이 길은 자연풍광이 아름답고 길이 평탄해서 온 가족과 함께 즐기는 트레킹코스로 인기가 높다. 게다가 세계 각국의 아름다운 교량들을 축소해놓은 다리가 놓여 있어 색다른 볼거리를 제공한다 글 | 사진 양영훈

울진은 동해안 제일의 온천휴양지다. 인구가 5만 2000명에 불과한데도 수백 년의 역사를 이어온 온천단지가 덕구온천, 백암온천 등 2곳이나 된다. 그중 덕구온천은 우리나라에서 유일한 자연용출 온천이다. 응봉산(998m) 동쪽 기슭의 울진군 북면 덕구리 덕구계곡(온정골)에 위치한 덕구온천의 역사는 약 650년 전인 고려 말까지 거슬러 올라간다.

창과 활을 잘 쓰기로 유명한 사냥꾼 전 아무개가 큰 상처를 입고 도망가는 멧돼지의 뒤를 쫓아 응봉산 자락의 깊숙한 골짜기로 들어왔다. 마침내 그는 멧돼지를 발견했는데, 김이 모락모락 피어나는 계곡물에 몸을 담그고 있던 멧돼지는 기력을 회복해 달아나 버렸다. 그 뒤로 이 온천수가 외상과 피부질환의 치료에 특별한 효험이 있음을 알게 된 주민들은 자연석을 빙 둘러쌓아 노천탕으로 만

☆ 걷기좋은계절 봄, 여름, 가을   ☆ 난이도 ★★★

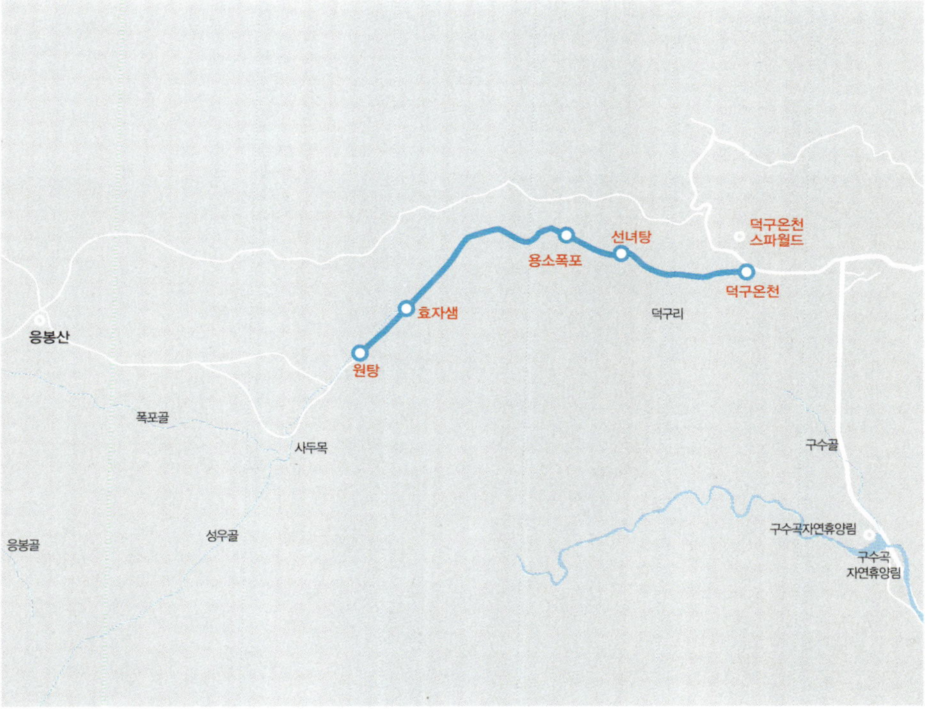

원탕   효자샘   용소폭포   선녀탕   덕구온천   덕구온천 스파월드   덕구리   응봉산   폭포골   사두목   구수골   응봉골   성우골   구수곡자연휴양림   구수곡 자연휴양림

❼ 울진 덕구계곡 테마 등산로 [왕복 8km, 2시간 25분]

부구 버스터미널 →9km 버스로 20분→ 덕구온천 벽산콘도 앞 →1.2km 25분→ 용소폭포 →1.8km 30분→

효자샘 →1km 20분→ 원탕 →4km 1시간 10분→ 벽산콘도 앞

들었다고 전해진다. 덕구온천이 본격적으로 개발되기 시작한 1979년 이전까지도 주민들은 이 노천탕을 줄곧 이용해 왔다. 덕구계곡 상류의 이 원탕에서 하루 4000통씩 솟아나는 원수는 4km의 파이프라인을 통해 덕구온천에 공급된다. 덕구계곡에는 미국 샌프란시스코의 금문교, 프랑스의 노르망디교, 호주 시드니의 하버브리지, 서울의 서강대교, 경주 불국사의 청운교·백운교 등 세계적으로 유명한 교량 13개를 축소한 형태의 다리가 군데군데 놓여 있다. 덕구온천에서 원탕까지의 '덕구온천계곡 테마 등산로'에서는 모두 12개의 다리를 건너게 된다. 마지막 13번째 다리인 영국의 포스교는 원탕의 바로 위쪽에 있어서 일부러 찾아가지 않으면 볼 수 없다. 이 다리들은 2003년 9월에 우리나라를 강타한 초강력 태풍 매미로 인해 기존의 다리들이 모두 유실됨에 따라 피해복구 차원에서 새로 놓은 것들이다. 영화나 사진으로 본 세계적인 관광명소를 하나씩 지나며 선녀탕, 용소폭포, 마당소 등의 절경을 감상하는 기분이 색다르다. 덕구계곡 테마 등산로의 출발지는 벽산콘도 앞의 주차장이다. 주차장을 출발하자마자 처음 만나는 다리는 샌프란시스코의 금문교이다. 처음부터 길은 원탕의 온천수를 덕구온천으로 쉼 없이 흘려보내는 파이프라인과 나란히 이어

경복궁 취향교를 쏙 빼닮은 다리

◎ 응봉산 등산

응봉산 등산코스는 덕구온천에서 곧장 5.7km의 능선길을 타고 응봉산 정상(998m)에
오른 뒤 원탕과 덕구계곡을 거쳐 하산하는 코스가 비교적 이용객이 많고 무난하다. 정
상에서 원탕까지의 거리가 2.9km이므로 이 코스의 총 길이는 12.6km에 이른다. 응봉
산은 정상의 해발고도가 1000m도 안 되지만, 산행코스가 만만치 않기로 소문난 산이
다. 그러므로 아침 일찍 출발해서 시간에 쫓기지 않고 여유 있게 산행하는 것이 좋다.

진다. 울창한 숲과 아름다운 계곡을 가로지르는 철제 파이프라인이 낯설고도
생동맞다.

급문교를 통과한 지 30여 분 만에 서강대교, 노르망디교, 하버교 등을 건너서
용소폭포와 마당소에 도착한다. 풍광 좋은 덕구계곡에서도 첫손에 꼽히는 절
경이다. 몇 단의 층계를 이루며 쏟아지는 폭포수가 억겁의 세월 동안 단단한
화강암을 깎아서 몇 개의 옴폭한 소를 만들었다. 커다란 이무기가 이곳에서 수
백 년을 기다린 끝에 산신령의 도움으로 용이 되어 승천했다는 전설이 서려 있

구수곡 자연휴양림의 야영장

다. 폭포 위쪽에 가설된 크네이교에서는 용트림하듯 굽이쳐 흐르는 폭포수가 한눈에 내려다보인다.

상류로 거슬러 오를수록 계곡 풍광은 점입가경이다. 물줄기는 한결 더 시원스럽고, 참나무와 소나무가 뒤섞인 숲은 원시적 야성미를 물씬 풍긴다. 짧은 숲길 구간이 끝날 때마다 만나는 물길에는 독특한 형태의 다리가 어김없이 설치돼 있다. 스위스의 모토웨이교, 스페인의 알라밀로교, 우리나라 경복궁의 취향교와 불국사의 청운교·백운교, 영국의 트리니티교, 일본의 도모에가와교 등을 지나면 효자샘에 도착한다. '신선샘'으로도 불리는 이 샘터의 맑고 시원한 물로 목을 축인 뒤 다시 1km쯤 더 가면 중국의 장제이교를 건너 덕구온천의 원탕에 당도한다.

원탕 주변의 아담한 쉼터에는 연신 온천수를 뿜어내는 분수와 편안히 앉아 발마사지를 즐기기에 좋은 족욕탕이 갖춰져 있다. 따뜻한 온천수에 발을 담근 채 앉아 있노라면 발의 피로뿐만 아니라, 마음 속의 근심까지도 눈 녹듯 사라지는 느낌이다. 물소리, 새소리를 벗 삼아 첩첩산중에서 즐기는 온천욕이야말로 신선놀음이 따로 없다.

덕구계곡 선녀탕 위에 놓인 하버브리지

여행 스케줄

1일차 서울 – 북면 부구터미널 – 덕구온천 – 점심식사 – 덕구계곡 테마 등산로 – 덕구온천 – 저녁식사 후 온천욕 및 숙박

2일차 아침식사 – 울진읍 – 북면 두천리 – 십이령길 트레킹 – 소광리 – 울진 읍내 – 서울

여행지 정보

덕구온천스파월드 덕구온천관광호텔 내에 있는 온천휴양시설이다. 테라쿠아, 액션스파, 어린이 슬라이더, 노천온천탕, 야외선탠장, 가족온천실 등을 갖췄다. 그중에서도 응봉산 자락의 울창한 숲과 첩첩한 산줄기를 바라보며 노천온천탕의 히노끼탕, 레몬탕, 자스민탕 등을 섭렵하는 재미가 쏠쏠하다. 약알칼리성 온천수인 덕구온천은 신경통, 류마티스성 질환, 근육통, 피부질환, 여성의 피부미용 등에 효과가 있다고 한다. **문의** 782-0677, www.duckku.co.kr

구수곡자연휴양림 덕구온천에서 2.5km쯤 떨어진 울진군 북면 상당리에 있다. 울창한 소나무 숲에서 퍼지는 솔 향기와 피톤치드가 몸과 마음을 맑게 해준다. 동해바다와 덕구온천이 가까워서 온천욕과 해수욕을 즐기기에 좋다. 통나무로 지어진 숲속의 집뿐만 아니라, 아담하고 시설 좋은 야영장과 물놀이장도 갖추었다. **문의** 783-2241, gusugok.uljin.go.kr

죽변등대 울진대게의 본고장으로 유명한 죽변항 뒤편의 대가실 언덕에 우뚝 서 있다. 1910년에 처음 세워졌다는 이 등대의 등탑은 높이가 무려 18m나 된다. 등대 주변에는 숲 터널을 이룰 만큼 대나무(산죽)가 빼곡하다. 등대 북쪽의 바닷가 언덕에는 빨간 지붕의 교회 건물과 아주 오래된 듯한 일본식 가옥이 그림 같은 풍경을 연출한다. TV드라마 〈폭풍 속으로〉의 오픈세트지만, 주변 풍광과의 어울림이 천연덕스럽다.

Travel info

가는 길

자가용 동해고속도로 동해IC(7번 국도)→울진 덕구교차로(917번 지방도, 덕구온천 방면)→덕구온천

버스 서울→부구 동서울종합버스터미널에서 울진군 북면 부구 경유 울진행 고속버스가 1일 12회 출발. 그중 2회(09:35, 14:15)는 덕구온천까지 운행. 서울에서 부구까지는 4시간 소요

부구→덕구온천 울진여객(783-4141)의 농어촌버스가 20~60분 간격으로 출발. 약 20분 소요

맛집 덕구온천 초입의 도로변에 위치한 할머니순두부(782-6338)는 콩비지, 순두부, 모두부 등의 콩요리뿐만 아니라 곤드레비빔밥, 산채비빔밥 등도 맛있게 내놓는 집이다. 울진 최대의 어항인 죽변항에는 금성식당(대게탕, 781-5737), 제일회식당(782-4644) 등의 대게요리 전문점이 많다.

숙박 덕구온천지구에는 덕구온천관광호텔(782-0671), 벽산덕구온천콘도(783-0811) 등의 숙박업소가 있다. 덕구온천 입구의 도로변에도 덕구유황원탕모텔(782-0443), 황토모텔(782-0447), 휴모텔(781-0447) 등이 있다. 북면 소재지인 부구리에도 썬모텔(781-1255), 그린모텔(781-7866) 등의 모텔이 있다.

08 바다가 아름다운 길

아름드리 금강소나무 숲으로 이어지는 열두 고갯길
울진 십이령길

십이령길은 그 옛날 보부상들이 넘나들던 열두 고갯길이다. 한동안 잊혔던 그 길이 '금강소나무 숲길'로 되살아났다. 총 길이 61.9km에 4개 구간으로 이루어진 금강소나무 숲길은 울진군 북면 두천1리에서 서면 소광2리까지 4개의 고개를 넘는 제1구간이 맨 처음 개방됐다. 금강소나무숲의 진한 솔향기가 온몸을 휘감고, 오랜 역사가 살아 숨쉬는 십이령길을 자분자분 걸어보자. 글 | 사진 양영훈

십이령은 말 그대로 열두 고개를 가리킨다. 옛날 보부상이나 바지게꾼 같은 행상들이 동해안을 출발한 뒤 쇠치재, 바릿재, 샛재(조령), 너삼밭재(저진치), 너불한재, 한나무재(작은넓재), 넓재(큰넓재), 꼬치비재, 곧은재, 막고개재, 살피재, 모래재 등의 열두 고개를 차례대로 넘어서야 봉화장에 당도할 수 있었다. 행상들은 동해안의 흥부(부구)장, 죽변장, 울진장 등에서 구입한 미역, 건어물, 소금, 생선, 젓갈 같은 해산물을 봉화, 영주, 안동 등지의 경상도 내륙지방 장터에 내다 팔았다. 내륙의 장터에서 되돌아올 때는 피륙, 비단, 담배, 곡물 등을 사 갖고 와 동해안 장터에 다시 팔았다.

바지게꾼은 보부상 조직이 약화된 일제시대에 등장한 상인이다. '선질꾼' 또는 '등금쟁이'라고도 불렸다. 좁은 산길에서도 무거운 짐을 지고 날렵하게 다닐 수 있도록 다리를 잘라낸 바지게를 메고 다녀 그런 이름이 붙었다. 울진 바닷가의

☆ 걷기좋은계절 봄, 여름, 가을   ☆ 난이도 ★★★★

❽ 울진 십이령길 [13.5km, 5시간 20분]

울진종합버스터미널 —14km 버스로 30분→ 두천1리 주차장 —1.6km 50분→ 임도 —4.9km 1시간 50분→ 찬물내기쉼터

—1.2km 30분→ 즈령 성황사 —2.1km 30분→ 대광천 —3.7km 1시간 40분→ 소광2리 —34km 버스로 30분→ 울진 읍내

소광리 금강소나무숲에서 가장 수령이 많은 대왕소나무

장터를 출발해 내륙의 봉화나 영주로 향하는 바지게꾼들이 첫 밤을 맞이하는
곳은 오늘날의 울진군 북면 두천1리였다. 일제 때까지도 주막과 마방이 있었던
마을은 하룻밤 묵는 과객과 장사꾼들로 인해 늘 북적거리곤 했다. 하지만 오늘
날 열댓 가구의 주민이 사는 두천1리는 한적하고 평범한 산골마을에 불과하다.
두천1리에는 십이령길 이용자들을 위한 주차장과 정자가 조성돼 있다. 그곳에
모인 사람들은 숲해설가의 인솔 아래 십이령길에 들어선다. 두천리 냇가의 징
검다리를 건너면 십이령의 두 번째이자 십이령길의 첫 번째 고개인 바릿재가
시작된다. 고갯길 초입의 길가에는 울진내성행상불망비(蔚珍乃城行商不忘碑)
가 서 있다. 바지게꾼들의 우두머리였던 정한조와 권재만의 공덕을 기리는 무
쇠 비석이다.
바릿재 주변의 산세는 험준해 보인다. 하지만 길은 의외로 순탄하다. 부드럽
고 율동감 있게 굽이치며 고도를 높이다가 슬그머니 고갯마루를 넘는다. 완만
한 내리막길은 곧장 임도와 연결된다. 자동차가 다닐 만큼 넓은 길이어서 그
늘은 거의 없다. 하지만 명경지수가 흐르는 계곡을 따라가는 덕택에 발걸음은
경쾌하다. 임도 양옆의 깎아지른 돌산은 천연기념물 제217호로 지정된 산양
의 서식지이다.

좌 소광2리의 금강송펜션 **우** 샛재 내리막길 주변의 아름드리 소나무

두천1리에서 6.5km 떨어진 찬물내기쉼터에 당도하면 임도를 벗어나 다시 조붓한 산길로 접어든다. 삼복염천에도 얼음처럼 시원한 물이 흐르는 찬물내기는 점심 도시락을 먹기에 딱 좋다. 십이령길의 두 번째 고개인 샛재 정상까지는 제법 가파르고 비좁은 산길이 한동안 이어진다. 한낮에도 어둑할 정도로 울창한 숲길은 오랜 세월 동안 사람들의 발길에 깎이고 패여서 깔때기처럼 옴폭해졌다.

샛재 고갯마루에는 보부상들이 주민들과 함께 세운 성황당이 있다. 신변의 안전과 성공적인 행상을 기원하기 위해 세웠다고 한다. 두천리에서 이곳까지 동행한 숲해설가는 소광2리에서 마중 나온 숲해설가와 임무를 교대한 뒤 돌아간다. 성황당에서 대광천 물길을 만날 때까지 약 30분 동안은 완만한 내리막길을 걷게 된다. 십이령길에서 가장 마음 편한 구간이다. 길가에는 옛 주막의 흔적인 녹슨 가마솥과 구들장이 눈에 띈다. 통나무데크가 깔린 습지를 지나고, 맑은 계류가 흐르는 물길을 두어 번 건너면 비포장도로에 들어선다. 불영계곡과 소광리의 금강소나무숲 사이를 잇는 도로이다. 어느덧 지나온 길의 거리가 9.8km에 달한다. 남은 길은 3.7km에 불과한 셈이다. 그래도 소광2리까지는 두 개의 고개를 넘어야 한다.

1km쯤 도로를 따라가던 십이령길은 다시 어둑한 숲으로 들어선다. 오랫동안 인적이 끊겼던 숲은 갖가지의 야생화와 희귀식물이 지천이다. 하지만 몸은 물에 젖은 솜처럼 무겁고 다리도 아파서 주변 풍경에 눈길 줄 여유조차 없다. 십이령길의 세 번째 고개인 너삼밭재만 넘어서면 마지막 너불한재는 지척이

1일차 서울 – 북면 부구터미널 – 덕구온천 – 점심식사 – 덕구계곡 테마 등산로 – 덕구온천 – 저녁식사 후 온천욕 및 숙박

2일차 아침식사 – 울진읍 – 북면 두천리 – 십이령길 트레킹 – 소광리 – 울진 읍내 – 서울

다. 너삼밭재를 넘어선 지 40분쯤 지난 뒤에 너불한재의 고갯마루에 당도한다. 이제 느릿한 내리막길을 30여 분 걸어가면 십이령길의 종점인 소광2리 마을에 도착한다. 마침내 소광2리의 옛 소광초등학교 교정에 들어선다. 꼬박 한나절 반 동안의 긴 여정이 끝난 것이다. 여행자들의 길은 거기서 끝나지만, 그 옛날 보부상들과 바지게꾼들의 여정은 다시 며칠 동안 계속되었다.

한 폭의 산수화처럼 아름다운 불영계곡

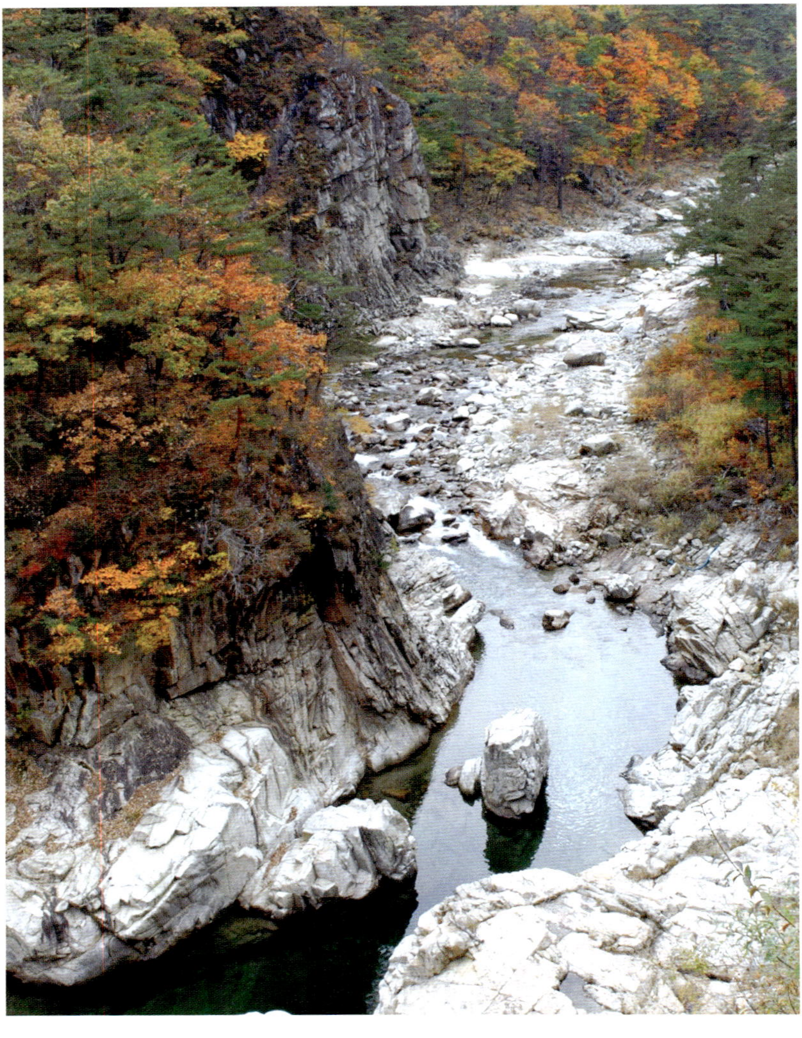

소광리 금강소나무숲 우리나라 최대(1610ha)의 금강소나무숲으로 산림유전자원보호림이다. 일찍
이 조선 숙종 때에는 함부로 출입하거나 벌목이 금지되는 '황장봉산(黃腸封山)'으로 지정됐었다.
소광리로 가는 길가의 바위에 '황장봉계표석'이 남아 있다. 이 숲에는 수령 500년의 대왕소나무
를 비롯해 크고 오래된 금강송이 즐비하다. 높이 35m의 거목과 밑동의 지름 1m 이상의 아름드리
나무도 있다. **문의** 울진국유림관리소 783-7074

불영사 울진군 서면 하원리 불영계곡 내에 위치한 고찰이다. 신라 진덕여왕 5년(651) 의상대사가
창건했다고 전해진다. 절집 주위에는 천축산의 암봉들이 연꽃잎처럼 빙 둘려져 있다. 절터는 꽃잎
에 둘러싸인 꽃술인 셈이다. 비구니 도량답게 단아하고 정갈한 느낌을 준다. 경내 곳곳에는 비구
니들의 섬세한 손길로 가꿔진 화초들이 철 따라 꽃을 피운다. **문의** 783-5004

망양정 불영계곡의 물길이 동해바다의 넓은 품에 안기는 하구 근처에 있다. 솔숲 꼭대기에 위치
한 망양정에 올라서면 푸른 동해바다가 장쾌하게 펼쳐진다. 관동팔경 중 하나인 망양정의 터는
본래 여기가 아니지만, 조망의 장쾌함만큼은 옛적 그대로이다. 일찍이 송강 정철은 「관동별곡」에
서 '하늘 끝을 결국 보지 못해 망양정에 오른 말이/ 바다 밖은 하늘이요 하늘 밖은 무엇인고/ …'
라고 읊조렸다.

가는 길

자가용 동해고속도로 동해IC(7번 국도) → 울진 죽변교차로(917번 지방도, 덕구온천 방면) → 하당
(직진) → 두천2리

버스 **서울 → 울진** 동서울종합버스터미널에서 1일 15회 고속버스 출발. 4시간 20분 소요.

    울진 → 두천 울진종합버스터미널 앞에서 울진여객(783-4141)의 두천행 시내버스가 1일 4회
(06:25, 13:20, 16:25, 18:10) 출발. 30분 소요.

    소광2리 → 울진 두천1리 주차장에 자동차를 세워뒀을 경우에는 소광2리 금강송펜션 앞에
서 시내버스를 타고 되돌아오면 된다. 소광2리에서 16:20에 출발하는 시내버스는 울진 읍내
를 경유(17:00)해 두천1리에 도착(17:30)한다. 버스요금은 울진 읍내까지 5000원, 두천리까
지 7000원으로 다소 비싼 편이다.

맛집 불영사 입구에 위치한 불영사식당(782-9455)은 산채비빔밥과 은어튀김이 맛있기로 소문난
집이다. 울진 읍내에는 황우촌(영양돌솥밥·한우구이, 783-8891), 별미식당(가자미찜, 781-7771),
해주작장면(옛날자장면, 781-0008), 남양숯불갈비(송이불고기, 782-3637), 맛나삼계탕(783-
3345) 등의 맛집이 있다.

숙박 십이령길의 종점인 소광2리에 마을 주민들이 옛 소광분교를 리모델링해 공동운영하는 금강
송펜션(782-9201)이 있다. 십이령길 출발지인 두천1리에도 민박집이 여럿 있다. 숲길 탐방 예약을
할 때에 미리 부탁하면 민박집도 소개해주고 점심 도시락(1인당 5000원)도 싸준다. 불영계곡 상류
의 첩첩산중에 자리한 통고산 자연휴양림(782-9007)은 숲이 좋고 편의시설도 잘 갖춰진 국립휴
양림이다. 울진종합버스터미널 주변에는 에스모텔(781-8877), 알프스모텔(782-3412) 등이 있다.

바다를 굽어보며 걷는 숲길

울릉도 내수전~석포 옛길

울릉도는 젊다. 섬의 나이뿐만 아니라 자연도 젊고 기운차다. 그런 자연을 품은 울릉도는 걸어서 여행하기 딱 좋은 섬이다. 지형이 험해서 차량통행이 불가능한 산길과 해안산책로도 적지 않다. 울릉도에는 매혹적인 트레킹코스가 여럿 있다. 그 중 내수전~석포 옛길은 울릉도는 물론이고 우리나라의 대표적인 해안트레킹코스 중 하나로 손꼽을 만하다. 글 | 사진 양영훈

내수전과 석포는 울릉도의 동북쪽에 자리 잡은 마을들이다. 두 마을 사이의 직선거리는 2.5km도 안 되지만 자동차로 가려면 무려 38km를 달려야 한다. 울릉도 일주도로의 미개통 구간이 바로 내수전~석포 구간이기 때문이다. 1963년부터 시작됐다는 일주도로 개설공사는 울릉도의 지형이 워낙 험한 탓에 아직도 미완성 상태로 남아 있다.

찻길이 없는 내수전~석포 구간에는 운치 좋고 아름답고 편안한 숲길이 옛 모습 그대로 남아 있다. 일주도로라는 것이 존재하지 않던 옛날부터 울릉도의 동북부와 동남부 지역 주민들이 왕래하던 옛길이다. 울릉읍 저동항과 북면 섬목 선착장 사이에 철부선이 운항하던 시절에도 기상악화로 배가 끊기면 주민들은 이 길을 걸어서 오가곤 했다.

내수전~석포 옛길은 줄곧 바다가 내려다보이는 산허리를 굽이굽이 돌아간다.

 ☆ **걷기좋은계절** 봄, 여름, 가을   ☆ **난이도** ★★★

⑨ 울릉도 내수전~석포 옛길 [3.4km, 1시간 20분]

도동항 → (6km 택시로 10분) → 내수전전망대 입구 → (2km 50분) → 울릉읍과 북면 경계 → (1.4km 30분) →

석포마을 버스정류장 → (6.3km 버스로 15분) → 천부 버스정류장

죽암마을 앞바다의 황홀한 저녁노을

그래서 산길의 호젓한 멋과 바다의 장쾌한 풍광을 동시에 즐길 수 있다. 이 길이 울릉도 최고의 트레킹코스 중 하나로 손꼽히는 것도 그런 이유 때문이다. MTB 동호인들 사이에는 울릉도 최고의 MTB코스로도 유명하다.

근래 들어 내수전~석포 옛길을 찾는 사람들의 발길이 눈에 띄게 늘고 있다. 울릉도 주민들보다는 외지 관광객들이 훨씬 더 많은 듯하다. 초행인 사람들도 헛갈리지 않을 만큼 길은 뚜렷하다. 최근에는 녹색자금(복권기금)을 지원받은 울릉숲길 조성사업의 일환으로 석포~내수전 옛길 곳곳에도 다양한 안내판과 표시판, 간이 쉼터와 안전 울타리 등이 설치됐다.

석포~내수전 옛길의 형상은 산허리에 두른 비단 같다. 길의 느낌도 자연스럽고 율동감이 넘친다. 바닥에는 녹색 융단 같은 이끼와 오랜 세월 동안 쌓인 낙엽이 두툼하게 깔려 있어 발바닥에 와 닿는 감촉이 부드럽고 푹신하다. 이 조붓한 옛길을 에워싼 숲은 원시적인 야성과 정갈함을 오롯이 간직하고 있다. 너도밤나무·섬피나무·섬잣나무 등의 울릉도 특산식물과 동백나무·굴거리나무 등의 상록수, 그리고 고비·관중 같은 양치식물들이 빼곡하게 들어차 있다. 길을 걷는 내내 원시림의 청신한 기운이 온몸으로 느껴진다.

내수전~석포 옛길의 중간에는 정매화골이 있다. 인정 많은 주막집 여인이었던 '정매화'라는 사람이 살던 곳이어서 그런 지명이 붙었다고 한다. 이 계곡에는 수

◎ 내수전~석포 옛길의 출발지

내수전이나 석포 어느 쪽에서 출발해도 걷기는 수월한 편이다. 동네 뒷산을 산책하는 기분으로 1시간 30분~2시간쯤 걸으면 반대편의 종점에 닿는다. 난이도를 굳이 따진다면 내수전에서 석포 방면으로 진행하는 것이 약간 더 힘들다. 울릉읍과 북면의 경계 지점 전후에 상대적으로 더 가파른 오르막 구간이 이어지기 때문이다.

정매화골의 맑고 시원한 계류

백 미터의 지하에서 끌어올린 암반수보다 더 깨끗하고 시원한 계류가 폭포수처럼 기운차게 흘러내린다. 현재 정매화곡 쉼터가 조성된 이곳에 맨 마지막으로 살았던 사람은 이효영 씨 부부였다. 68세 때인 1962년에 이곳으로 들어온 이씨 부부는 1981년에 이곳을 떠나기까지 19년 동안 기상악화로 조난당한 사람 300여 명을 구조했다고 한다. 이씨 부부가 살던 집터에는 이제 아담한 정자가 들어서 있어 고단한 다리품을 잠시 쉬어가기에 좋다. 쉼터 옆의 바위틈에서는 맑은 샘물이 쉼 없이 솟아나는데 무색, 무미, 무취의 물맛이 가히 일품이다. 내수전전망대 아래의 포장도로 종점을 출발한 지 약 50분쯤 지나면 고갯길을 넘어 북면 땅에 들어선다. 바다에서 곧장 불어오는 바람도 시원스럽고, 이따금 길가의 너덜에서 뿜어져 나오는 냉풍이 이마에 맺힌 땀방울을 순식간에 씻어준다.

고비 · 일색고사리 등의 양치식물로 빼곡한 원시림을 가로지르고, 시원스럽게 쭉쭉 뻗은 솔숲을 빠져나오면 내수전~석포 옛길의 종점이 지척이다. 솔숲을 빠져나오자마자 콘크리트로 포장된 찻길의 삼거리에 들어선다. 이곳 삼거리에서 오른쪽 길로 곧장 가면 '정들깨'라고도 불리는 석포마을이고, 왼쪽 길로 약 2km쯤 더 가면 죽암마을 바닷가에 당도한다. 좀 더 트레킹을 즐기고 싶다면 석포 쪽의 길을 선택하고, 한시바삐 탁 트인 바다에 안기고 싶으면 죽암마을로 내려서는 게 좋다. 아득한 해안절벽 위에 올라앉은 석포마을에서는 지척의 죽도는 물론이고 날씨 쾌청한 날에는 독도까지도 육안으로 또렷이 보인다.

좌 내수전~석포 옛길의 한 쉼터 **우** 울릉도 특산식물 중 하나인 섬말나리

1일차 서울 – 포항, 또는 동해(묵호항) – 울릉도(여객선 이용) – 점심식사(도동 일대의 맛집) – 울릉도 육로 일주(버스나 택시 이용) – 도동 – 저녁식사 후 숙박

2일차 아침식사 – 해상일주유람선 – 점심식사(도동 일대의 맛집) – 내수전전망대 입구(택시 이용) – 내수전~석포 옛길 – 석포 – 천부버스정류장(버스 이용) – 나리분지(버스 이용) – 저녁식사(산마을민박식당) 후 숙박

3일차 아침식사 – 성인봉 등반(나리분지~성인봉) – 도동 – 점심식사 – 행남등대 해안산책로 (도동항~행남등대~저동항) – 도동항 – 포항, 또는 묵호항(여객선 이용) – 서울

여행 스케줄

내수전전망대 해발 441m의 우뚝 솟은 봉우리에 설치된 전망대이다. 바닷가에 위치한데다가 사방으로 시야가 훤히 트여 있어서 가슴이 뻥 뚫릴 만큼 시원스런 조망을 자랑한다. 어업전진기지인 저동항과 행남등대. 석포에서 저동 사이의 울릉도 동부해안의 절경이 한눈에 들어온다. 여름철에는 죽도 너머의 수평선 위로 붉은 해가 솟아오르는 광경도 감상할 수 있다.

석포전망대 석포마을 북쪽의 보루산 정상에 자리잡았다. 원래 러일전쟁 당시 러시아군함의 동태를 파악하기 위한 일본군의 망루가 들어섰던 곳이다. 지금은 팔각지붕의 2층 전망대와 데크, 망원경 등이 설치돼 있다. 전망대에 올라서면 서쪽으로는 북면 소재지인 천부리와 송곳산. 공암 등 북면 일대의 해안절경이 상쾌하게 조망된다. 동쪽에는 관음도와 죽도가 가깝게 보인다.

죽암해수욕장 북면 천부3리 죽암마을에 있다. 마을 앞쪽에 큼직큼직한 갯돌로 뒤덮인 해변이 죽암해수욕장이다. 여름철에는 해수욕을 즐기는 사람들도 간간이 눈에 띈다. 굵은 갯돌이 깔려 있어서 걸어 다니기가 불편하고 경사도 좀 급한 편이지만, 성인봉 기슭에서 발원한 죽암천의 시원한 물줄기가 이 갯돌해변으로 흘러드는 덕택에 해수욕과 담수욕을 동시에 즐길 수 있다.

가는 길

버스 도동에서는 저동을 거쳐 내수전까지 운행하는 버스가 30~50분 간격으로 하루 18회 출발한다. 도동에서 내수전까지는 15분 소요. 내수전 버스 종점에서 내수전전망대 입구까지 약 2km 구간은 도보나 택시로 이동해야 한다. 석포마을과 북면 소재지의 천부 버스정류장 간에는 정기노선버스가 하루 4회씩 왕복 운행한다. 석포 버스정류장에서 출발하는 시간은 09:20, 11:00, 13:50, 15:50. **문의** 우산버스 791-7910

택시 내수전~석포 옛길이 시작되는 내수전전망대 입구에 갈 때는 도동이나 저동에서 택시를 이용하는 것이 가장 편리하다. 하지만 택시요금이 다소 비싼 편이다. 도동에서 1만 2000원 내외. **문의** 울릉택시 791-2315, 개인택시 791-2612

맛집 내수전과 석포에는 상설 음식점이 거의 없고, 내수전전망대 입구의 주차장에는 간이 분식점이 있다. 내수전과 이웃한 저동에는 경주식육식당(울릉약소구이, 791-3034), 황제가든(새우물회, 791-0201) 등이 있다. 북면 소재지인 천부리에서는 신애분식(따개비칼국수, 791-0095), 가보자식당(생선회, 791-7868) 등이 추천할 만한 맛집이다.

숙박 저동항에 황제모텔(791-8900), 경주모텔(791-3703), 낙원장(791-0580), 비둘기모텔(791-7090), 동해섬모텔(791-2343) 등의 숙박업소가 있다. 북면 천부리에는 청림장여관(791-6028)이 있다.

1o 바다가 아름다운 길

울릉도의 독특한 자연을 두루 껴안은 명품 트레킹코스
울릉도 행남산책로

울릉도 도동항과 저동항 사이에는 우리나라 최고의 해안산책로가 개설돼 있다. 총 길이 2.6km의 행남산책로는 도동항 여객선터미널에서 행남등대를 거쳐 저동항의 촛대바위까지 이어진다. 이곳 에서는 쪽빛으로 일렁이는 바다, 그 바다 위에 날카롭게 치솟은 암벽, 암벽 위의 무성한 숲 등 울릉 도만의 독특한 자연풍광을 모두 감상할 수 있다. 글 I 사진 양영훈 행남산책로는 도동여객선터미널 뒤편의 방파제에서 시작된다. 나선형 계단을 통해 방파제에 올라서면 깎아지른 암벽 아래 구불구불 이어지는 산책로가 한눈에 들어온다. 웅장하고도 이국적인 풍광을 보여주는 이 산책로는 거센 파도가 수만 년에 걸쳐 만들어놓은 해식동굴을 통과하기도 하고, 커다란 몽돌들이 나뒹구는 해변 위를 가로지르기도 한다.

해식동굴의 깊숙한 곳까지 밀려든 파도가 하얀 포말과 요란한 굉음을 연신 쏟아낸다. 파도가 적당히 일렁거리는 날에는 한가롭게 낚싯대를 드리운 조사(釣士)들도 적잖이 눈에 띈다. 산책로 아래의 바다는 깊이조차 가늠하기 어려운 쪽빛의 심연이다. 해맑은 날에는 오히려 공포감마저 불러일으키는 검푸른 빛깔을 띤다. 해무가 자욱한 날이면 산과 바다가 안개를 서로 끌어당기거나 밀어

☆ **걷기좋은계절** 여름, 가을　　☆ **난이도** ★★

지도

울릉고등학교
촛대바위
어업인복지회관
울릉군수협 제빙냉동공장
대덕사
울릉 한마음회관
울릉도개발 관광여행사
나선형계단
행남등대
거동재
울릉초등학교
한전아파트
털머위꽃 군락
울릉중학교
울릉호텔
몽돌해변
울릉군청
독도박물관
울릉군의회
울릉학생체육관
울릉동굴 호박엿공장
횟집
울릉교육지원청
도동약수공원
해식동굴
도동약수공원
해도사
도동여객선터미널
도동항
독도전망대
행남우안산책로
독도-항로

⑩ 울릉도 행남산책로 [3.15km, 2시간]

도동항 → 약수터 → 몽돌해수욕장 → 해송숲 삼거리 →
600m 15분　　400m 10분　　600m 15분　　200m 5분

행남등대 → 해송숲 삼거리 → 나선형계단 → 저동항 방파제
200m 50분　　450m 10분　　700m 15분

내면서 변화무쌍한 풍경을 연출해 낸다.

행남산책로의 바닷길 구간은 도동항에서 약 1km 거리의 몽돌해변 앞에서 끝난다. 경찰초소가 자리했던 이 해변을 지나서부터 길은 점차 바다와 멀어지다가 조붓한 숲길로 접어든다. 조금 전에 바닷가를 벗어났다는 사실이 잊혀질 만큼 숲길의 운치가 호젓하다. 터널을 이룬 섬조릿대 숲길이 짧게 끝나자마자 해송숲길이 이어진다. 해송숲 바닥에는 털머위가 빼곡하다. 가을빛이 무르익은 10월 중순에서 11월 중순 사이에 샛노란 털머위꽃이 만발하면 봄날의 유채밭보다 더 현란한 꽃밭이 펼쳐진다.

300~400m가량의 해송숲길이 끝나는 지점에는 등대전시관, 관저, 데크전망대 등이 갖추어진 행남등대가 있다. 데크전망대는 등대에서 10m쯤 떨어진 절벽 위에 올라앉았다. 이 전망대에서는 저동항과 저동마을, 긴 방파제와 촛대바위, 그리고 저동 앞바다의 북저바위와 죽도까지도 오롯이 보인다. 항구 뒤편에는 성인봉의 우람한 산자락과 아스라한 능선이 병풍처럼 둘러쳐져 있다.

행남등대에서 약 1.3km 떨어진 저동항 방파제 사이에도 해안산책로가 개설돼 있다. 이 저동 해안산책로로 가려면 다시 해송숲과 대숲을 지난 뒤 아득한 해안절벽을 내려가야 한다. 해안절벽에는 높이 57m의 나선형 수직계단이 설치돼

높이 57m의 나선형 수직계단과 무지갯빛 구름다리

◎ 행남등대로 오가는 산길 코스

도동항이나 저동항에서 행남등대 가는 길은 해안산책로만 있는 게 아니다. 해안산책
로가 개설되기 훨씬 전부터 주민들이 이용하던 산길이 아직도 또렷하다. 도동항은 군
청 뒤쪽, 저동항은 항구 남쪽의 비탈진 골목길에서 산길코스가 시작된다. 둘 다 해안
산책로에 비해 상대적으로 소요시간도 길고 험한 구간도 몇 군데 만난다. 하지만 길의
풍경이 매우 다채롭고, 가슴이 뻥 뚫릴 만큼 전망이 탁월한 천연조망대도 있다. 초입
에서 길 찾기가 여의치 않으면 주민들에게 물어보는 것이 상책이다.

있다. 맨 꼭대기에서 바다를 내려보면 아찔한 전율마저 느껴진다. 나선형 계단
을 빙글빙글 돌아서 해안절벽 아래로 내려선 뒤에는 일곱 색깔의 무지갯빛으
로 채색된 구름다리를 잇달아 건너게 된다.

나선형 수직계단에서부터 750m가량 이어온 저동 해안산책로는 저동항 방파
제의 초입에서 끝이 난다. 저동항 전경이 고스란히 시야에 들어오는 방파제의
중간에는 저동항의 상징물과 같은 촛대바위가 서 있다. 고기잡이를 나간 아버
지를 애타게 기다리던 딸이 기다림에 지친 나머지 바위로 굳어버렸다는 전설
이 서려 있어서 '효녀바위'라고도 불린다.

저동항 일대가 한눈에 들어오는 행남등대 전망대

망향봉 독도전망대에서 바라본 도동항과 행남산책로

울릉도 개척시대에 생겨난 저동마을에는 울릉도 최대의 어항이자 어업전진기지인 저동항이 있다. 착공한 지 13년 만인 1980년에 대규모 방파제와 접안시설이 완공된 저동항에는 30톤급의 어선 1000여 척이 동시에 접안할 수 있다고 한다. 저동항에는 역시 오징어 채낚기 어선이 압도적으로 많다. 매년 5월부터 12월까지의 오징어잡이 철에는 항구 전체에 활기가 가득하다. 특히 밤샘조업을 마친 어선들이 줄지어 들어오는 해 뜰 무렵의 부둣가는 마치 도떼기시장처럼 분주해진다. 수협 어판장에서는 매일 아침마다 경매가 열리고, 부둣가 바닥에는 할복작업 중인 오징어가 산더미처럼 쌓여 있다. 오징어 배를 가르고 내장을 빼낸 뒤 물로 씻어내는 아낙네들의 숙련된 손놀림이 거의 신기에 가깝다. 저동항은 해돋이 명소로도 널리 알려져 있다. 특히 방파제 한가운데에 위치한 촛대바위 위로 붉고 뜨거운 태양이 불끈 치솟아 오르는 광경은 장엄하고도 화려하기 그지없다. 그런 해돋이를 제대로 감상하기 위해서라도 최소한 하룻밤쯤은 저동항에서 묵어야 한다.

좌 도동~저동 옛길의 저동 쪽 입구 **우** 행남산책로의 해식동굴

1일차 서울 – 포항. 또는 동해(묵호항) – 울릉도(여객선 이용) – 점심식사(도동 일대의 맛집) – 울릉도 육로일주(버스나 택시 이용) – 도동 – 저녁식사 후 숙박

2일차 아침식사 – 해상일주유람선 – 점심식사(도동 일대의 맛집) – 내수전전망대 입구(택시 이용) – 내수전~석포 옛길 – 석포 – 천부버스정류장(버스 이용) – 나리분지(버스 이용) – 저녁식사(산마을민박식당) 후 숙박

3일차 아침식사 – 성인봉 등반(나리분지~성인봉) – 도동 – 점심식사 – 행남등대 해안산책로(도동항~행남등대~저동항) – 도동항 – 포항. 또는 묵호항(여객선 이용) – 서울

여행
스케줄

행남우안산책로 도동항에는 행남등대까지 이어지는 좌안산책로말고 우안(右岸)산책로도 있다. 도동항에서 바다 쪽을 바라볼 때 오른쪽 해안에 개설된 산책로다. 좌안산책로보다 훨씬 더 짧고 평탄하지만, 길 옆의 바다 빛깔이 산중의 계류처럼 투명해서 물고기들이 떼지어 헤엄치거나 해초가 하늘거리는 바닷속 풍경이 훤히 들여다보인다. 도동항에서 여객선이나 유람선을 타기 전 20~30분 가량의 시간 여유가 생겼을 때에 가볍게 둘러볼 만하다.

도동약수공원 도동항에서 900m 떨어진 망향봉 자락에 있다. 탄산철분약수인 도동약수는 씁쓰레하면서도 톡 쏘는 듯한 맛이 난다. 마실 때에는 약간의 거부감이 느껴지지만 위장병, 빈혈, 류머티스 등의 질환에 효험이 있다고 한다. 약수터 아래에는 '안용복장군충혼비'와 '동쪽 먼 심해선(深海線) 밖의 한 점 섬 울릉도로 갈거나…'로 시작되는 청마 유치환의 〈울릉도〉 시비가 세워져 있다.

독도박물관 도동약수공원 맞은편에 들어선 국내 최초의 영토박물관으로 지난 1997년에 개관했다. 삼성문화재단이 건립해 울릉군에 기증한 이 박물관에는 독도가 자기네 땅이라고 우기는 일본인들의 망언을 역사적, 논리적으로 반박해주는 각종 자료들이 전시돼 있다. 그중 상당수는 울릉도와 독도가 우리 땅임을 밝히는 자료의 수집에 평생을 바친 서지학자 고 이종학 선생이 남겼다. **문의** 790-6432, www.dokdomuseum.com

독도전망대 도동항 옆에 우뚝한 망향봉(316m) 정상에 설치돼 있다. 옛날 울릉도 개척민들이 제 고향 쪽의 바다와 하늘을 바라보며 향수를 달래던 봉우리라고 한다. 독도박물관 옆의 하부정류장에서 케이블카(791-6420)를 타면 전망대 아래의 산록정류장까지 5~6분 만에 도착할 수 있다. 날씨 쾌청한 날에는 87.4km 떨어진 독도가 아스라이 보인다. 울릉도의 어느 곳보다도 탁월한 조망을 누릴 수 있다.

가는 길

버스 저동에서 도동 가는 버스는 06:20~18:30 사이에 30~50분 간격으로 하루 18회 출발한다. 저동에서 도동까지는 10분 소요. **문의** 우산버스 791-7910

택시 코스의 종점인 저동항 방파제에서 저동 버스정류장으로 이동해 정기노선버스가 오기를 기다릴 여유조차 없을 만큼 배 시간이 촉박할 경우에는 미리 택시를 대기시켰다가 이용하는 것이 효율적이다. **문의** 울릉택시 791-2315, 개인택시 791-2612

맛집 도동항 근처에는 우성식당(물회, 791-3127), 보배식당(홍합밥, 791-2683), 99식당(약초해장국·따개비밥, 791-2287), 향우촌(울릉약소구이, 791-8383), 두꺼비식당(오징어내장탕, 791-1312), 해운식당(따개비밥, 791-7789) 등의 맛집이 있다. 어선들이 쉼 없이 들고나는 도동항 부둣가에는 활어회 노점이 늘어서 있다. 어선들이 갓 잡아온 오징어, 소라, 홍합, 방어, 노래미 등의 싱싱한 횟감을 즉석에서 썰어준다.

숙박 도동의 숙박업소들 중에서는 칸모텔(791-8500), 울릉도모텔(791-8886), 성인모텔(791-2677), 세운모텔(791-2171), 산호펜션(791-9595), 독도펜션(791-3248) 등이 비교적 깔끔하다. 민박집으로는 두꺼비민박(791-3723), 동은식당민박(791-0566), 비치하우스(791-0500), 신원민박(791-4027) 등이 있다.

우산국의 역사와 울릉도의 자연을 담은 길

울릉도 남양~태하 옛길

2011년 1월 현재 울릉도에서는 녹색기금 지원을 받은 '울릉 숲길'의 조성사업이 한창이다. 옛날부터 주민들이 이용해오던 길을 체계적으로 정비해서 제주 올레길 같은 순환형 트레킹코스를 만든다는 계획이다. 총 3개 구간으로 나뉘는 울릉 숲길의 제2구간에 속하는 남양~태하 구간은 울릉도의 역사와 자연, 생태 등을 두루 엿볼 수 있는 하이라이트 구간이다. 글 | 사진 양영훈

남양리는 울릉군 서면의 면소재지 마을이다. 이사부 장군이 신라 지증왕의 명을 받아 우산국을 정벌할 당시에 우산국의 우해왕이 견고한 방어선을 구축했던 곳이기도 하다. 옛 우산국의 요새였던 남양리에서 개척시대 울릉도의 행정중심지였던 태하리까지 걸어가려면 태하령 옛길을 넘는 것이 가장 빠른 길이다.

남양리에서 남서천의 물길을 거슬러 2.7km쯤 오르면 나팔의 등처럼 가파르다는 나팔등마을 입구에 도착한다. 남양리에서 나팔등 입구까지의 시멘트도로는 경사가 완만하지만 바닥이 딱딱해서 걷기가 불편하다. 반면에 나팔등 입구에서 태하령 옛길까지 약 800m 구간은 제법 비탈진 오르막길인데도, 푹신한 흙과 낙엽이 바닥에 깔려있는데다가 숲이 울창해서 가뿐하게 걸을 수 있다. 최근

☆ 걷기좋은계절 봄, 가을   ☆ 난이도 ★★★

⑪ 울릉도 남양~태하 옛길 [11.35km, 4시간 15분]

도동항 →(9.5km, 버스로 25분)→ 남양 버스정류장 →(2.7km, 1시간)→ 건강걷기코스 나팔등 반환점 →(700m, 30분)→ 태하령 고갯길

→(2.2km, 50분)→ 서달령 입구 삼거리 →(2km, 40분)→ 태하리 성하신당 →(450m, 10분)→ 모노레일 승강장 →(300m, 모노레일 5분)→

모노레일 상부정류장 →(500m, 10분)→ 향목전망대 →(2km, 40분)→ 태하해안산책로 →(500m, 10분)→ 태하 버스정류장

울릉 숲길의 조성사업이 마무리된 뒤로는 길이 훨씬 뚜렷해지고 나무계단과 안전 울타리 등도 설치돼 있어서 초행자들도 안심하고 이용할 수 있다.

태하령 옛길은 구암마을과 태하리 사이에 3개의 터널과 1개의 고가도로가 완공된 1994년 이전까지만 해도 울릉도 일주도로에서 가장 험난한 구간이었다. 자동차를 타고 남양과 태하 사이를 오가려면 반드시 가파르고 비좁은 이 고갯길을 넘어야 했다. 열두 굽이의 고갯길을 넘을 때마다 관광객들은 롤러코스터에 올라탄 듯한 스릴과 아찔함을 맛보곤 했다. 그러나 자동차 통행이 금지된 지금은 오로지 두 발로 걸어서만 지날 수 있다.

태하령에는 성인봉 원시림에 못지않은 천연림이 있다. '태하동의 솔송나무·섬잣나무·너도밤나무 군락(천연기념물 제50호)'이 그것이다. 우리나라에서는 오직 울릉도에만 자생하는 나무들이다. 태하령 고갯길 주변에는 솔송나무와 섬잣나무 고목들이 하늘을 찌를 듯한 기세로 쭉쭉 뻗어 있어 짙은 솔향기가 온몸을 휘감는다.

태하령 고갯마루에서는 이 코스의 종점인 태하리의 향목령이 또렷이 보인다. 직진거리로 약 3.3km에 불과해서 한달음에 닿을 수 있을 만큼 가깝게 느껴진다. 하지만 실제 거리는 5km쯤 되기 때문에 적어도 1시간 30분 동안은 쉬지 않

최근 완공된 태하해안산책로

◎ 태하등대 가는 길

태하마을과 태하등대 사이를 오가는 길은 네 갈래나 된다. 모노레일. 모노레일 아래의 좁은 오솔길. 향목령 옛길. 최근 완공된 해안산책로 코스 등이 그것이다. 그러므로 태하등대를 오갈 때에는 서로 다른 코스를 이용하는 게 좋다. 특히 태하리 일대의 진경이 한눈에 들어오는 향목령 옛길. 태하리 해안의 절경을 따라가는 해안산책로 코스는 일부러라도 꼭 한 번쯤 찾아볼 만큼 아름답고 운치 좋다. 소요시간은 모노레일을 제외한 나머지 모두 엇비슷하다.

고 걸어야 한다. 정자 쉼터가 있는 고갯마루에서 몇 굽이쯤 돌아가면 원시림에 둘러싸인 샘터에 도착한다. 샘물 맛이 어떤 생수보다도 깨끗하고 시원하다. 이 샘터에서 태하마을까지는 줄곧 태하천 물길을 옆구리에 끼고 간다. 딱딱하고 삭막한 콘크리트도로지만 경사가 완만한 내리막이어서 콧노래가 절로 나온다. 한적한 갯마을인 태하마을은 울릉도 개척령이 내려진 이듬해인 1883년 7월에 54명의 개척민이 첫발을 내디뎠던 곳이다. 울릉도의 행정을 총괄하던 치소(治所)도 개척기부터 20년 넘게 이곳에 있었다가 1907년 도동으로 옮겨졌다. 그 옆에는 흰 수염 휘날리는 산신령 대신에 젊고 잘생긴 처녀총각을 당신으로 모

향목과 태하 사이의 옛길

신 성하신당이 있다. 지금도 주민들은 배를 처음 띄울 때마다 이곳에서 진수식을 올리며 뱃길의 안전과 풍어를 기원한다.

태하리의 대풍감 절벽 위에는 태하등대(울릉도항로표지관리소 791-5334)가 있다. 옛날 돛단배들이 잠시 머무르며 바람 불기를 기다렸다고 해서 '대풍감'(待風坎)이라는 이름이 붙었다. 태하마을에서 등대 가는 길은 의외로 수월하다. 궤도의 길이가 304m에 이르는 20인승 모노레일을 이용하면 노약자들도 대풍감의 절경을 어렵지 않게 감상할 수 있다. 모노레일 상부 승강장에서 태하등대까지는 약 500m의 평탄하고 울창한 숲길을 지난다. 도중에는 이제 한 가구만 남은 향목마을도 지난다.

1958년에 처음 세워진 태하등대는 현재 확장공사가 한창이다. 그래서 등대 자체보다는 등대 옆의 향목전망대에서 바라보는 조망이 훨씬 더 눈길을 끈다. 쉼 없이 불어오는 바람보다도 더 상쾌한 조망이다. 성인봉에서 흘러내린 산줄기는 수평선과 거의 직각을 이룬 채 바다로 떨어지고, 바다와 절벽이 맞닿아 있는 해안선은 율동감 있게 굽이치며 동쪽으로 내달린다. 까마득한 절벽 아래로 일렁이는 바다는 때묻지 않은 비취빛, 에메랄드빛, 쪽빛이다. 대풍감이 울릉도 최고의 해안절경으로 꼽히는 이유를 절로 깨닫게 만드는 풍경이 눈앞에 가득 펼쳐진다.

좌 대풍감의 향목전망대에서 본 해안절경 **우** 솔송나무숲에 둘러싸인 태하령의 옛 찻길

여행 스케줄

1일차 서울 – 포항, 또는 동해(묵호항) – 울릉도(여객선 이용) – 점심식사(도동 일대의 맛집) – 울릉도 육로일주(버스나 택시 이용) – 도동 – 저녁식사 후 숙박

2일차 아침식사 – 해상일주유람선 – 점심식사(도동 일대의 맛집) – 남양 버스정류장(버스 이용) – 남양~태하 옛길 – 태하 버스정류장 – 천부버스정류장(버스 이용) – 나리분지(버스 이용) – 저녁식사(산마을민박식당) 후 숙박

3일차 아침식사 – 성인봉 원시림길 트레킹(나리분지~성인봉) – 도동 – 점심식사 – 행남등대 해안산책로(도동항~행남등대~저동항) – 도동항– 포항, 또는 묵호항(여객선 이용) – 서울

여행지 정보

남서리 고분군 남양리에서 나팔등으로 올라가는 길가의 산비탈에 남아 있는 신라시대의 돌무덤들이다. 최소한 삼국시대 이전부터 남양리와 남서리 일대에 사람이 살기 시작했음을 보여주는 유적들이다. 규모가 큰 돌무덤들은 입구 쪽의 전면부(前面部)가 수직벽으로 만들어져 있어 마치 고대의 신전 같은 분위기를 자아낸다. 근처에 물맛 좋은 찬물내기 샘터도 있어서 쉬어가기 좋다.

남서일몰전망대 서면 소재지인 남양리와 이웃마을인 남서리는 한 마을처럼 붙어 있다. 남서리의 호박엿공장 옆쪽의 가파른 해안절벽 위에는 일몰전망대가 조성돼 있다. 남양 버스정류장에서 산책하는 기분으로 20~30분쯤 걸어 해발 150m의 벼랑에 자리한 육각형의 전망대에 올라선다. 이곳 전망대에서 아름다운 일몰과 낙조뿐만 아니라 까마득한 절벽과 검푸른 바다, 그 사이로 실처럼 뻗은 일주도로까지 상쾌하게 조망된다.

현포전망대 태하마을과 울릉군 북면 지역을 오가려면 현포령을 지나야 한다. 'S'자 모양의 급커브가 계속되는 고갯길이다. 풍력발전기 하나가 서 있는 고갯마루를 넘어서면 그림처럼 아름다운 현포항 일대의 풍광이 눈앞에 펼쳐진다. 아담한 현포항과 우뚝한 송곳산, 그리고 돌기둥 같은 노인봉과 앞바다에 떠 있는 공암(구멍바위, 코끼리바위) 등이 한데 어우러져서 숨막힐듯한 장관을 연출한다. 이 풍광을 다 껴안은 현포령 길가에 현포전망대가 세워져 있다.

Travel info

가는 길

버스 도동에서는 남양, 태하 등을 거쳐 북면 소재지인 천부까지 운행하는 버스가 06:30~19:50 사이에 있다. 도동에서 남양까지는 약 25분 소요. 태하에서 도동으로 돌아오는 버스도 30~50분 간격으로 하루 18회씩 출발한다. **문의** 우산버스 791–7910

태하향목관광모노레일 매일 08:30~17:00 동안 수시로 운행한다. 상부 정류장까지는 약 6분 소요. 요금(편도)은 어른 2200원, 어린이 1200원

맛집 태하마을의 광장식당(791–7798)은 도동 주민들도 일부러 찾아갈 만큼 맛이 좋기로 소문난 중화요리 전문점이다. 남양리에는 상록식당(불고기, 791–7706), 창성식당(철판홍합불고기, 791–0074), 남일식당(돼지갈비, 791–7722), 거북식당(전복죽, 791–1678) 등의 음식점이 있다.

숙박 남양리에 남양장여관(791–7722), 대구민박(791–5223), 몽돌민박(791–5166) 등의 숙박업소가 있다. 태하마을에는 동백장여관(791–5339), 황토구미민박(791–0050), 태하민박(791–5361) 등이 있다. 태하몽돌해변과 나팔등마을 입구의 공동창고 주변에서는 야영도 가능하다.

태곳적 신비를 간직한 숲의 바다를 걷다

울릉도 성인봉 원시림길

성인봉(984m)은 울릉도의 전부이다. 울릉도가 성인봉이고, 성인봉이 곧 울릉도이다. 그러므로 성인봉 정상을 밟아보지 않은 울릉도 여행은 반쪽에 불과하다. 성인봉에 올라야 하는 이유는 또 있다. 우리나라에서 유일한 '진짜' 원시림이 그곳에 있기 때문이다. 한 번도 훼손되지 않고 천연의 상태를 고스란히 간직한 원시림은 오직 울릉도 성인봉에만 남아 있다. 글 | 사진 양영훈

성인봉 원시림지대를 가로질러 성인봉 정상에 오르는 길은 여러 코스가 있다. 그중 가장 수월한 것은 해발 400m대의 나리분지를 출발해 성인봉 정상에 올라선 뒤 사동리 안평전마을로 내려서는 길이다. 울릉도에서 가장 넓은 평지인 나리분지에서 성인봉 정상까지의 거리는 약 4.5km이다. 그중 알봉분지를 지나 신령수까지 이어지는 2km의 숲길은 경사가 거의 없이 평탄하다.

알봉분지에서 10분쯤 걸으면 울창한 너도밤나무숲 한복판에 자리 잡은 신령수 샘터에 당도한다. 사람 손으로 가지런히 쌓은 바위틈에서 쉼 없이 흘러내리는 신령수의 물맛이 일품이다. 깨끗하고 시원한 샘물 한 모금을 들이키는 순간, 머릿속까지 맑아지는 느낌이 든다. 신령수를 지나면서부터는 본격적인 등산로에 들어선다. 위로 올라갈수록 길의 경사는 가팔라지고 길바닥도 울퉁불퉁하다.

걷기좋은계절 **사계절**   난이도 ★★★★

[지도: 울릉도 성인봉 원시림길]

공암 / 어린이 전용 해수욕장 / 천부 / 북면 사무소, 북면 파출소, 죽암, 섬목 일반통행(주민차량 예외) / 선창 / 관음도(깍새섬)
추산해수욕장 / 바위굴 / 북면 파출소 / 관선터널 / 점목선착장
현포도동 / 추산일가, 추산 일반통행(주민차량 예외) / 홍문동 / 죽 도
송곳산 / 용출소, 야영장 / 나리전망대
송곳산 / 너와집 / 나리령
알봉 / 투막집 / 군부대
미륵산 / 울릉국화.섬백리향 군락
알봉분지 / 투막집 / 말잔등
신령수 / 봉래폭포 / 울릉읍
성인봉 원시림 / 전망테크
뗏재이등대 / 성인봉 / 바람등대(휴게소)
돌산 / 관모봉 / KBS중계소 / 보건소, 대원사 / 내수전 / 저동 / 행남봉, 읍사무소, 군청 / 살구남
안평전 / 산장휴게소 / 충혼탑 / 도동 / 여객센터터미널
두리봉 / 옥천 / 대아호텔 / 사동 / 망향봉
사동해수욕장

⑫ 울릉도 성인봉 원시림길 [8.6km, 3시간 50분]

천부 → 3.5km 버스로 15분 → 나리분지 → 2km 50분 → 신령수 → 2km 1시간 → 성인정 → 0.5km 20분 → 성인봉 → 1km 20분 →

팔각정 → 3.1km 1시간 20분 → 대원사 입구 → 1.7km 택시로 5분 → 도동항

초여름날의 성인봉 숲에 만발한 큰두루미꽃

등산로 주변의 나무들도 제법 굵직굵직하다. 조금 더 올라가면 길은 한동안 계곡을 따라 이어진다. 비록 물줄기는 가늘지만, 삼복염천에는 등산객들의 갈증을 덜어주고 땀도 씻어주는 요긴한 계곡이다.

계곡의 물길을 건너자마자 허리를 곧추세울 수 없을 만큼 가파른 나무계단이 시작된다. 미끄러운 흙길보다는 한결 편하고 안전한 계단이지만, 무릎에 전달되는 충격과 피로감은 더 크게 느껴진다. 그래도 가쁜 숨을 몰아쉬며 꾸준히 한 걸음씩 내딛다 보면 가슴 뻥 뚫릴 만큼 조망이 상쾌한 전망대에 도착한다. 해발 700m 지점에 설치된 이 전망대에서는 알봉분지와 미륵봉, 송곳산과 성인봉 북쪽 기슭의 빽빽한 원시림이 고스란히 시야에 들어온다. 성인봉 정상 아래의 전망대에서는 보이지 않는 나리분지의 전경도 이곳에서는 고스란히 들어온다. 전망대에서 5분쯤 더 올라가면 나무계단이 끝난다. '뺍재이등대'라 불리는 이 지점부터는 경사가 한결 완만해진 능선길이 이어진다. 능선에서는 가슴 높이께의 둥치가 몇 아름씩이나 됨직한 고목이 자주 눈에 띈다. 나이가 너무 많아서 속이 뻥 뚫린 섬피나무 고목도 보인다. 다시 급경사의 계단길이 시작될 즈음에 성인정 샘터의 물소리가 시원스레 들려온다. 성인봉 정상에서 약 500m 아래에 위치한 샘터이다. 이곳을 지나면 산행을 마칠 때까지 물을 구할 수 없으

성인봉 근처의 전망대에서 나리분지를 내려다보는 등산객들

므로 넉넉하게 담아가는 것이 좋다.

'聖人峰' 표지석 하나만 우두커니 서 있는 성인봉 정상(984m)은 의외로 밋밋한
데다 시야조차 답답하다. 키 작은 잡목과 무성한 섬조릿대에 둘러싸인 탓이다.
하지만 실망하기에는 아직 이르다. 정상에서 북쪽으로 20m쯤 떨어진 곳에 따
로 전망대가 마련돼 있기 때문이다. 마가목나무가 울타리처럼 에워싼 전망대
에서는 녹색으로 뒤덮인 수해(樹海)와 쪽빛으로 일렁이는 창해(蒼海)가 눈앞에
펼쳐진다. 절정의 가을이면 오색단풍 숲으로 탈바꿈한 숲의 바다가 탄성을 절
로 터져나오게 만든다.

◎ 성인봉 산행코스

나리분지 나리분지 → 신령수(2km) → 성인정(2km) → 성인봉(0.5km) →
팔각정(1km) → 대원사 입구(3.1km). 총 3시간 50분 소요.

KBS중계소 KBS중계소 → 팔각정(2.6km) → 성인봉(1km) → 성인정(0.5km) →
신령수(2km) → 나리분지(2km). 총 4시간 40분 소요.

안평전 안평전 도로종점 → 바람등대(1.5km) → 성인봉(0.8km) → 성인정(0.5km) →
신령수(2km) → 나리분지(2km). 총 3시간 20분 소요.

산은 오르는 것보다도 내려가는 것이 더 힘들게 마련이다. 성인봉도 마찬가지다. 올라온 길보다 더 가파른 내리막길을 지나야 한다. 그러므로 발걸음은 더욱 신중하게 내딛어야 한다. 아무리 급해도 성인봉에서 800m쯤 떨어진 바람등대에서는 잠시 걸음을 멈춘다. 여러 개의 의자가 놓여 있는 바람등대는 편안히 앉아 간식도 먹으며 휴식하기 좋다.

바람등대에서는 어디로 하산할 것인지를 결정한 뒤에 출발해야 한다. 이곳에서 안평전마을까지의 거리는 1.5km이다. 도동 쪽의 두 종점은 그보다 최소한 1km 이상이 더 길다. 어느 쪽을 선택해도 급경사의 내리막길을 피하기는 어렵다. 그래도 간간이 시야가 훤히 열리며 저동항이나 사동항 등지의 바닷가 풍경이 눈에 들어와 산행의 고단함을 씻어주곤 한다. 게다가 너도밤나무, 마가목 등이 입추의 여지도 없을 정도로 빼곡한 원시림 속으로 끝없이 이어지는 길은 사시사철 어느 때 찾아가도 환상적인 분위기를 연출한다. 그 독특한 분위기에 매료된 사람들은 머지않아 다시 울릉도를 찾게 마련이다.

알봉분지에 옛 모습 그대로 남아 있는 투막집

여행
스케줄

1일차 서울 – 포항, 또는 동해(묵호항) – 울릉도(여객선 이용) – 점심식사(도동 일대의 맛집) – 울릉도 육로일주(버스나 택시 이용) – 도동 – 저녁식사 후 숙박

2일차 아침식사 – 해상일주유람선 – 점심식사(도동 일대의 맛집) – 내수전전망대 입구(택시 이용) – 내수전~석포 옛길 – 석포 – 천부버스정류장(버스 이용) – 나리분지(버스 이용) – 저녁식사(산마을민박식당) 후 숙박

3일차 아침식사 – 성인봉 원시림길 트레킹(나리분지~성인봉) – 도동 – 점심식사 – 행남등대 해안산책로(도동항~행남등대~저동항) – 도동항 – 포항, 또는 묵호항(여객선 이용) – 서울

나리분지 투막집 귀틀집의 일종인 투막집은 울릉도의 전통가옥이다. 통나무를 '우물 정(井)자' 형태로 쌓고, 통나무들 사이의 틈은 진흙으로 메워서 벽체를 만들었다. 처마 끝에서부터 땅에 닿는 부분까지의 집 둘레에 빙 둘려 눈과 비, 바람을 막아주는 '우데기'가 설치돼 있다는 점이 여느 귀틀집과 다르다. 우데기로 인해 겨울철의 폭설 속에서도 집안에서의 활동 공간이 확보되고, 여름철에는 그늘져서 시원하다. 현재 3채의 투막집이 나리분지에 남아 있다.

나리동 울릉국화 섬백리향 군락 나리분지와 알봉분지 사이의 길가에 있다. 울릉국화와 섬백리향은 울릉도에만 자생하는 특산식물이자 산림청에서 지정한 '희귀 및 멸종위기 식물' 중의 하나이다. 구절초와 비슷한 울릉국화는 윤기나는 빛깔의 잎을 가져서 '광택국(光澤菊)'으로도 불리며, 9~10월에 꽃이 핀다. 꽃향기가 유달리 짙은 섬백리향은 울릉도 해안의 암벽이나 나리분지의 숲에 자생한다. 6~7월경 붉은 보랏빛의 작은 꽃을 피운다. 이 군락은 천연기념물 제52호로 지정됐다.

용출소 추산마을 위쪽의 270m 지점에 위치한 샘터이다. 숲 속의 바위틈에서 초당 220ℓ씩 지하수가 솟아오른다. 가뭄이나 폭우에도 수량의 변화가 거의 없고 수온도 일 년 내내 섭씨 4~7도를 유지한다. 예전에 추산마을 주민들은 이 물로 벼농사를 지었다고 한다. 또한 이 샘물은 일주도로변의 추산수력발전소(790-2224)로 흘러내려 1400kW 용량의 전기를 생산한다.

가는 길

버스 도동에서는 북면 소재지인 천부까지 운행하는 버스가 06:30~19:50 사이에 30~50분 간격으로 하루 18회 출발한다. 천부까지는 약 1시간 5분 소요. 나리분지로 가는 버스는 천부에서 07:35~18:00 사이에 하루 9회 출발한다. 나리분지까지 약 15분 소요. **문의** 우산버스 791-7910
택시 안평전마을이나 대원사 입구, KBS중계소 등에서 도동항까지 걸어가려면 적잖은 시간과 다리품이 필요하다. 택시를 이용하려면 20~30분 전에 미리 전화로 불러놓는 것이 좋다.
문의 울릉택시 791-2315, 개인택시 791-2612

맛집 나리분지에는 산채비빔밥, 토종닭백숙, 파전, 산채전 등의 메뉴를 내놓는 산마을민박식당(791-6326), 나리촌백숙식당(791-6082), 늘푸른산장식당(791-8181), 나리야영장식당(791-0773) 등이 있다. 그중 산마을민박식당은 산채백반, 산채비빔밥, 토종닭백숙, 산채전, 감자부침 등의 어떤 음식을 시켜도 맛이 일품이어서 울릉도의 대표적인 맛집 중 하나로 손꼽힌다.

숙박 나리분지의 숙박시설은 산마을민박식당(791-4643), 뿌리깊은나무민박(791-6117) 등의 민박집뿐이다. 나리분지 아래의 바닷가에 위치한 추산마을에는 전통가옥펜션인 추산일가(791-7788)와 유럽식목조펜션인 울릉아일랜드민박(791-8888)이 있다. 나리분지 버스종점 부근에는 샤워장, 화장실, 급수대, 야영데크, 정자, 벤치, 극기훈련시설 등 다양한 부대시설을 갖춘 나리분지야영장(나리분지관리소 790-6423)이 조성돼 있다.

Part 02
역사와 문화가 흐르는 길

21/46
영주 부석사

신라 천년의 불국토를 걷다

경주 남산 종주길

신라의 천년고도 경주는 많은 사람들에게 익숙한 도시다. 익숙하다 못해 식상하다는 이들도 적지 않다. 그런 이들에게 경주 남산에 가 봤느냐고 묻고 싶다. 경주 사람들은 '남산에 가보지 않고서는 경주를 안다고 할 수 없다'고 말한다. 신라의 유구한 역사와 아름다운 자연, 신라인의 남다른 신앙심과 독특한 미의식이 한데 어우러져 예술로 승화한 곳이기 때문이다. 글 | 사진 양영훈

신라 법흥왕 14년(527년)에 불교가 공인된 뒤로 경주 남산은 부처가 머무는 성지로 신성시됐다. 산자락과 골짜기마다 숱한 절과 탑이 세워지고 불상이 조성됐다. 전성기 때에는 절만 무려 800곳이 넘게 들어섰다고 전해온다. 오늘날에도 남산 일대에는 왕릉 13기, 절터 147곳, 불상 118기, 석탑 96기, 석등 22기 등 모두 672개의 문화유적이 산재해 있다. 지난 2000년 12월에는 유네스코의 세계문화유산으로 등재되기도 했다.

남산 답사길과 등산로는 헤아릴 수 없이 많다. 그래서 길 잡기가 쉽지 않다. 초행일 경우에는 동쪽의 봉화골로 올라 서쪽의 삼릉골로 내려서는 능선종주코스를 택하는 것이 무난하다. 꼬박 7~8시간 정도 소요되는 이 코스에서는 남산 최대의 불교유적인 칠불암, 최대의 절터인 용장사터, 가장 많은 유물이 있는 삼릉

☼ **걷기좋은계절** 봄, 가을   ☼ **난이도** ★★★

(지도)

형산강 · 포항 · 포항 · 감포
경주시청 · 경주역
고속버스터미널
팔우정
어름원 로타리 · 첨성대 · 안압지
계림
반월성
국립경주박물관
고운교
내리
음지마을 · 사천왕사지
부처골아줌마부처 · 탑골
나정 · **불무사** · 화랑교
영천 대구 · **청림사지** · 임업시험장 · 동해남부선
포석정 · **보리사** · 남 천
경주IC
해목령
배리삼존석불 · **통일전**
마애관음보살 · **선각육존불상** · **서출지**
경부고속도로 · **선각여래좌상** · **석가여래대불**
삼릉(냉골) · **석불좌상** · **상선암** · **탑말**
금오봉 · **남산쌍탑**
상사바위 · **금오산**(남산)
35 · 울산
삼층석탑 · **용장사터** · **이영재**
경주국립공원(남산지구)
용장 · (통장골) · (봉화골)
부산 · **신선암마애** · **칠불암마애석불**
보살반가상
부산 · 언양 · ↓부산 · **경주 남산** · 고위산 · 봉화대

⑬ 경주 남산 종주길 [8.95km, 3시간 30분]

통일전 → .6km/30분 → 찻길 종점 → 1.8km/40분 → 칠불암 → 250m/10분 → 신선암 → 1.5km/40분 → 이영재 → 1.2km/30분

금오봉 → 2.6km/1시간 → 삼릉 주차장

골 등 남산의 대표적인 불교유적을 두루 섭렵할 수 있다. 종주코스를 완주한 뒤에 여유가 있거든 부처골, 탑골, 보리사 등이 있는 동남산을 둘러보는 게 좋다. 남산종주코스의 출발지는 남산동의 통일전이다. 주변에 서출지와 남산삼층석탑이 있다. 민가와 절집, 밭과 논이 뒤섞인 마을길을 가로질러 봉화골 초입의 숲길에 들어선다. 제법 긴 오르막길인데도 경사가 완만해서 그다지 고되거나 지루하진 않다. 울창한 솔숲 사이로 조붓하게 이어지는 숲길의 운치도 일품이다. 때마침 4월이면 연분홍 진달래꽃이 솔숲 바닥에 흐드러지게 피어난다. 꽃빛깔이 어찌나 곱게 선명한지, 마치 꽃구름 위를 두둥실 떠가는 듯한 기분마저 든다.

완만한 숲길이 끝나고 본격적인 비탈길이 시작될 즈음이면 칠불암이 지척이다. 이 암자에는 마애삼존불과 사방불로 이루어진 칠불암 마애석불(보물 제200호)이 있다. 깎아지른 절벽 아래의 커다란 바위 두 곳에 삼존불과 사면불 등 모두 일곱 불상이 조각돼 있다. 통일신라의 전성기인 8세기 중엽에 조성된 불상답게 남산의 숱한 불상들 가운데에서도 손꼽히는 걸작이다. 보물 제200호로 지정돼 있다가 지난 2009년 9월에 국보 제312호로 승격됐다.

칠불암에서 가파른 암벽을 기다시피 해서 200~300m쯤 올라가면 시야가 훤히

남산 봉화골의 울창한 소나무 숲길

© 남산문화유적답사

남산 답사가 초행이라면 남산을 전문적으로 연구하는 민간단체인 경주남산연구소(771-7142)의 답사 프로그램을 이용해보는 것도 괜찮다. 매달 음력 보름날 전후로 남산달빛기행이 실시되고, 매주 공휴일과 2·4주 토요일에는 남산유적 답사안내 프로그램이 시행되기도 한다. 문의 771-7142, www.kjnamsan.org

좌 동남산 보리사의 석불좌상 **우** 삼릉골의 마애관음보살상

트인 암벽 꼭대기에 당도한다. 이곳 암벽에는 구름을 올라탄 신선암 마애보살반가상(보물 제199호)이 조각돼 있다. 전망 탁월한 산등성이에 좌정한 이 불상 앞에서는 누구나 신선이라도 된 듯한 상쾌함을 맛볼 수 있다.

신선암 마애보살반가상을 뒤로하고 다시 바윗길을 따라 얼마쯤 오르면 봉화대 능선길에 접어든다. 남산의 최고봉인 고위산(494m)에서 한복판에 우뚝 솟은 금오산(468m)으로 이어지는 능선길이다. 이 길을 따라 40~50분쯤 가다 보면 봉화대 능선길과 남산순환로(일주도로)를 만나는 이영재에 도착한다. 차량통행이 금지된 남산순환로를 타고 다시 20여 분쯤 걸으면 용장사를 가리키는 이정표가 나타난다. 여기서 용장사터까지의 거리는 350m쯤 된다.

용장사는 한때 매월당 김시습이 은둔하며 우리나라 최초의 한문 소설인 〈금오신화〉를 저술한 곳이다. 그러나 지금은 날아오를 듯이 경쾌한 자태의 삼층석탑(보물 제186호)과 준수하게 생긴 마애여래좌상(보물 제913호), 그리고 목이 달아난 석불좌상(보물 제187호)만이 덩그러니 남아서 절터를 지키고 있을 뿐 목탁소리와 풍경소리는 끊긴 지가 이미 오래됐다.

보물에서 국보로 승격된 칠불암 마애석불

용장사터에 잠시 들렀다가 다시 남산순환로를 타고 금오산 정상과 상사바위를 지나 삼릉골로 내려선다. '냉골'로도 불리는 삼릉골에서는 거대한 바위 속에 불쑥 튀어나온 듯한 형상의 마애석가여래대불좌상, 마치 붓으로 그림을 그리듯이 여섯 부처를 선각(線刻)해 놓은 마애선각육존불상, 바위 빛깔 그대로의 붉은 입술이 인상적인 마애관음보살상 등을 만날 수 있다. 마애관음보살상의 아리따운 자태를 뒤로하고 조금 더 내려가면 솔숲을 가로지르는 나무데크 산책로에 들어선다. 남산종주코스의 종점이자 사진가 배병우의 작품으로 유명해진 삼릉의 솔숲이다. 가까운 국도를 질주하는 차량의 소음이 점점 크게 들려온다. 남산에서 보낸 시간들이 일장춘몽처럼 아련하다.
온종일 남산 곳곳의 바위에 새겨진 불상과 석탑을 보고 나면, 길에서 마주치는 바위 하나도 예사롭지 않게 느껴진다. 바위마다 불심 넘치는 어느 신라인이 부처의 형상을 새겨놓았을지도 모른다는 생각이 들기 때문이다. 그리고 '세상에 존재하는 모든 것이 부처'라는 말에도 고개가 절로 끄덕거려진다.

1일차 서울 – 신경주역(KTX 이동) – 경주역(50번 시내버스 이용) – 통일전(11번 시내버스 이용) – 점심식사(서출지 옆 쌈밥집, 또는 칠불암 점심공양) – 남산 종주(통일전~칠불암~금오산~삼릉) – 경주 시내(500번 시내버스 이용) – 저녁식사(한정식) – 휴식 및 숙박(경주시내 숙박업소)

2일차 아침식사(팔우정 해장국) – 자전거 타고 동남산(탑골, 부처골, 보리사) 유적 답사 – 점심식사(콩 요리) – 시내권 유적 답사(계림, 반월성, 안압지, 국립경주박물관) – 신경주역(50번 시내버스 이용) – 서울(KTX 이용)

여행 스케줄

보리사 경주 남산 일대에서 가장 규모가 큰 절이다. 경주시 배반동의 동남산 자락에 위치한 이 절에는 듬직하고도 단아한 자태의 미륵곡 석불좌상(보물 제136호)이 있다. 자비로운 낯빛과 부드러운 미소가 돋보이는 석불이다. 인근의 탑골에는 높이 9m, 둘레 30m의 커다란 바위에 여래, 보살, 승려, 비천, 나한, 목탑, 사자 등 갖가지 형상이 30여 가지나 새겨진 부처바위가 있다. 이 부처바위 가애조상군은 보물 제201호로 지정돼 있다. **문의** 748–0794

부처골 동남산의 한 골짜기에 '아줌마부처', 또는 '할머니부처'라 불리는 경주남산불곡석불좌상(보물 제198호)이 있다. 땅에 반쯤 묻힌 자연석을 파서 감실을 만들고, 그 안에 불상을 조각했다. 고개를 다소곳이 숙인 채 수줍은 듯한 미소를 띤 모습이 이웃 아주머니처럼 친숙하게 느껴지는 이 불상은 남산에서 가장 오래된 불상이라고 한다.

서출지 통일전 옆에 위치한 연못으로 둘레가 200m쯤 된다. 신라 제21대 소지왕의 목숨을 살린 글(書)이 나왔다고 해서 서출지라는 이름이 붙었다. 못 안에 연꽃이 만발하고, 주변에 늘어선 배롱나무가 붉은 꽃을 몽실몽실 피워올리는 여름철의 풍광이 특히 아름답다.

삼릉 남산의 서쪽 기슭에 있다. 신라 제8대 아달라왕, 제53대 신덕왕, 제54대 경명왕 등의 릉이 한자리에 모셔져 있다. 왕릉 자체보다는 주변 솔숲이 더 눈길을 끈다. 특히 새벽안개가 자욱하게 깔린 이곳 솔숲의 새벽 풍경은 몽환적이고도 신비스럽다. 세계적인 사진가 배병우의 작품 촬영지로 알려진 뒤로 사진가들의 발길이 줄을 잇는다.

가는 길

자가용 경부고속도로 경주톨게이트(직진)→서라벌대로→배반네거리(우회전, 7번 국도 울산 방면)→사천왕사지 삼거리(우회전)→통일전 주차장

기차 서울역에서 부산행 KTX 이용해 신경주역에서 하차. 1일 20여 회 운행. 2시간 10분 소요.

버스 강남고속버스터미널(경부선)에서 30~40분 간격으로 경주행 고속버스 출발. 4시간 소요.

시내버스 경주터미널(시외·고속)에서 경주역, 국립경주박물관, 통일전, 불국사 등을 거쳐 보문단지까지 운행하는 11번 시내버스가 10~20분 간격으로 출발. 경주터미널에서 통일전까지는 약 25분 소요. 경주터미널에서 나정, 포석정, 삼릉 등을 경유해 봉계까지 왕복 운행하는 500번 버스는 20~30분 간격으로 배차.

맛집 남산 주변의 맛집으로는 통일전 주차장 부근의 풀향기(비빔쌈밥, 748–8889), 삼릉 입구의 삼릉고향칼국수(745–1038)와 만리행백년초칼국수(775–2541) 등이 있다. 경주시내에는 요석궁(한정식, 772–3347), 이풍녀구로쌈밥(쌈밥, 749–0060), 팔우정해장국(해장국, 742–6515), 원조콩국(콩요리, 743–9644), 할매집(갈치찌개정식, 743–0965) 등이 소문난 맛집이다. 황남빵(황남빵, 749–7000)과 대맥명가찰보리빵(보리빵, 771–3577)도 경주의 별미이다.

숙박 삼릉 입구에 경주삼릉펜션(741–5556)이 있다. 경주 시내 노서동 일대에는 벨라루스관광호텔(741–3335), 엔모텔(777–4364), 이카루스모텔(777–3311) 등 깔끔한 숙박업소가 많다. 경주시 외동읍 모화리의 삼태봉 중턱에 위치한 허브캐슬펜션(771–0890)은 풍광 좋은 솔숲에 자리한데다가 유럽식 통나무집, 전통 귀틀집 등 다양한 형태의 건물이 들어서 있다. 대규모 허브농원도 겸한다.

천년의 역사를 만나러 가는 길

경주 천년고도 도심 답사길

경주 도심은 신라시대의 거대한 왕릉 같다. 왕릉을 발굴했을 때 수많은 유물들이 한꺼번에 쏟아져 나오듯이 경주 도심에 신라 유적들이 밀집돼 있기 때문이다. 인왕동 일대만 둘러봐도 신라 천년의 역사를 한눈에 파악할 수 있을 정도다. 걸어 다니면서 대릉원, 첨성대, 안압지, 계림, 월성 등의 보물을 하나씩 발견하는 재미가 쏠쏠하다. 글 | 사진 김혜영

KTX 신경주역이 생긴 뒤로 경주여행이 이웃동네에 가는 것처럼 수월해졌다. 서울역에서 신경주역까지의 소요시간이 약 2시간으로 짧아진 덕택이다. 신경주역 앞에서 버스를 타고 15분 정도 가면 경주 도심에 있는 경주버스터미널에 도착한다. 버스터미널에서부터 걷기 시작한다. 첫 목적지인 대릉원까지 10분 정도 소요된다.

대릉원 안에 신라초기의 무덤 30기가 모여 있는 황남리 고분군이 있다. 대표적인 고분은 천마총과 미추왕릉, 황남대총이다. 대릉원이라는 이름에 걸맞게 고분 한 기의 높이가 어른 키의 예닐곱 배에 이른다. 봉긋한 고분들 사이로 산책로가 물길처럼 흐른다. 고분 속 산책로를 따라 걷다 보면 소나무숲을 만난다. 하늘을 향해 가지를 쭉쭉 뻗은 소나무들이 대나무를 닮았다. 숲은 한여름의 뜨거운 햇살을 모두 가려줄 만큼 울창하다.

 걷기좋은계절 봄, 가을   난이도 ★★

⑭ 경주 천년고도 도심 답사길 [6km, 2시간]

경주역(버스터미널) ─0.8km 15분→ 대릉원 ─1km 20분→ 첨성대 ─0.3km 5분→ 계림 ─0.2km 3분→ 월성 ─0.2km 4분→

안압지 ─0.5km 10분→ 국립경주박물관 ─1.4km 30분→ 능지탑 ─0.4km 8분→ 선덕여왕릉 ─1.2km 25분→ 신문왕릉

대릉원을 나와 차도를 건너면 첨성대로 가는 길이다. 길 오른편으로 네댓 기의 고분이 보인다. 첨성대는 왼쪽에 있다. 너른 평지의 한복판에 우뚝 선 모습이 다부지고 당당하다. 해가 저물면 첨성대와 대릉원 주변에 화려한 색상의 조명이 커지기 시작한다. 휘영청 보름달이라도 뜨는 밤이면 느긋하게 거닐어 보는 것도 좋겠다.

첨성대에서 월성(반월성)으로 가는 도중에 계림 입구를 지난다. 경주 김씨의 시조인 김알지가 태어났다는 전설이 서린 숲이다. 그 전설대로라면 계림은 천년 숲인 셈이다. 실제로 계림의 고목들은 하나같이 범상치 않은 자태를 갖추었다. 용트림하듯 휘어진 나뭇가지들이 계림을 덮고 있다. 만추의 가을날, 바닥에는 낙엽이 수북한데도 나뭇가지엔 여전히 단풍잎이 무성하다. 계림의 가을빛은 감물들인 삼베처럼 은은하다.

계림을 지나 언덕을 오르면 신라시대 궁궐터인 월성(반월성)이 있다. 지형이 초승달처럼 생겨서 그런 이름이 붙었다고 한다. 옛 궁궐은 사라지고, 텅 빈 궁터만 남았다. 걸음걸이를 늦추고 풀밭을 가로질러 걷는다. 자전거를 탄 사람들이 풀밭 사이로 난 산책로를 여유롭게 달린다. 걷는 사람과 자전거가 서로 양보하며 길을 공유한다. 월성에는 조선 영조 때 만든 얼음 창고인 석빙고가 있

단풍이 곱게 물든 계림의 가을

TIP

경주 사적지 종합이용권 안내

경주 사적지 종합이용권(어른 5천원)을 이용하면 대릉원, 첨성대, 안압지, 포석정, 오릉, 김유신장군묘, 무열왕릉 등의 유료 사적지 7곳을 저렴하게 관람할 수 있다. 경주 도심 답사코스의 첫 목적지인 대릉원에서 구입하면 편하다. 3개소만 선택하여 관람할 수 있는 선택관람권(3천원)도 있다. 야간조명이 아름다운 안압지, 첨성대, 대릉원은 밤 10시까지 관람 가능하다.

으니 잊지 말고 들러보자.

월성에서 찻길을 건너면 안압지(임해전지)다. 안압지는 신라 문무왕 때 궁궐 안에 조성했던 연못이다. 안압지에 있는 전각은 나라에 경사가 있거나 귀한 손님을 맞을 때 연회를 베풀던 곳이다. 안압지 둘레에 조성된 산책로를 따라 한 바퀴 돌 수 있다. 산책로의 나무와 전각의 반영이 봄날 아지랑이처럼 안압지 수면에 아롱거린다.

안압지를 나와서 찻길을 따라 400m 정도 직진하면 경주국립박물관에 도착한다. 경주에 왔다면 꼭 들러보아야 할 곳 중 하나다. 박물관 뜰에는 국보인 성덕대왕신종과 고선사터 삼층석탑이 있다. 실내 전시실에는 천마총과 황남대총에

경주국립박물관으로 이어지는 가로수길

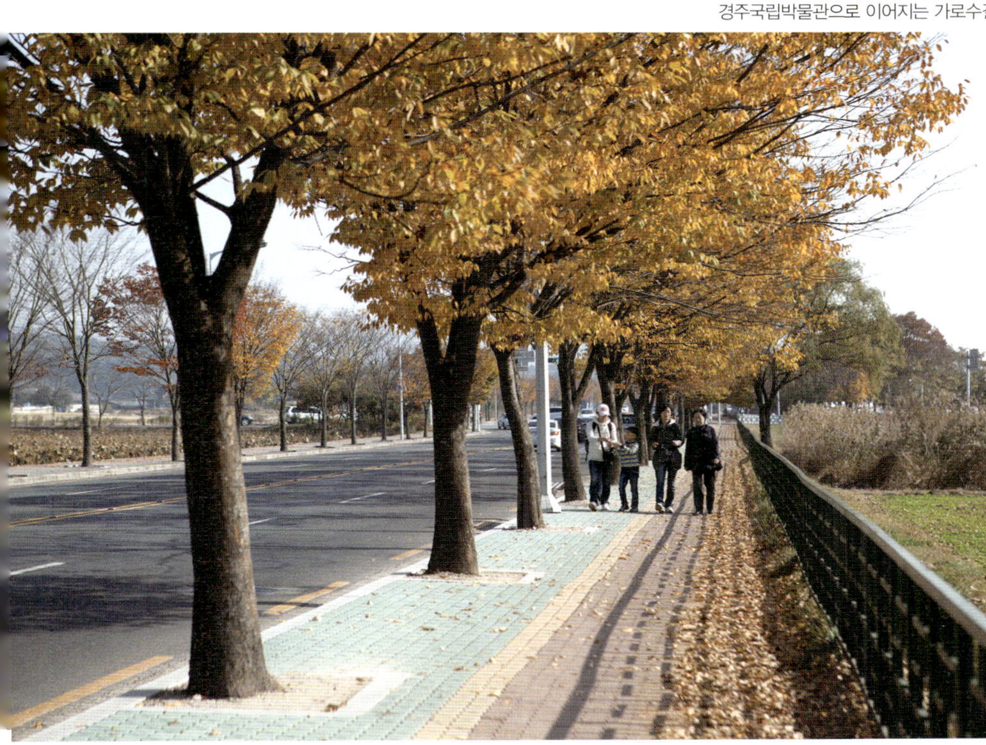

안압지 수면에 전각의 반영이 아롱거린다.

좌 다부진 모습의 첨성대 **우** 경주국립박물관 전시물 중 금으로 만든 모자

서 발굴한 금관, 관모, 금제 허리띠, 금목걸이를 비롯해 기마인물형토기, 토우
장식장경호 등 13점의 국보급 문화재가 전시돼 있다. 모두 진품이기 때문에 유
물의 섬세함과 품격이 고스란히 느껴진다.

박물관 관람을 마치고 능지탑으로 향한다. 박물관 네거리에서 능지탑까지의
거리는 약 1.4km이다. 찻길을 따라 1km 정도 걷다가 왼쪽 찻길을 건너야 한
다. 능지탑은 신문왕의 화장터로 알려져 있다. 주변에 흩어진 돌을 모아 2단으
로 복원했다. 능지탑을 둘러본 뒤 선덕여왕릉을 향해 걷는다.

선덕여왕릉은 나지막한 낭산 기슭에 있다. 능지탑에서 울창한 소나무 숲길을
10여 분쯤 걸어가야 한다. 이리저리 바람에 휩쓸린 듯 구불구불하게 자란 소
나무들이 인상적이다. 선덕여왕릉은 왕릉답지 않게 봉분이 나지막하고 호석
도 두르지 않았다. 신하인 김유신묘보다도 소박하다. 생전에 백성 위에 군림
하지 않았던 선덕여왕의 성품이 느껴지는 듯하다. 여왕에게 인사를 하고, 신
문왕을 만나러 간다.

선덕여왕릉에서 신문왕릉까지의 거리는 약 1.2km다. 완만한 내리막의 소나무
숲길을 내려선 뒤에 철도 아래의 굴다리를 지나면 발굴공사가 한창인 사천왕사
지에 도착한다. 사천왕사는 문무왕이 부처의 힘으로 당나라군을 물리치기 위
해 창건했다는 호국사찰이다. 사천왕사 앞의 7번 국도를 따라서 450m쯤 걸으
면 신문왕릉의 주차장에 이른다. 찻길과 인접한 왕릉인데도 의외로 적막하다.
세상의 번잡함이 왕릉의 위용 앞에서 물거품처럼 사라진다. 가을이면 왕릉 주
변에 은빛으로 일렁이는 억새도 아름답다. 신문왕릉 앞에서는 버스를 타고 경
주 시내로 돌아오면 된다.

여행
스케줄

1일차 서울-경주역(버스터미널)-대릉원-점심식사(경주쌈밥)-첨성대-계림-월성-안압지-국립 경주박물관-능지탑-선덕여왕릉-신문왕릉-저녁식사(한정식)-보문단지에서 숙박

2일차 아침식사-밀레니엄파크-점심식사(맷돌순두부)-석굴암-불국사-경주역(버스터미널)

여행지
정보

신라밀레니엄파크 신라밀레니엄파크는 보문단지 안에 있으며, 신라를 테마로 한 역사체험놀이공 원이다. 수상공연장과 화랑 무예훈련을 재현하는 화랑 공연장, 신라시대의 마을을 복원한 신라마 을, 각종 수공예 체험장, 드라마 〈선덕여왕〉 세트장 등을 갖추고 있다.
문의 778-2000, www.smpark.co.kr

분황사 선덕여왕 때인 634년에 세워진 절이다. 역사가 오래된 만큼 유물들도 많았으나 몽고의 침 입과 임진왜란으로 대부분 유실되었다. 지금은 절 마당에 있는 모전석탑(국보 제30호)만이 옛 황 룡사의 영화를 짐작케 한다. 기단 위의 네 모서리에는 물개, 사자 등의 조각상이 놓여 있다. 오랜 세월에 닳아서 뭉툭해졌어도 번뜩이는 눈은 여전히 위압적이다. 이 모전석탑은 우리나라에서 가 장 오래된 탑이다. **문의** 742-9922, www.bunhwangsa.org

김유신묘 문무왕 14년(674)에 축조됐다. 신라가 삼국통일을 하는 데 중추적인 역할을 했던 김유 신의 공로를 인정하듯 묘의 규모가 왕릉 못지않게 크고 화려하다. 무덤의 지름이 30m나 되며 봉 분 둘레에 12지신상을 배치했다. 12지신상 조각의 우수성은 경주 어느 왕릉과 비교해도 뒤지지 않는다. **문의** 749-6713

Travel
info

가는 길

자가용 경부고속도로 경주IC로 빠져나온 다음 오릉 네거리에서 좌회전한 후 직진하다가 황남초 고 사거리에서 우회전해 조금만 가면 대릉원 입구 주차장에 도착.

기차 서울역에서 신경주역까지 KTX를 이용하면 2시간 소요. 매일 23회 운행. 신경주역 앞에서 버 스를 타고 경주버스터미널까지 이동하면 된다. 약 15분 소요.

버스 서울고속터미널에서 경주고속버스터미널행 버스가 하루 23번 운행.

맛집 경주 전통 한정식으로 이름난 요석궁(772-3347), 대릉원 앞의 이풍녀 구로쌈밥(749-0600) 과 팔우정 일대의 해장국집 거리가 유명하다. 보문단지 입구의 전통맷돌순두부(743-0111)도 추 천할 만하다. 전국적으로 이름난 경주의 간식거리로는 황남빵(749-7000)과 단석가찰보리빵 (741-7520)이 있다.

숙박 보문단지 안에 호텔들이 밀집해 있다. 경주힐튼호텔(745-7788, www.kyongjuhilton.co.kr), 경주현대호텔(748-2233, www.hyundaihotel.com/gyeongju), 경주코오롱호텔(746-9001, www.kolonhotel.co.kr), 경주조선코모도호텔(745-7701, www.chosunhotel.net), 경주스위트호 텔(778-5300, gyeongju.suites.co.kr), 경주콩코드호텔(745-7000, www.concorde.co.kr) 등이 다. 좀 더 특별한 숙소를 찾는다면 신라밀레니엄파크 안에 있는 고품격 한옥호텔 라궁(778-2000, www.smpark.co.kr)을 추천한다.

세속의 욕심 벗어두고 마음만 건너가라

경주 양동마을 가는 길

자계천 외나무다리 앞에 선다. 다리만 건너면 널찍한 너럭바위 펼쳐진 너머로 낮은 담장을 두른 옥산서원 안으로 들어설 수 있다. 몇 걸음을 걸어 몇 세기를 훌쩍 넘어서는 특별한 경험을 앞에 두고 외나무다리가 새삼스럽게 보인다고 하면 유난일까? 자계천 푸른 물이 내리는 길을 바라보며 16세기 유학자 회재 이언적을 추억한다. 글 | 사진 유현영

안강역에서 내려 맞는 바람이 달콤하다. 아담한 간이역과 열차가 떠난 뒤의 정적은 평화롭기까지 하고 옥산서원이 자리한 세심마을과 유네스코 세계유산으로 지정된 양동마을은 이곳에서 버스를 갈아타면 금방이다. 역사를 빠져나와 초등학교 담장을 따라 걸어 우선 세심마을로 향하는 버스를 탄다. 독락당 입구에서 내려 독락당으로 들어가는 대신 발을 옮겨 옥산서원부터 찾는다. 자옥산과 어래산 자락에 길게 들어앉은 마을은 그늘지지 않고 환하다. 너른 논 가운데로 난 길을 따라 걷다 보면 옥산서원과 독락당을 가리키는 이정표가 곳곳에 서 있다. 쭉 뻗는 길을 걸어 옥산서원 외나무다리 앞에 선다. 바라보이는 풍경이 선경인 듯 아름답다. 고급스런 검은 빛의 너럭바위는 여유롭고 담장을 따라 늘어선 키 높은 은행나무와 담장 너머로 보이는 기와지붕의 서원 건물이 단정하다. 역락문으로 들어서면 무변

 ☆ 걷기좋은계절 봄, 여름, 가을   ☆ 난이도 ★

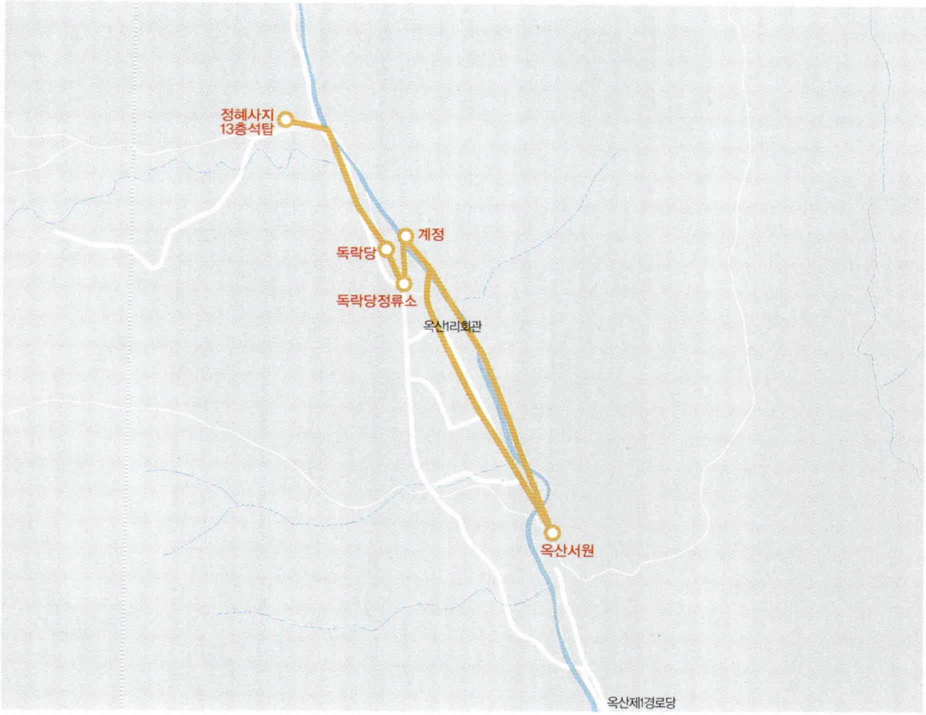

[지도]
정혜사지 13층석탑
독락당   계정
독락당정류소
옥산리회관
옥산서원
옥산제1경로당

🔟⑤ 경주 양동마을 가는 길 [4.9km, 도보 2시간, 버스 50분]

안강역 — 10km 버스로 20분 ▶ 세심마을, 독락당 입구 — 600m 10분 ▶ 옥산서원 — 700m 15분 ▶ 계정 — 500m 10분 ▶ 정혜사지13층석탑

100m 5분 ▶ 독락당 입구 — 8km 버스로 15분 ▶ 양동초등학교 — 3km 1시간 ▶ 양동마을 — 4km 15분 ▶ 안강역

위 1572년에 만들어진 옥산서원은 회재 이언적을 배양한 곳이다 **아래** 옥산서원 전경

루가 있고 그 너머에 옥산서원 편액을 건 강학당인 구인당이 자리한다. 1572년에 만들어진 사원은 이 지역 출신으로 당대 최고의 유학자였던 회재 이언적을 배향한 곳이며 구인당 뒤편으로 이언적의 위패를 모신 사당이 자리한다. 옥산서원을 나와 다시 독락당으로 향한다. 독락당은 회재 이언적이 벼슬을 그만두고 내려와 지은 집의 사랑채다. 그가 오래 머물며 학문을 익히고 자연의 아름다움을 즐겼던 곳이다. 이곳의 백미는 자연친화적으로 지어진 계정이다. 듬성듬성 놓인 바윗돌을 딛고 물을 건너가 바라다보면 절경이다. 계곡의 경치 속에 슬쩍 끼워놓은 듯 천연스레 자리한 건물이다. 너럭바위에 앉아 조화로운 모습을 보는 일은 시간이 가는 것도 잊게 한다.

발을 옮겨 정혜사지13층석탑을 향해 걷는다. 완만한 곡선의 자옥산 능선을 바라보며 걷는 길은 여유롭다. 탑의 모습은 우선 낯설다. 익숙하게 보아왔던 비례를 가진 석탑이 아니다. 흙으로 쌓은 기단 위에 1층탑이 있고 2층부터는 마치 옥계석만 겹쳐놓은 듯 보이는 특이한 형태의 통일신라시대 탑으로 국보 제40호로 지정되어 있다. 그 시대 탑과 비교해도 유일무이한 형태를 가졌다. 그 길을 지나쳐서 가면 잠계서원에 이르는데 최근 복원한 것으로 고졸(古拙)한 맛을 찾아보긴 어렵다. 회재 선생의 아들인 잠계 이전인을 봉향한 곳이다.

독락당 앞에서 안강역이나 경주역으로 가는 버스를 타고 양동마을 입구 양동초등학교 앞에서 내린다. 설창산 자락에 조붓하게 자리한 양동마을은 지난 2010년 안동의 하회마을과 더불어 유네스코 문화유산으로 지정된 전통마을이다. 실제 주민들이 거주하고 있고 물(勿)자 모양으로 뻗어 내린 구릉과 계곡

좌 독락당 담장 **우** 계정에서 내려다본 자계천

◎ 안강읍 소읍기행

세심마을과 세계문화유산에 등재된 양동마을을 거쳐 가는 버스가 안강역(동해남부선)에서 정차한다. 안강읍에서 하는 소읍기행도 즐겁다. 딱히 문화재가 있는 것은 아니지만 매운탕 거리가 있고 읍사무소 골목으로 들어서면 작은 골목과 역사가 담긴 낡고 오래된 건물들이 정겹다.

에 150여 채의 가옥이 자리 잡고 있어 마을을 제대로 돌아보려면 사전 준비는
반드시 필요하다. 초등학교 옆 문화관광해설사 부스에서 마을 지도를 받아들
고 시작할 것.

너른 논 너머로 보물 제412호로 지정되어 있는 향단이 제일 먼저 눈에 보인다.
회재 이언적에게 중종이 지어준 집으로 원래 99칸이던 것이 화재로 일부 소실
되고 지금은 56칸이 보존되고 있다. 관람객이 많을 때에는 부분 통제한다. 보
물 제442호로 지정된 관가정을 보고 마을 맨 안쪽부터 돌아보기로 한다. 안강
들이 잘 내려다보이는 곳에 위치한 관가정은 우재 손중돈의 집이다. 대문의 왼
쪽으로 사랑방과 마루가 길게 붙은 건물이 특이한데 주변 경관을 내려다보기
좋아 관가정이란 이름과 어울린다.

은행나무 길을 따라 서백당으로 간다. 입구의 향나무 두 그루도 범상치 않은
데 안으로 들어서면 서백당 앞으로 500년 된 아름드리 향나무가 그만큼의 무
게로 자리하고 있다. 서백당은 회재 이언적이 태어난 곳으로 그의 외조부 손소
의 집이다. '참을 인忍'자 백 번을 쓰며 인내를 기른다는 뜻을 가졌다. 서백당과
낙선당을 보고 돌아 나와 수졸당을 향해 간다. 수졸당은 회재 이언적의 손자가
지은 집이다. 담장을 둥글게 쌓아 안이 보이지 않게 만든 반달동산이 새롭다.
수졸당은 뒷동산이 좋다. 양동마을이 내려다보이고 안강벌이 내려다보이는 높
은 언덕이다. 소풍자리로 맞춤인 언덕에는 길게 매어둔 그네도 있어 반갑다.
양동마을을 나서기 전 보물 제411호로 지정된 무첨당도 찾아볼 것. 회재 이언
적의 종가 별채이다.

옥산서원의 정문인 역락문

여행 스케줄

1일차 서울 – 신경주(안강) – 세심마을(독락당) – 점심식사(양동마을 식당) – 양동마을 돌아보기 – 저녁식사 – 휴식 및 숙박

2일차 아침식사 – 경주 이동 – 경주 시내권 관광 – 신경주 – 서울

여행지 정보

경주동부사적지대 대릉원 건너로 너른 터가 보인다. 이 지역은 사적 제161호로 지정된 동부사적지대로 안압지에서부터 월성을 아우르는 지역 모두를 일컫는다. 신라왕경의 중심부였기 때문에 익히 잘 알려진 첨성대(국보 제31호), 안압지, 계림(사적 제19호), 월성이 모여 있다. 월성을 따라 걷다 보면 과거로 시간여행을 하게 된다. **문의** 779–6395, guide.gyeongju.go.kr

황남리 고분군 사적 제40호로 지정된 황남리 고분군은 경주 시내 황남동 일대 약 16㎡의 면적에 자리하는 미추왕릉을 비롯한 신라 초기의 무덤들을 말한다. 1973년에 발굴된 천마총의 내부를 공개하고 있고 부부의 무덤으로 추정하는 쌍무덤인 황남대총이 있다. 공원으로 조성되어 있어 언제 찾아가도 넉넉한 휴식처가 되어 준다. **문의** 772–6317

국립경주박물관 도시 자체가 거대한 박물관인 경주를 돌아보기 전에 박물관을 먼저 봐야 한다. 오랜 세월에 걸쳐 발굴 · 출토된 유적들을 고고관, 미술관, 안압지관, 옥외전시관, 특별전시관에서 전시한다. 눈길과 마음을 끄는 신라시대 유적들이 8만여 점 소장되어 있으며 이 중 3천여 점이 전시 중이다. 국보 제29호인 선덕대왕신종도 이곳에 있다. **문의** 740–7500, gyeongju.museum.go.kr

Travel info

가는 길

기차 서울에서 신경주역까지 KTX 이용

버스 **옥산서원** 신경주역에서 옥산서원 가는 버스 203번은 07:50〜19:30 동안 10회 운행. 옥산서원에서 양동마을을 거쳐 신경주역으로 나가는 차는 07:10〜18:00 동안 운행. 안강터미널까지는 19:05, 20:40 2회 더 운행한다.

양동마을 옥산서원으로 가는 버스가 6:55〜20:35 동안 10회 운행되고, 경주터미널과 신경주역으로 나가는 버스는 07:25〜18:10 사이에 8회 운행된다.

맛집 옥산서원이 자리한 세심마을은 식당이 많지 않은데 산장식당(매운탕, 유황오리구이, 762–3716), 청정가든(생갈비살, 한정식, 762–6151) 등이 있다. 양동마을에는 초원식당(연밥정식, 백반, 762–4436)을 비롯한 민속식당들이 있다. 경주 황오동의 팔우정해장국(묵해장국, 선짓국 742–6515)도 일품. 대릉원 주변에는 쌈밥집이 여럿 있다.

숙박 세심마을(762–6148, sesim.go2vil.org)과 양동민속마을(779–6105, yangdong.invil.org)에서도 민박이 가능. 신라문화원에서 운영하는 경주고택(774–1950, www.gjgotaek.kr)을 통해 탑동의 월암제, 배반동의 수오재, 세심마을 독락당에서 숙박 체험을 할 수 있다. 경주 시내를 비롯하여 보문관광단지 내에 숙박시설이 다수 자리한다.

퇴계의 자취를 찾아 걷는 길

안동 퇴계오솔길(녀던길)

퇴계의 오솔길로 잘 알려진 녀던길은 지팡이를 짚고 저만치 앞서 걸으시던 그 뒷모습만으로도 제자들에게 귀감이 되었던 당대 최고의 유학자 퇴계 이황의 자취가 서린 길이다. 먼 기척에 고개를 돌린다. 바람이 지나고 풀이 눕는 길 위로 환한 옷깃이 보인 듯도 하다. 한 걸음 한 걸음 시간을 되밟아 오르는 그 길 위에서 퇴계를 만나보자. 글 | 사진 유현영

녀던길은 안동시 도산면 단천리의 단천교에서 청량산조망대를 거쳐 농암종택에 이르는 3km 구간을 말한다. 퇴계가 열세 살 나이에 숙부 이우를 따라 청량산 중턱의 오산당으로 공부를 하러 가며 처음 걸었던 이 길은 반백의 나이에 후학 양성을 위해 도산서당을 지은 후에도 계속되었다.

녀던길의 들머리를 소두들 정류소로 잡는다. 안동 시내를 가로질러 오천 군자마을을 지나고 도산서원을 거쳐 소두들 정류소까지 버스는 한 시간가량을 덜컹대며 달린다. 길은 안동댐을 지나 물길도 따라가고 사방으로 높은 산을 끼고 달리다가 저 멀리 청량산을 바라보고 멈춘다. 이곳에서 올미재를 지나 농암종택을 거쳐 옹달샘 정자까지 3.2km 정도의 거리를 걸어야 한다.

소두들 정류소에서 마을로 들어서서 잠시 걸으면 올미재(0.5km)를 가리키는

걷기좋은계절 봄, 여름, 가을   **난이도** ★★★

(지도)
- 소두들 정류소
- 소두들
- 가송리
- 소두들 전망대
- 온혜온천
- 고산정
- 황오동
- 옹달샘정자
- 농암종택
- 올미재
- 월명당
- 낙동강

16 안동 퇴계오솔길(녀던길) [7.8km, 4시간]

안동역 —25km 버스로 1시간→ 소두들 정류소 —900m 15분→ 올미재전망대 —1.1km 25분→ 농암종택 —1.2km 30분→

옹달샘정자 —1.2km 30분→ 농암종택 —1.7km 35분→ 고산정 —1.7km 35분→ 소두들 정류소

이정표를 만난다. 살짝 경사가 진 걷기 좋은 임도를 따라 오르면 독산을 가운데 두고 사방 너른 논과 밭, 평화로운 마을 풍경이 한눈에 들어온다. 유유히 흐르는 물길 너머로 고산정도 설핏 보인다. 올미재전망대를 지나면서 길은 숲으로 들어선다. 가을볕에 일렁이는 억새밭도 잠깐 지나고 그러길 잠시, 길은 강을 향해 열리고 오른편으로 기와지붕 가득한 농암종택이 바라다보인다. 돌아나오는 길에 돌아보기로 하고 지나쳐서 걸으면 구불구불 강을 따라 걷는 길이다. 물길을 따라 길이 숨었다가 드러나길 반복한다. 퇴계의 걸음을 되밟아 가는 길은 퇴계가 말한 것처럼 그림 속으로 들어가듯 아름다운 길이다. 앞서 걷는 이들의 발걸음이 더디다. 그들의 뒷모습이 그림 속으로 사라지듯 겨울 볕에 어룽댄다. 옹달샘 정자까지 내쳐 걸은 뒤에 되돌아 나온다. 단천교까지 이어지는 길은 현재 통행이 불가하다. 대신 이육사문학관에서 청량산조망대까지 반대편에서 끊어 걸을 수는 있다. 그 길은 포장도로이긴 하지만 퇴계종택을 거쳐 도산서원까지 이어 걸을 수 있다.

농암종택까지 이어지는 강변길을 두고 퇴계의 길이라고 일컫는 까닭은 길 곳

Tip

◎ 간단한 간식과 음료는 미리 준비하기

거리가 짧고 완만한 길이다. 때때로 좁은 산길을 걷기도 하니 트레킹화나 등산화를 신는 것이 무리가 없다. 관광지가 아니라 편의시설은 없다. 간단한 간식, 음료 등은 미리 준비하자. 화장실은 농암종택 입구와 소두들 정류소 인근에 있는 것을 이용할 수 있다.

곳에 남아 있는 그의 흔적 때문이다. 멀리 보이는 벼랑, 깊은 소, 굽은 골짜기, 바위마다 단사협, 백운지, 미천장담, 한속담, 학소대 등의 이름을 불러주었던 그였다. 그만큼 사랑했던 길이었으니 그 길 위에서 퇴계는 분명 행복했을 것이다. 굽이굽이 푸른 물길을 따라 걸으면 멀리 애일당이 먼저 보이고 한 굽이를 더 돌아 걸으면 골짜기 사이에 자리한 농암종택이 모습을 드러낸다. 옹달샘 쉼터를 지나 농암종택까지 걷는 조붓한 오솔길이 짧아 아쉬운 마음은 멀리 기암절벽이 화려한 강변 풍경으로 위로해본다.

농암종택은 농암 이현보의 종택이다. 원래 분천마을에 있던 것을 안동댐의 건

고산정은 퇴계의 제자 금난수의 정자로 퇴계가 아끼던 장소다.

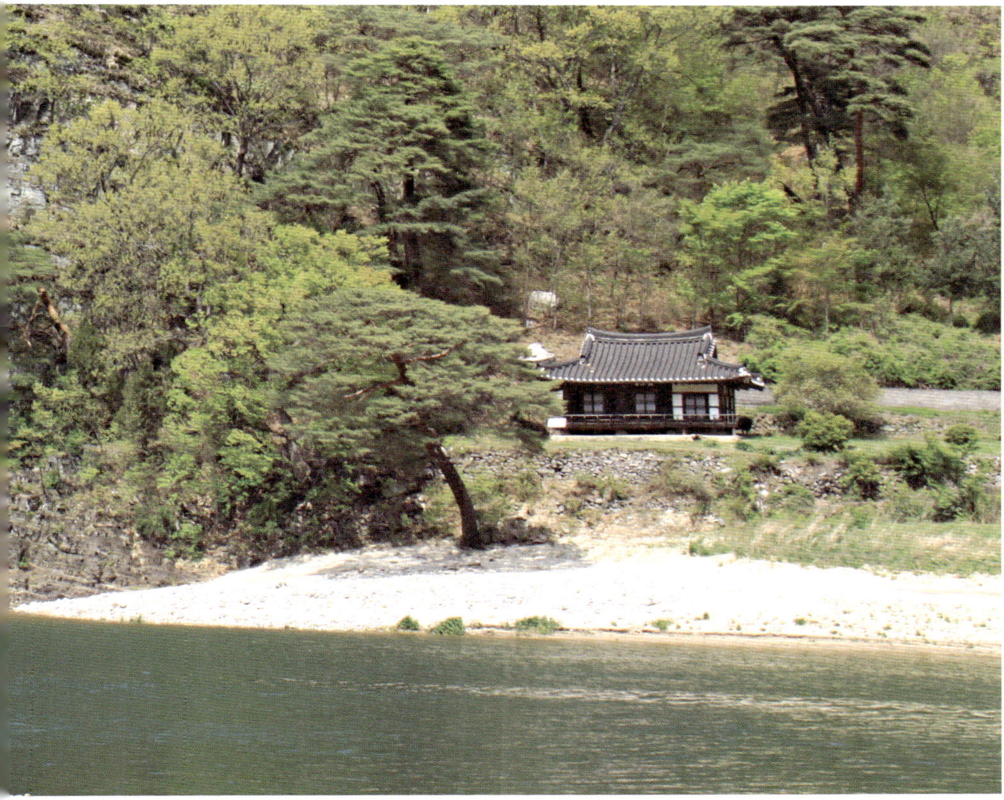

설로 이곳으로 이주한 것. 종택과 분강서원, 애일당을 모두 옮겨와서 분강촌 (843–1202, bungang.nongam.com)을 이루고 있다. 관직보다 후학양성에 뜻이 있어 일찍 고향에 내려와 있던 퇴계와 달리 농암은 평생을 관직에 있던 사람이었다. 성향도 뜻도 달랐던 그들은 40년가량의 나이 차에도 불구하고 서로 아끼고 높이는 사이였다.

농암종택과 분강서원, 애일당에서는 고택체험을 할 수 있다. 종택에서 가장 멀리 떨어져 있는 강각에서 하룻밤을 머문다. 마루에 앉아 내려다보는 푸른 물길은 어둠 속에서 반짝이며 존재를 드러낸다. 분강촌에서 보낸 하룻밤을 뒤로하고 고산정을 바라보며 강변을 따라 걷는다. 굽이굽이 이어진 길은 간간이 차가 지나는 길이지만 호젓하다. 강을 향해 기운 노송이 멋들어진 이곳은 퇴계의 제자 금난수의 정자로 퇴계가 아끼던 장소다. 종종 이곳을 찾았던 퇴계는 고산정에 앉아 바라다보이는 고산(독산)을 두고 지은 시 아홉 수를 남기기도 했다. 강 너머에서도 보일만큼 낡은 기와지붕 위로 세월의 더께가 앉았지만 가송 협곡에 자리한 고산정의 절경에는 쉽게 발이 떨어지지 않는다. 물 위에 비친 고산정을 그림인 듯 바라보고 섰다.

안동으로 나가는 버스를 타기 위해 소두들 정류소를 향해 걷는다. 한 시간 남짓 산길, 마을길, 물길을 따라 걷는 길은 35번 국도를 만나며 끝이 난다. 국도를 따라 앞선 골짜기만 벗어나면 청량산으로 가는 길이 보인다. 봉화 청량산으로 향하는 길 위에서 아쉬운 발을 잠시 쉬어간다.

농암종택

1일차 서울 – 안동 – 도산서원 – 도산서원 둘러보기 – 점심식사(서원 앞 국수집. 혹은 도시락) – 소두들정류소(67번 버스 이동) – 녀던길 걷기(소두들~농암종택~옹달샘정자) – 농암종택 숙박, 저녁식사(종택) – 휴식 및 숙박
2일차 아침식사 – 농암종택 둘러보기 – 농암종택 – 소두들 도보 – 소두들 – 안동 – 점심식사(안동찜닭, 갈비) – 시내권 관람(임청각, 월영교) – 안동 – 서울

여행
스케줄

도산서원 퇴계 이황을 배향한 서원이다. 서원은 서당 권역과 서원 권역으로 나뉘는데 서당은 퇴계 생전에 건립, 후학을 양성했던 곳으로 그의 자취가 남아 있는 공간이다. 사당과 서원은 그의 사후에 건립되었다. 유물관인 옥진각에는 퇴계가 지은 책과 사용하던 유품이 전시되어 있다. 놓치지 말고 둘러볼 것. **문의** 840-6599, www.dosanseowon.com

농암종택 안동 영천 이씨의 문호를 연 농암 이현보의 종택으로, 낙동강 상류 청량산 자락인 도산면 가송리에 자리한다. 종택 앞에는 은빛 모래밭이 펼쳐져 퇴계가 지은 '도산 9곡'의 비경을 선사한다. 종택의 일부를 숙박과 체험 시설로 사용할 수 있으며, 청량산 트레킹, '어부가'와 '도산 12곡'의 탁본, 다도 등의 체험이 가능하다. **문의** 843-1202, www.nongam.com

임청각 우리나라에 현존하는 살림집 가운데 가장 큰 규모로, 500년 유구한 역사를 자랑하는 안동 고성 이씨의 종택이다. 세칭 99칸 기와집으로 알려진 이 집은 조선시대의 전형적인 상류 주택으로, 석주 이상룡을 비롯한 독립운동가를 다수 배출했다. 일제강점기 철도 부설 때 행랑채 50여 칸과 부속 건물이 철거되었다. **문의** 853-3455, www.imcheonggak.com

안동민속박물관, KBS 촬영장, 월령교 안동시 성곡동에는 '달빛이 드는 다리'라는 뜻의 낭만적인 월령교가 있다. 한국에서 가장 긴 목책교(길이 387m, 폭 3.6m)로 중간에 월령정이 있다. 다리를 건너면 KBS 드라마 촬영장으로 쓰이는 초가집과 사대부 집이 재현되었고, 안동댐 아래 자리한 안동민속박물관에서 관혼상제를 중심으로 한 안동의 민속문화를 관람할 수 있다. 안동댐 안쪽으로도 해상 촬영장이 있다. **문의** 안동민속박물관 821-0649, www.adfm.or.kr

가는 길

자가용 중앙고속도로에서 서안동IC로 나와 안동 시내 진입 후 동북쪽 도산서원 방향 35번 국도를 타고 도산면 온혜리를 지나 청량산 방향으로 가다 보면 '분강촌, 농암종택'이라고 쓰인 문화재 표지판이 있다. 시내에서 40분가량 걸린다.

기차 청량리역→안동역(새마을호, 1일 12회, 4시간 소요)

버스 서울→안동(1일 40회, 2시간 30분 소요)
　　　　안동버스터미널에서 67번 버스, 서원행(1일 4회 운행, 09:40, 10:50, 13:10, 16:20)

맛집 안동댐 월영교 부근의 까치구멍집(헛제삿밥, 821-1056)과 옥류정(헛제삿밥, 854-8844)이 유명하고, 터줏대감(간고등어, 853-7800)과 양반밥상(간고등어, 855-9900)도 추천할 만하다. 그 외 풍산이장한우식당(안동한우, 858-2043)과 구시장 안에 있는 중앙통닭(안동찜닭, 855-7272)도 맛있는 집이다.

숙박 안동하회마을(854-3669, www.hahoe.or.kr) 안에 숙박 장소가 여럿 있고, 고택스테이로는 임청각(853-3455, www.imcheonggak.com), 농암종택(843-1202, www.nongam.com), 수애당(822-6661, www.suaedang.co.kr), 지례예술촌(822-2590, www.chirye.com) 등이 있다. 병산서원 근처에는 강변민박(853-2566), 민박과 식당을 겸하는 병산민속식당(853-2589) 등이 있다.

소복하게 내려앉은 세월을 밟고 걸어

안동 하회마을, 병산서원 옛길

한낮의 북적거림이 언제인 듯 시치미 뚝 떼고 아침 안개 속에 고요하게 숨죽인 하회마을. 탈방 앞 버스정류소에서 내려 마을 입구 종갓집까지 걸으면 병산서원으로 향한 이정표를 만나게 된다. 하회에서 시작해 화산을 넘어 병산서원까지 이어진 옛길은 지난 시간 학교와 마을을 오가던 마을 사람들의 이야기가 담긴 길이다. 소복하게 낙엽 쌓인 길을 천천히 들어선다. 글 | 사진 유현영

하회마을의 아침은 고요하다. 이따금씩 오르는 굴뚝 연기와 바스락대며 사위가 깨어나는 기척 외에는 인적도 뜸하다. 한낮의 하회마을은 관광객들로 북적인다. 그도 그럴 것이 하회마을은 내국인뿐만 아니라 외국인들이 가장 많이 찾는 곳 중의 하나이다. 조선시대 씨족마을, 양반마을의 형태를 가장 잘 유지하고 있으며 전통문화를 보존, 계승하고 있어 경주 양동마을과 함께 유네스코 세계문화유산으로 지정되었다. 버스에서 내려 하회마을 안내도가 있는 종갓집 방향으로 걷다 보면 오른편으로 병산서원으로 향한 이정표를 만나게 된다. 너른 들판 한가운데로 난 길은 어디로 닿아있을지 몰라 아슬한데 그 길은 화산 옛길과 이어지고 병산서원에 닿는다. 차량통행금지라고 쓰인 주의문이 종종 보인다. 풀이 웃자란 넉넉한 폭의 임도에 사람 발이 닿은 자리만 흙이 드러나 있다. 나란히 걷지 않아도 앞서 간 사람의 발걸음을 되밟아 가는 일은 함께 걷고 있다는 안도감을 준다. 아침안개

☆ 걷기좋은계절 봄, 가을   ☆ 난이도 ★ ★ ★

현외

병산리

하회세계탈
박물관

하 회 리

병산서원기점

화산

화천서원
(부용대)

안동하회마을

화산정상기점

병산서원

하회민속촌

가데골

⑰ 안동 하회마을, 병산서원 옛길 [6km, 2시간]

하회마을 → 2km 40분 → 화산옛길 → 4km 90분 → 병산서원

내린 숲은 촉촉하고 신비롭다. 숲은 점점 깊어지고, 외길 위에서 만나는 이정표가 반가운 혼자 걷는 이 길이 선물 같다. 길은 절반쯤 걸을 때까지는 그처럼 유유자적 걷기 좋은 길이다. 마지막 이정표를 만나는 곳에서부터 급경사를 오른다. 잠깐일 뿐이지만 지나온 길이 평탄해서 숨차게 느껴진다. 경사를 오르고 나면 이제부턴 두발 댈 자리도 없는 좁은 길이 나타난다. 구불구불 실처럼 이어진 길은 끝이 없다. 한발 앞에 한발 가만가만 딛고 걸으며 4km 남짓한 길의 다양한 모습에 즐거워진다. 조심조심 외나무다리를 건너듯 지나면 길은 종점에 다다른다. 산자락에 일궈놓은 밭고랑 사이로 이어진 길을 걸어 나서면 왼쪽으로 병산이 보인다. 그 앞으로 낙동강이 흐르고 모래톱이 자리할 것이다. 마음이 먼저 달음질쳐 간다.

안동 시내에서 병산서원으로 들어오는 버스는 하루 두 번뿐이다. 관광버스도 들어오기엔 이른 시간이라 병산서원에서 맞이하는 가을볕이 달콤하기 그지없다. 병산서원은 풍산 류씨 집안의 사학이었고 후에 사액서원으로 승격된 후로 많은 학자를 배출한 곳이다. 병산서원 입교당 앞에 서면 만대루 기둥 사이로 번져드는 가을볕이 눈부시고 이내 소르르 눈꺼풀이 무거워진다. 눈을 감아도 환하게 새어드는 빛이 황홀한 시간이다. 서재 난간에 기대어 전교당과 동재의 모

검암 류운룡의 종택인 양진당

역사와 문화가 흐르는 길

◎ 병산서원 대중교통 이용하기

병산서원에서 하회나 시내로 나가는 버스 시간에 맞춰 길는 시간을 배분해야 하고 그
렇지 않으면 다시 길을 되돌아 와야 한다. 안동터미널 앞에서 46번 버스가 06:20부터
16:10까지 8회 운행하며 그중 10:30, 14:30 두 차례 병산서원을 들른다. 버스는 30분
간 정차했다가 하회를 경유해 안동으로 다시 나간다.

습을 감상한다. 복례문 너머로 인기척이 들린다. 먼발치에서 들리는 감탄사를
뒤로하고 진사청 문을 나와 슬쩍 서원을 빠져나온다. 언제 봐도 재미있는 달팽
이 뒷간을 지나쳐서 병산 앞 모래톱으로 내려선다. 병풍처럼 두른 병산 아래 그
늘이 드리워 서늘하다. 멀리서 바라보던 것과 달리 강물은 세차게 물소리를 내
며 흐른다. 병산식당 앞으로 버스가 들어오는 소리에 발을 옮긴다.

안동에서 들어와서 병산과 하회를 거쳐 다시 안동으로 나가는 버스를 타고 하
회마을에서 내린다. 장터 앞에서부터 사람들로 북적인다. 하회마을을 떠나기
전 마을 입구에 있는 탈춤공연장에서 무형문화재 제69호로 지정된 하회별신굿
탈놀이를 보면 어떨까? 매주 수·토·일요일 오후 2시부터 3시까지 열리는 흥
겨운 놀이판은 남녀노소 국적을 불문하고 즐기는 굿판이다. 별신굿은 원래 10

병산서원 만대루와 전각들

하회마을 전경

역사와 문화가 흐르는 길

좌 하회마을 초가집 풍경 우 안동탈춤

년에 한 번 특별한 날이나 정월 보름에 서낭신에게 올리는 굿을 말한다. 함께하던 탈놀이는 서낭신을 위한 재롱잔치였던 셈이다. 하회별신굿탈놀이는 무동, 주지, 백정, 할미, 파계승, 양반, 선비, 혼례, 신방의 여덟 마당으로 구성되며 탈춤공연장에서는 무동부터 양반까지 여섯 마당의 공연을 볼 수 있다. 둥글게 지어진 공연장의 열린 분위기와 함께 생동감 있는 공연이 신명을 돋워주고 각각의 특징을 잘 살려 생생한 표정이 일품인 하회탈을 볼 수 있는 것도 매력이다. 하회탈 11종은 병산탈 2종과 함께 국보 제121호로 지정되어 있다.

안동은 한 번에 다 보겠다고 욕심만 부리지 않는다면 구석구석 볼 것도 누릴 것도 많은 고장이다. 여러 권역으로 나눠 제대로 둘러보기를 권한다.

좌 하회마을 당산나무 우 하회마을 초가집과 야생화

여행 스케줄

1일차 서울 – 안동 – 하회마을 – 하회탈박물관 둘러보기 – 점심식사(간고등어, 헛제삿밥 정식) – 하회탈춤 전시관 탈춤 관람 – 하회마을 돌아보기 – 하회마을 민박, 저녁식사 – 휴식 및 숙박

2일차 아침식사 – 화산 옛길 걷기 – 병산서원 – 버스 탑승(11:30) – 하회마을 회귀, 혹은 안동 시내 – 점심식사(안동찜닭, 갈비) – 시내권 관람 – 안동 – 서울

여행지 정보

하회탈 박물관 안동하회마을 입구에 자리하고 있으며 하회탈 전문 제작 장인인 김동표 관장이 1995년 설립한 사립박물관이다. 박물관에는 한국의 탈 19종 2000여 점과 35개국의 외국 탈 500점 등 200여 점의 탈을 전시하고 있다. 탈 그림 탁본과 탈 만들기 등의 체험프로그램을 진행한다. **문의** 853–2288, www.tal.or.kr

안동 하회마을 중요민속자료 제122호로 지정된 안동 하회마을은 풍산 류씨 집안이 대대로 살아온 마을로 한국의 대표적 동성마을이다. 기와집과 초가집이 보존되어 있고 실제 주민들이 거주하고 있다. 지난 2010년 8월 1일 경주 양동마을과 더불어 유네스코 세계유산에 등재되었다. **문의** 852–3588, www.hahoe.or.kr

병산서원 서애 류성룡을 배향한 조선시대 서원이다. 전신은 풍악서당으로 풍산 류씨 집안의 사학 기였는데 류성룡에 의해 지금의 자리로 옮겨졌다. 병산과 낙동강을 바라보고 지어진 아름다운 서원으로 건축학적으로도 가치가 높다. **문의** 858–5929, www.byeongsan.net

Travel info

가는 길

자가용 중앙고속도로에서 서안동IC로 나와 34번 지방도를 이용한다. 안교사거리에서 좌회전해 916번 지방도로 빠지면 오른쪽으로 안동한지전시관이 보이고 하회마을 이정표를 따라 들어가면 된다.

기차 청량리역→안동역(새마을호, 1일 12회, 4시간 소요)

버스 동서울터미널→안동버스터미널(1일 20회, 4시간 소요)

　　하회마을행 46번 버스가 안동터미널 앞에서 06:20부터 16:10까지 8회 운행.

　　병산서원행 10:30, 14:30 2회. 병산서원을 들른다. 버스는 30분간 정차 후 하회를 경유해 안동으로 다시 나간다.

맛집 병산서원 근처의 병산민속식당(간고등어 정식, 백반, 853–2589), 하회마을 입구의 옥류정(헛제삿밥, 854–8844)이 유명하고 마을 내에 식당이 있다. 식사는 미리 예약할 것. 터줏대감(간고등어, 853–7800)과 양반밥상(간고등어, 855–9900)도 추천할 만하다. 그 외 풍산이장한우식당(안동한우, 858–2043)과 구시장 안에 있는 중앙통닭(안동찜닭, 855–7272)도 맛있는 집이다.

숙박 안동하회마을(854–3669, www.hahoe.or.kr) 안에 숙박 장소가 여럿 있고, 고택스테이로는 임청각(853–3455, www.imcheonggak.com), 농암종택(843–1202, www.nongam.com), 수애당(822–6661, www.suaedang.co.kr), 지례예술촌(822–2590, www.chirye.com) 등이 있다. 병산서원 근처에는 강변민박(853–2566), 민박과 식당을 겸하는 병산민속식당(853–2589) 등이 있다.

문화유산과 호반을 따라 걷는 길
안동 시내에서 안동호까지

안동을 두고 정신문화의 수도라고 일컫는다. 그만큼 다양한 유·무형의 문화유산을 보유한 곳이다.
양반마을로 잘 알려진 하회, 퇴계선생의 이야기가 서린 도산서원. 봉정사를 비롯해 여러 권역으로
나뉘는데 스쳐 지나기 쉬운 안동 시내 한가운데에 걸어서 돌아볼 수 있는 문화유산 답사길이 있다.
오래된 골목을 걷고 물길을 따라 걸으며 온몸으로 전통문화를 즐겨보자. 글 | 사진 유현영

안동역 광장에서 왼편으로 공용주차장이 있다. 찬찬히 바라다보면 그 한가운데에 탑이 보인다. 시내 한가운데 자리하고 있어 바로 앞에 두고도 한눈에 알아채기 쉽지 않지만 통일신라시대의 것으로 몇 기 남아 있지 않은 전탑이다. 흙을 구워 벽돌을 만들고 그것을 쌓아 만든 전탑으로, 층마다 기와를 얹고 감실을 두었다. 보물이라도 찾은 듯 반가운 마음이 일면 발걸음도 가볍게 태사묘를 향해 걷는다. 좁은 골목 안으로 2층 누각인 경모루가 보인다. 이곳은 후삼국시대 왕건을 도와 견훤을 물리치는 데 공을 세운 지방호족세력이었던 삼태사(김선평, 권행, 장정필)의 위패를 모신 곳이다. 전투를 승리로 이끌어 평안하게 한 그들의 공적을 높이 사 고창군이었던 지명을 안동부로 승격해 불렀다. 태사묘에서 나와 문화공원을 향해 걷다

걷기좋은계절 사계절   난이도 ★★

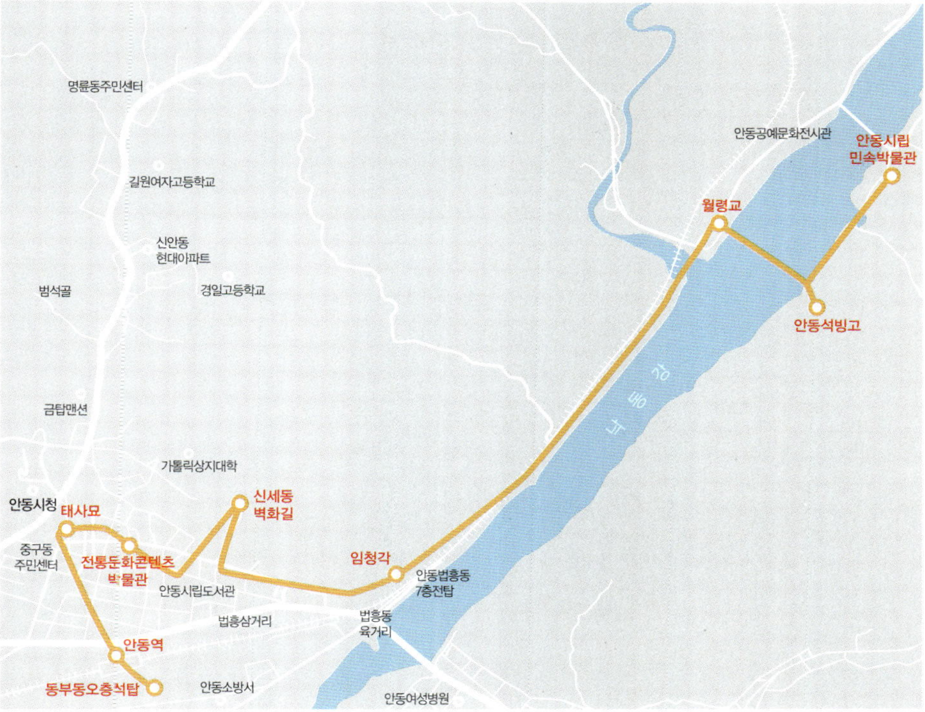

18 안동 시내에서 안동호까지 [6.95km, 2시간 20분]

안동역(터미널) →(200m, 4분)→ 동부동오층전탑 →(700m, 10분)→ 태사묘 →(300m, 5분)→ 전통문화콘텐츠박물관

→(800m, 20분)→ 신세동 벽화마을 →(750m, 20분)→ 임청각, 신세동칠층전탑 →(2km, 30분)→ 월영교 입구 →(700m, 15분)→

안동석빙고 →(700m, 15분)→ 안동시립민속박물관 →(800m, 20분)→ 월영교 →(6.95km, 차로 10분)→ 안동역

신세동 벽화거리는 어린아이들이 그려놓은 그림처럼 정겹다.

보면 기와 얹은 건물들을 만난다. 이곳이 전통문화콘텐츠박물관이다. 기존의 박물관과 확연한 차이점은 유물이 없다는 점이다. 유물이 없지만 다양한 형태의 전시물과 체험물을 통해 안동의 전통문화에 대한 이해를 돕는다. 아는 만큼 보인다고 했으니 안동을 여행하기 전 이곳부터 관람하고 사전지식을 갖추면 좋다. 다시 진행방향으로 걷다가 왼쪽 길 끝에 안동동부초등학교가 있다. 무지개 빛깔 고운 계단이 먼저 보이고, 학교 담장 맞은편 가게의 담장 벽화에 눈이 휘둥그레진다. 기대감에 차 초등학교 옆 담장을 따라 걸으면 멋진 벽화길이 숨어 있다. 경사를 따라 지어진 집들마다 담장에 고운 그림을 담고 있다. 그림의 주인공은 집주인이거나 코스모스, 나팔꽃, 장미꽃이기도 하다. 볕이 잘 드는 골목을 따라 이어지는 벽화는 빨랫줄의 빨래들과 나란히, 그리고 활짝 핀 국화꽃과도 어우러져 골목 안이 환하다. 거리와 시간을 어림잡고 걷기 시작하지만 이런 골목에선 벽을 따라 이어진 그림을 쫓아가느라 막다른 골목으로 들어서고 되돌아 나오길 반복해도 마음이 여유롭고 신난다. 신세동칠층전탑이 그려진 벽화 골목을 빠져나와 임청각과 신세동칠층전탑을 향해 걷는다.

고성 이씨 종택인 임청각은 아흔아홉 칸 집이었으나 철로가 놓임에 따라 반이 뚝 잘리면서 50여 칸만 남아 있다. 지금도 아름다운 모습이지만 이전의 모

TIP

◎ 통일신라시대의 전탑

모두 4기의 전탑이 남아 있는데 그중에 3기가 안동에 있다. 신세동칠층전탑(국보 제16호)과 동부동오층전탑(보물 제56호) 그리고 조탑동오층전탑(보물 제57호)이다. 석탑에 비해 보존성이 약해 대부분 유실되었고 안동 지역에 집중 분포되어 있는 것에는 여러 가지 설이 분분하다. 4기 중 나머지 한 기는 칠곡 송림사오층전탑(보물 제189호)이다.

습을 볼 수 없어 아쉬움이 앞선다. 사랑채인 군자정으로 가면 잘 지어진 누각과 연못의 모습도 아름답지만 낙동강과 안동 시내가 바라보이는 전망이 좋다. 바로 곁에 자리한 신세동칠층전탑으로 발을 옮긴다. 높이 17m의 통일신라시대의 전탑을 눈앞에 두고 처음에 웅장한 크기에 놀라고, 곧이어 철도를 가린 옹벽과 고성 이씨 종택 사이 옹색한 공간에 자리한 것에 놀란다. 가까이 다가가서 보면 듬직한 기단의 사면을 둘러 사천왕상과 8부중상이 새겨져 있는데 그 모습이 정교하고 아름답다. 탑 아래에서 고개를 젖히고 올려다보는 모습이나 멀찍이 떨어져서 볼 때나 조화로운 균형미를 갖춘 탑이다. 놀라움을 갖게 하는 탑이지만 반가움도 잠시뿐이고 오랜 세월 소음과 공해로 편안하지 않았을 환경에 안타까움과 아쉬움이 더 오래 남는다.

옹벽에 난 출입로를 따라 나오면 낙동강 물길을 따라 안동댐을 향해 걸을 수

신세동칠층전탑

월영교

있는 보행로가 있다. 잔잔한 물빛을 바라보고 걷는 동안 나란히 열차가 달리
고 차들이 달린다. 가을볕에 반짝이는 윤슬이 곱다. 잔잔한 물길을 따라 저만
치 바라다보이는 월영교까지는 한참 걸어야 하는 거리이지만 가야 할 곳을 알
고 가는 길이니 여유롭고 한여름의 땡볕만 아니면 쉬엄쉬엄 걷기 좋을 길이
다. 국내에서 가장 긴 나무다리인 월영교에는 450년 전의 아름다운 사랑이야
기가 담겨 있다. 아픈 남편의 쾌유를 빌며 아내가 머리카락으로 삼았던 미투
리가 발견되면서 부부의 사랑이야기가 국내는 물론 국외에서도 여러 차례 회
자되었는데 그 이야기를 기려 다리 모양을 미투리에서 땄다. 월영교 쯤에선 잠
시 쉬어가도 좋다. 호반을 따라 걷는 사람들도 다리를 건너는 사람들도 서두르
는 사람이 없다. 월영정 너머로 보이는 기와집은 신성현 객사다. 객사 가는 길
에 월영대가 있는데 월영교, 월영정은 이곳에서 파생된 이름이다. 원래 자리
는 아니고 안동댐 건설로 수몰지구에 있던 것을 옮겨온 것이다. 객사 옆으로
안동 석빙고도 옮겨와 지금에 이른다. 그 너머로 안동민속촌과 KBS 촬영장이
함께 자리한다. 안동시립민속박물관까지 다 돌아보고 나면 안동 시내로 돌아
갈 길이 멀게 느껴질지도 모르겠다. 한낮의 볕도 기울어 한층 더 잔잔해진 물
길을 다시 이어 걷는다.

1일차 서울 – 안동 – 동부동오층전탑~월영교까지 도심 순례(점심식사)– 저녁식사 – 휴식 및 숙박

2일차 아침식사 – 하회마을, 병산서원 혹은 도산서원–점심식사 – 안동 – 서울

전통문화콘텐츠박물관 국내 최초의 유물 없는 디지털박물관이다. 박물관의 관람 동선에 따라 다양한 콘텐츠들을 놀이하듯 체험하는 동안 안동의 역사와 문화유적을 실제 만나는 것처럼 자세하고 쉽게 이해할 수 있다. 아이는 물론이고 성인에게도 유익한 학습의 장이다. 관람료는 아동 1000원 성인 3000원이며 1월 1일, 설날, 중추절, 매주 월요일에 휴관한다. 관람 시간은 09:00~18:00. 문의 843-7900, www.tcc-museum.go.kr

임청각 우리나라에 현존하는 살림집 가운데 가장 큰 규모로, 500년 유구한 역사를 자랑하는 안동 고성 이씨의 종택이다. 세칭 99칸 기와집으로 알려진 이 집은 조선시대의 전형적인 상류 주택으로, 석주 이상룡을 비롯한 독립운동가를 다수 배출했다. 일제강점기 철도 부설 때 행랑채 50여 칸과 부속 건물이 철거되었다. 문의 853-3455, www.imcheonggak.com

안동민속박물관, KBS 촬영장, 월령교 안동시 성곡동에는 '달빛이 드는 다리'라는 뜻의 낭만적인 월령교가 있다. 한국에서 가장 긴 목책교(길이 387m, 폭 3.6m)로 중간에 월령정이 있다. 다리를 건너면 KBS 드라마 촬영장으로 쓰이는 초가집과 사대부 집이 재현되어 있고, 안동댐 아래 자리한 안동민속박물관에서 관혼상제를 중심으로 한 안동의 민속문화를 관람할 수 있다. 안동댐 안쪽으로도 해상 촬영장이 있다. 문의 안동민속박물관 821-0649, www.adfm.or.kr

안동이천동석불상 안동의 이미지로 잘 알려진 안동이천동석불상은 제비원석불이라고도 불린다. 보물 제115호로 지정된 고려시대의 불상으로 자연암벽에 불신을 새기고 그 위에 높이 2.43m의 머리를 따로 조각해 붙였다. 얼굴을 제외한 머리 부분이 파손되어 지금의 모습이 되었다.

문의 안동광광정보센터 856-3013, 840-6591, www.tourandong.com

가는 길

자가용 중앙고속도로 서안동IC에서 나와 34번 지방도를 이용해 안동 시내 진입.

버스 안동역에서 월영교, 안동댐까지 3번 버스 운행(소요시간 10분).

맛집 안동댐 월영교 부근의 까치구멍집(헛제삿밥, 821-1056)과 옥류정(헛제삿밥, 854-8844)이 유명하고, 터줏대감(간고등어, 853-7800)과 양반밥상(간고등어, 855-9900)도 추천할 만하다. 그 외 풍산이장한우식당(안동한우, 858-2043), 구시장 안에 중앙통닭(안동찜닭, 855-7272)도 맛있는 집이다.

숙박 안동하회마을(854-3669, www.hahoe.or.kr) 안에 숙박 장소가 여럿 있다. 고택스테이로는 임청각(853-3455, www.imcheonggak.com), 농암종택(843-1202, www.nongam.com), 수애당(822-6661, www.suaedang.co.kr), 지례예술촌(822-2590, www.chirye.com) 등이 있다. 병산서원 근처에는 강변민박(853-2566), 민박과 식당을 겸하는 병산민속식당(853-2589) 등이 있다.

선비들이 들려주는 옛이야기 따라 걷는 길
영주 소백산자락길

소백산자락길은 문화체육관광부가 선정한 문화생태탐방로 17곳 중 하나다. 총 거리가 40.7km로서
3구간으로 나뉜다. 그중 1구간에는 최근까지 입산통제구간이었던 달밭길 코스가 포함돼 있어 호기
심을 불러일으킨다. 소백산자락길 1구간의 매력을 오롯이 느낄 수 있는 계절은 가을. 작은 배낭을
메고 오색 단풍길을 걸어 보자. 글 | 사진 김혜영

소백산자락길 1구간은 소수서원을 출발하여 금성단, 삼괴정, 죽계구곡, 초암사, 달밭골, 비로사를 지나 삼가 주차장에 이르는 총 12.6km의 코스다. 이 코스는 선비길, 구곡길, 달밭길로 나뉜다. 한 구간만 걷는다면 비밀의 숲처럼 호젓한 '달밭길'을 추천한다.

1구간 '선비길'은 소수서원에서 금성단을 거쳐 삼괴정에 이르는 길이다. 소수서원은 우리나라 최초의 사액서원이라는 역사적 명성 못지않게 서원이 자리잡은 주변의 풍광도 아름답다. 소수서원 진입로에 조성된 소나무숲은 고고한 기품이 흐른다. 청록빛 죽계천과 어우러져 한 폭의 수묵화를 떠올리게 한다. 소수박물관, 선비촌을 둘러보고 금성단으로 향한다. 길가에 사과밭이 즐비하다. 가을이 탐스러운 사과처럼 붉게 물드는 중이다. 금성단은 조선 세조 때 단종의 복위를 도모하다가 정축지변의 참화를 당한 금성대군과 이에 연루된 이

☆ 걷기좋은계절 사계절   ☆ 난이도 ★★★

🔵 **영주 소백산 자락길 [12.6km, 5시간 20분]**

소수서원 → (0.3km, 5분) → 금성단 → (0.7km, 15분) → 순흥향교 → (2.8km, 50분) → 삼괴정 → (0.5km, 20분) → 죽계구곡

→ (2.8km, 1시간) → 초암사 → (3km, 1시간 40분) → 달밭골길 → (0.7km, 20분) → 비로사 → (1.8km, 50분) → 삼가리 주차장

들을 추모하기 위해 만든 제단이다. 금성단을 지나 고려 후기 향교였던 순흥향교를 찾아간다. 정축지변 때 폐허가 됐던 순흥향교는 여전히 그 그늘을 벗어나지 못한 듯 적막감이 감돈다. 순흥향교를 나와 들녘을 따라 걷는다. 순흥저수지를 오른편에 끼고 걷다 보면 배점리의 삼괴정에 이른다.

배점리 입구에 600년 된 느티나무 세 그루가 있어 삼괴정이라 불린다. 느티나무 세 그루가 배점리를 지키는 수호신처럼 위엄 있어 보인다. 삼괴정 아래에 '배순정려각'이 있다. 퇴계선생은 대장장이인 배순에게 글을 가르쳤고, 배순은 퇴계선생이 세상을 뜬 후 삼년상의 예를 다했다고 한다. 이후 마을 이름이 '배순의 점방'이 있던 곳이라 하여 배점리가 됐다.

삼괴정을 지나 삼거리에서 왼쪽으로 들어서면 2구간인 '구곡길'이 시작된다. 삼괴정 앞의 9곡부터 초암사 앞의 1곡까지 아홉 굽이의 계곡길을 거슬러 올라간다. 퇴계선생이 계곡물 흐르는 소리가 노랫소리처럼 들린다 하여 아홉굽이마다 제각기 이름을 지어주었다고 한다. 퇴계선생이 즐겨 들었다던 옛날의 그 물소리를 감상하기 위해 물가에 귀를 기울인다. 작은 폭포를 이루며 바위를 타고 넘치는 물소리가 "쏴쏴" 한여름 소낙비처럼 우렁차다.

죽계구곡을 거슬러 올라가다 보면 1곡이 시작되는 지점에 초암사가 있다. 신라

최초의 사액서원인 소수서원

◎ 트레킹 복장 준비하세요

소수서원에서 죽계구곡까지는 그늘이 없는 포장도로를 걸어야 한다. 모자, 선크림, 장
갑 등 햇빛을 가릴 수 있는 소품을 준비하자. 달밭길은 길이 험하진 않지만 계곡이나
산길을 걸어야 하니 경등산화를 신는 것이 좋다. 달밭길 중간에 있는 '잣골민박'에서
막걸리와 간단한 음식으로 요기할 수 있다. 삼가 주차장 옆에 삼가 캠핑장(638-2943)
이 있다. 소백산자락길 문의 영주문화연구회 633-5636

시대 의상대사가 부석사 터를 보러 다닐 때 초막을 짓고 임시로 거처했던 곳이
라 하여 초암사라 이름 지었다고 한다.
초암사에서부터 달밭길을 지나 삼가리 주차장에 이르는 길이 3구간인 달밭길
이다. 달밭길은 소백산자락길 1구간의 백미다. '달밭'은 '산에 있는 밭'이라는 뜻
이다. 실제로 달밭길엔 화전민들이 살았던 흔적이 있다. 달밭길의 출발점은 초
암사다. 초암사를 지나 숲길로 들어선지 10분 정도 됐을까. 원시림처럼 울창한
숲이 나타난다. 사람들의 왕래가 많지 않았던 곳이라 소백산자락길이라고 적
힌 리본을 찾지 못하면 길을 잃기 십상이다. 안개 속을 헤매는 기분이다. 이 숲
을 통과하면 그간 미개방 지역이었던 계곡길이 드러난다. 벽장에 감춰둔 곶감

배점리 삼괴정 아래에 배순정려각이 있다.

◎ 소백산자락길 코스 정보

제1구간 소수서원 · 금성단 · 위각수 · 순흥향교 · 삼괴정 → 죽계구곡 → 초암사
→ 달밭골 → 비로사 → 삼가 주차장 (총 12.6km, 4시간 소요)

제2구간 삼가 주차장 · 금계호 · 금선정 · 징감록촌 · 희여골 · 샛터 ·
풍기온천 → 소백산역 (총 16.7km, 4시간 20분 소요)

제3구간 소백산역(희방사역) · 죽령옛길 → 죽령주막 · 보국사지 · 죽령분교 →
용부사 · 죽령터널 입구 → 장림리 (총 11.4km, 3시간 10분 소요)

좌 소백산자락길을 표시하는 노란 리본 **우** 신라 말에 창건된 비로사

을 찾아낸 기분이 든다. 계곡 한 굽이마다 맺힌 소(沼)에는 손가락 하나 살짝 담
그기 힘들 정도로 차가운 계곡물이 고인다. 작은 폭포들이 쉴 새 없이 바위를
타고 흘러내린다. 수북하게 쌓인 낙엽을 밟으며 걷는 기분이 푹신한 요에 누운
듯 편안하다. 낙엽 밟는 소리, 물소리, 산새 소리가 삼박자를 맞춘다. 계곡길과
숲길을 번갈아 가며 걷기 때문에 지루하지 않다. 단풍빛은 머릿속이 아득해질
정도로 현란한 오색이다.

울긋불긋한 계곡길을 벗어나면 초록빛이 완연한 침엽수림이 나타난다. 숲의
빛깔이 순식간에 변하니 천연덕스럽기까지 하다. 달밭골에 다다랐을 쯤에 등
산객들의 쉼터인 '산골민박'이 보인다. 동동주 한 사발 마시며 아픈 다리를 쉬
어가는 것도 좋겠다.

침엽수림을 벗어나면 이내 은빛 억새밭이 이어진다. 남실바람에 억새들이 일
렁인다. 달밭길은 3.4km 정도의 짧은 구간이지만 삼색 경단처럼 다양한 맛
을 지녔다.

억새밭이 끝나고 다시 계곡이 나타나는 지점에 신라시대의 고찰 비로사가 있
다. 호롱불처럼 은은한 오후 햇살이 어느새 적광전 처마 위로 내려앉는다.

비로사에서 삼가 주차장까지는 1.8km 거리로 50분 정도 소요된다. 삼가리에
서 풍기시외터미널을 거쳐 영주시외터미널까지 가는 26번 버스가 매일 8회 운
행한다.

여행 스케줄

1일차 서울—풍기—소수서원—금성단—삼괴정—죽계구곡—초암사—달밭골 계곡길—비로사—삼가주 차장—풍기온천—석식(선비촌 묵집)—선비촌 숙박

2일차 아침식사(선비촌)—선비촌과 소수박물관 돌아보기—부석사—중식(풍기인삼갈비탕)—풍기인삼시장—서울

여행지 정보

선비촌 조선시대 전통가옥을 복원하여 선비와 상민의 생활을 체험할 수 있도록 조성한 민속마을이다. 고택숙박체험, 선비체험, 만들기체험(나무공예, 짚불공예, 한지공예, 천연염색공예), 전통음식체험(떡메치기, 두부 만들기), 예절체험(다례체험, 전통혼례체험) 등을 할 수 있다. 선비촌 인근에 소수서원, 청소년수련관, 소수박물관이 있다. **문의** 638—6444, www.sunbichon.net

부석사 신라 문무왕 16년(676년)에 의상이 세운 사찰이다. 우리나라에서 가장 오래된 목조건물인 무량수전을 비롯해 조사당, 소조여래좌상, 조사당벽화, 무량수전 석탑 등 국보 5점과 삼층석탑, 석조여래좌상, 당간지주 등의 보물을 보유하고 있다. **문의** 633—3464, www.pusoksa.org

흑석사 통일신라시대에 세워진 사찰이다. 사찰 인근에 흑석(黑石)이라 불리는 마을이 있어 그 이름을 따서 흑석사라 이름 지었다고 한다. 임진왜란 때 소실되었다가 1945년에 다시 지어졌다. 문화재로는 석조아미타불좌상(국보 제282호)과 보물로 지정된 석조여래좌상 그리고 마애삼존불상이 있다. **문의** 637—1900

Travel info

가는 길

버스 동서울시외버스터미널에서 영주행 버스를 탄다(06:15~21:45 사이 매 15분, 45분에 운행. 2시간 30분 소요). 영주터미널 맞은편 버스정류장에서 풍기 경유 부석사행 버스를 타고 소수서원에서 하차한다. 돌아올 때는 삼가버스정류장에서 시내버스 26번을 타고 영주버스터미널로 이동하면 된다. 약 40분 소요. **문의** 동서울버스터미널(02—446—8000), 영주버스터미널(1577—5844), 삼가매표소(638—2943), 영주여객(633—0011~13)

맛집 순흥면에 있는 순흥전통묵밥(묵밥, 634—4614)과 청다리옛집(콩나물밥, 633—4288)이 유명하다. 영주의 특산품인 한우와 풍기인삼을 맛보려면 한우프라자 '소'(한우구이, 631—8400)와 풍기인삼갈비(인삼갈비, 635—2382)를 추천한다. 선비촌의 선비촌종가(고등어 정식, 637—9981)도 추천할 만하다.

숙박 소백산자락길 1구간의 출발점인 소수서원과 담장을 이웃한 선비촌(638—6444)이 가장 추천할 만하다. 이밖에 소백산자락에 위치한 옥녀봉 자연휴양림(639—6543), 하늘호수펜션(638—3688), 마운틴힐펜션(638—8589), 로템나무그늘아래(635—6115) 등이 있다.

청운의 꿈을 품은 선비들의 자취를 따라 걷는 길

영주 죽령 옛길

선비들이 과거를 보기 위해 걸음을 내딛던 죽령 옛길. 삼림욕을 즐기듯 천천히 걸으면서 선현들의 발자취를 밟아보려는 방문객들의 호기심으로 죽령 옛길이 영화를 되찾고 있다. 생태탐방로처럼 정돈된 고갯길을 따라 역사 속에서 피어난 이야기를 더듬는 발걸음이 이어진다. 하늘을 가릴 정도로 숲이 우거진 죽령 옛길은 온 가족이 이야기 꽃을 피우며 걷기 좋은 길이다. 글 | 사진 유철상

죽령 옛길은 경상북도 문경시의 문경새재 과거길과 더불어 고대부터 경상도 지역과 충청도를 잇고 서울 일대와 교류하는 중요한 길이었다. 지자체마다 트레킹 코스가 개발되면서 역사적인 의미가 담긴 죽령 옛길도 신작로를 벗어나 자연과 사색을 즐기려는 현대인들 곁으로 다시금 돌아왔다.

영주시 풍기읍 수철리에서 충북 단양군 대강면을 넘어가는 아흔아홉 굽이의 험준한 소백산맥 등줄기에 자리 잡은 죽령은 영남에서 충청이나 경기도로 통하는 중요한 관문이었다. 그러다가 1941년 일제강점기 때 일본이 중앙선 철도를 놓고 터널을 뚫으면서 인적이 드물어졌다.

간이역인 희방사역은 분주해야 할 주말에도 한적하기만 하다. 문헌에 의하면 죽령 옛길에는 4개의 큰 주막이 있었는데 그 중 하나인 무쇠다리 주막이 여기

 걷기좋은계절 봄, 여름, 가을 　 난이도 ★★

[지도: 도솔봉, 단양, 5, 죽령, 죽령주막, 옛 주막 거리터, 희방터널, 죽령 옛길, 희방사역, 5, 제2연화봉, 연화봉, 희방사, 희방폭포, 죽령검문소, 영주(중앙선)]

⑳ 영주 죽령 옛길 [7.6km, 4시간 35분]

풍기(희방사역) —1.3km / 30분→ 희방사 제3주차장 —0.3km / 10분→ 희방사역 —0.7km / 30분→ 죽령 옛길 입구 —0.6km / 30분→

진운대 —0.4km / 20분→ 사태골 —0.4km / 30분→ 시메골 —0.1km / 5분→ 옛 주막거리 터 —3.8km / 약 2시간→ 죽령휴게소

◎ 산행 후에는 시원한 온천욕!

좌 죽령 옛길 입구 **우** 길 곳곳에 야생화가 가득하다.

상점들이 있는 다리 부근에 있었다고 한다. 지금은 이렇게 한적한 마을이지만 신작로가 나기 전에는 매우 성행했다는 게 잘 상상이 되지 않는다. 무쇠다리주막 외에 죽령고개 정상에 죽령 주막이 있었고 주전과 중덕도 있었다고 한다. 죽령 옛길을 10여 분 정도 걸으면 사과 과수원이 나오고 장승들이 나타나면서 본격적인 걷기 코스가 이어진다.

영주에서 볼 때 죽령 옛길이 시작되는 곳은 중앙선 희방사역 뒤편이다. 그러나 탐방객들이 출발하는 곳은 주차 공간이 충분한 희방사 제3주차장이다. 희방사역에서 100m 정도 올라가면 천하대장군과 지하여장군 장승을 만나게 된다. 이곳에서 죽령 옛길 걷기 구간이 본격적으로 시작된다.

아름다운 숲길을 걸어 올라가다 보면 죽령 옛길과 관련된 이야기를 적은 안내판도 발견할 수 있다. 『삼국사기』와 『동국여지승람』 등에서 찾아볼 수 있는 죽령에 대한 이야기와, 삼국시대 때 고구려의 온달 장군이 전투를 벌였던 이야기, 주막거리 터 이야기, 신라의 화랑 죽지와 관련된 이야기 등 전설과 역사 이야기부터 낙엽송에 대한 슬픈 이야기까지 안내판을 따라 읽다 보면 산책을 나선 것처럼 이야기 속으로 빠져들게 된다.

오랜 역사만큼 죽령은 역사 속 격전장이기도 했다. 삼국시대에는 고구려의 국경으로 신라와 치열한 싸움이 벌어지기도 했다. 삼국사기에 고구려 영양왕 1년(서기 590년) 명장 온달장군이 왕께 자청하여 군사를 이끌고 나가면서 "죽령 이북의 잃은 땅을 회복하지 못하면 돌아오지 않겠다"는 등의 기록으로 보아 당시 죽령이 얼마나 중요한 요충지였는지 짐작할 수 있다.

희방사역을 출발할 때는 평탄했던 길이 조금씩 가팔라지기 시작하면 숲 속에

하늘을 가릴 정도로 원시림이 우거진 죽령 옛길

석축만 남아 있는 옛 주막거리 터에 이른다. 과거를 보기 위해 길 떠난 선비나 관원들, 장터를 찾아가는 장돌뱅이들이 고개를 넘기 전에 쉬어가고, 고단한 몸을 쉬며 하룻밤 묵는 주막이 있었던 주막거리 터 입구에서 잠시 휴식을 취하는 것도 좋다.

소백산 제2연화봉과 도솔봉이 이어지는 잘록한 지점에 자리한 해발 689m의 죽령 고개는 문경새재 추풍령과 함께 영남지방과 기호지방을 연결하는 3대 관문 중의 하나다. 이중 죽령은 구름도 쉬어 넘는다는 강원도 철령보다 4m가 높고 문경새재보다도 100여 미터가 더 높다. 삼국사기에 '아달라왕 5년(서기 158년) 3월에 비로소 죽령길이 열리다'라는 기록이 있고, 동국여지승람에도 '아달라왕 5년에 죽죽(竹竹)이 죽령길을 개척하고 지쳐서 순사(殉死)했고, 고갯마루에는 죽죽을 제사하는 사당(竹竹祠)이 있다'고 적고 있다.

죽령 옛길은 삼림욕을 하듯 천천히 걸으며 이야기 속으로 빠져들 수 있는 매력을 지니고 있다. 코스가 길지 않고 숲이 울창해 사계절 다른 매력을 뿜어내는 곳이기도 하다. 생태보전과 생태탐방로를 연상케 하는 안내판과 숲과 나무에 대한 설명도 친절하게 되어 있어 가족끼리 산책을 즐겨도 좋고 소백산 등산코스와 연계해서 산행을 즐겨도 좋다.

죽령휴게소에서 바라본 소백산 자락

여행 스케줄

1일차 서울 – 풍기 – 점심식사(인삼갈비탕) – 희방사 주차장 – 희방사역 – 죽령 입구 – 사태골 – 시메골 – 죽령휴게소 – 풍기온천 – 저녁식사(한우고기) – 옥녀봉 자연휴양림 – 숙박

2일차 아침식사 – 풍기인삼시장 – 소수서원 – 선비촌 – 점심식사(산채정식, 묵밥) – 풍기 – 서울

여행지 정보

희방폭포 소백산 희방사지구에서 5분 정도 산길을 올라 고개를 넘자마자 아름다운 희방폭포가 모습을 드러낸다. 높이 28m에서 떨어지는 웅장한 폭포는 파란 이끼와 하얀 물보라가 어우러져 장관이다.

희방사 희방폭포에서 조금만 더 걸어가면 희방사가 있다. 희방사는 신라 선덕여왕 12년(643)에 두운조사가 창건한 사찰이다. 호랑이가 은혜 갚은 절이라고 해서 절 이름도 은혜를 갚아 기쁘다는 희(喜), 두운조사의 참선방이란 것을 상징하는 방(方)을 써서 희방사라 했다. **문의** 638–2400

금선정, 비로사 금선계곡(풍기읍 금계2리, 장선리)에는 수령 500년 넘는 소나무와 기암괴석, 맑은 물이 어우러져 멋진 풍치를 만들어낸다. 그 아름다운 풍치를 바라보는 금선대 위에 금선정이 오롯이 앉아 있다. 금선대(錦仙亭)라는 이름은 조선 인조 때 인물로, 풍기를 대표하는 유학자 금계 황준량의 호를 따서 붙인 것이다. 금선정에서 비로봉 쪽으로 오르면 통일신라시대의 천 년 고찰 비로사를 만날 수 있다. **문의** 비로사 636–5011

풍기인삼시장 풍기 하면 떠오르는 특산물이 인삼, 사과, 한우 등이다. 특히 풍기인삼은 여느 지방 인삼보다 향이 강하며, 유효 사포닌 함량이 높다. 풍기에는 풍기인삼시장을 비롯하여 약초가 많다. 사과는 가는 곳마다 길거리에서 손쉽게 구입할 수 있다. **문의** 관리사무실 636–7948

Travel info

가는 길

자가용 서울→경부나 중부고속도로→신갈이나 호법에서 영동고속도로 이용→만종JCT에서 중앙고속도로 이용, 풍기IC로 나와 풍기 시내 방향으로 우회전한다. 5번 국도를 만나 단양·죽령 방향으로 8.5km 정도 가면 희방사 입구 주차장.

기차 중앙선 무궁화호는 청량리역에서 출발한다(06:00~21:00, 1일 8회, 3시간 30분 소요). 희방사역에서 정차하는 무궁화호는 1회 운행(청량리역에서 오전 8시 출발)하며, 풍기에서 희방사행 군-내버스(1일 13회, 20분 소요)를 이용하면 된다.

맛집 순흥에서는 순흥묵집(묵밥, 634–4614), 청다리옛집(콩나물밥, 633–4288)이 괜찮다. 풍기읍 게서는 인삼갈비(635–2382), 칠백식당(백반, 936–5601), 약선당식당(인삼정식, 638–2728), 인천 식당(청국장, 636–3224) 등이 괜찮다. 간식으로 정도너츠(636–0067)가 맛있다. 부석사에서는 종점식당(토속 음식, 633–3606)이 괜찮다.

숙박 영주시 봉현면 두산리에 옥녀봉 자연휴양림(639–6543, oknyeobong.yeongju.go.kr)이 있다. 울창한 숲 속에 조성되어 삼림욕을 즐기기에 그만이다. 군데군데 작은 오솔길이 있어 자연을 벗 삼아 산책하기에도 좋다. 풍기읍 성내리의 풍기인삼관광호텔(637–8800)을 비롯하여 새로 지은 모텔이 많다. 관광지 주변의 민박집을 이용해도 좋다.

마음도 쉬어 넘는 호젓한 오솔길
영주 고치령

잊혀진 고치령 길. 역사의 흔적이 아직도 오롯이 남아 있지만 북적거리던 옛 모습은 이제 찾아볼 수 없다. 간간이 산간마을 사람들이 들락거리거나 백두대간 종주자들이 들를 뿐. 그래도 숨겨진 길처럼 호젓한 고치령의 풍광은 참으로 아름답다. 영남의 보부상들과 충청도의 장사꾼들이 넘던 마구령과 부석사도 아름답다. 글 | 사진 유철상

영주에서도 숨겨진 아름다운 길로 통하는 고치령은 길이 좁고 나무가 울창하여 고개가 아늑하다. 길옆 숲가에 장승 서성이며 고개를 지나는 사람들을 바라보고 있다.

고치령은 소백산 줄기와 태백산 줄기 사이에 있는 고개로, 소백산 줄기가 끝나고 태백산 줄기가 시작되는 곳이다. 옛날부터 소백산과 태백산 사이는 양백지간(兩白之間)이라 하여 특별히 여겼다. 큰 난리를 피할 수 있는 십승지의 대명사로 여겨져 왔으며 이곳에서는 인재도 많이 나왔다. '인재는 소백과 태백 사이에서 구하라(求人種於兩白)'는 말이 있었을 정도이니 얼마나 인재가 많았지 쉽게 짐작할 수 있다.

영주 단산면 좌석리. 부석사 못 미처 꺾어지는 소백산 연화동 계곡 바로 옆으로 고치령길이 놓여 있다. 첫머리는 강원도 심산의 계곡길이다. 바위계곡 옆으로

 ☆ 걷기좋은계절 **봄, 가을**   ☆ 난이도 ★ ★ ★

21 영주 고치령 [22.38km, 6시간 20분]

풍기 —1.3km/40분→ 마석리 —0.9km/20분→ 연화1교 —3.1km/50분→ 연화3교 —0.8km/20분→

고치령 표지석(성황당) —7.6km/2시간 40분→ 마구령 —4.9km/1시간 10분→ 갈곶산 —1.5km/20분→ 부석사

소나무들이 촘촘히 박혀 있어 운치 있지만 계곡 옆으로 길을 넓히는 공사를 하느라 약간 어수선하다. 계곡을 가로지르면 호젓한 숲길이 터진다. 등산로처럼 좁지 않고 승용차가 다닐 만큼 넓다. 가을볕에 잘 다져진 흙길이 대부분이지만 경사가 급한 아리랑길에는 시멘트 포장도 되어 있다. 쭉쭉 뻗은 파스텔톤의 잎갈나무들이 푸른 침엽수와 대조를 이룬다. 화려하지 않지만 수채물감이 한지에 뚝 떨어져 은은하게 번진 것처럼 단풍이 곱고 환하다. 나무 끝에 가을이 걸려 있는 오솔길 사이로 터진 하늘이 눈 시리게 푸르다.

긴 호흡에 느린 걸음으로 만나는 숲길은 지루하지 않다. 나무들도 제각각 표정이 있는 데다. 그 사이를 오가는 다람쥐와 청솔모의 모습이 정겹기 때문이다. 때론 쭉쭉 뻗은 낙우송 틈새로 소백 능선이 아스라이 보인다. 파도처럼 일어섰다 다시 숨을 죽이며 산꼬리를 겹치는 수많은 산들. 시작과 끝을 알 수 없는 그 많은 산들이 산허리를 포개서 만든 능선이 바로 고치령까지 이어져 있다.

고치령은 마구령. 죽령과 함께 소백산을 넘는 세 고갯길 중 하나였다. 그러나 양남지방에서 서울로 들어가는 관문 역할을 했던 죽령과 달리 장돌뱅이나 인근 주민들이 넘나들던 소박한 고개이다. 수많은 민초들의 땀과 바람과 눈물과 한숨과 아픔이 묻어 있는 고개인 것이다. 그러나 민초들의 이야기만 지켜본 것

좌 고치령 정상의 장승들 **우측 위** 고치령 정상에 표지석이 있다. **우측 아래** 고치령 오솔길 옆으로 계곡이 흐른다.

고치령 정상에는 태백산신과 소백산신을 함께 모셨다는 성황당이 있다. 불에 타 없어져 버렸던 성황당을 다시 복원해 놓았다. 고치령의 산신을 모신 성황당은 영험한 곳으로 소문이 나 산 아랫마을 사람들의 지성도 대단했고, 타지에서도 무속인들이 많이 찾아와 기도를 올린다고 한다.

은 아니다. 단종과 금성대군 그리고 그들을 따르던 많은 이들의 죽음을 지켜본 슬픈 고개이기도 하다. 이 고갯길은 영월과 순흥을 잇는 가장 가까운 길이었다. 영월에는 단종이 유배되어 있었고, 순흥에는 수양대군에 저항하던 금성대군이 유배되어 있었다. 그들은 고치령을 오가며 연락을 주고받았다. 그러나 복위운동을 준비하던 중 거사가 발각되어 모두 죽임을 당했다. 단종과 금성대군뿐 아니라 고갯길을 넘나들던 이들 모두 죽임을 당한 것이다. 그것을 아파하여 민초들은 지금도 고치령에 산신각을 세우고 단종을 태백산의 산신으로, 금성대군을 소백산의 산신으로 모시고 있다.

소백산은 조선조의 유명한 풍수지리가이며 실학자인 격암 남사고가 죽령을 지나다가 이 산을 보고 '사람 살리는 산'이라고 말하며 말에서 내려 절을 하였다는

소나무가 울창하게 우거진 고치령은 호젓한 오솔길이다.

산이다. 그러니 소백산이 '사람 살리는 산'이라 불린 것은 당연하다.

성황당에서 능선길을 따라 걷는 길은 소백산의 속살을 한눈에 볼 수 있는 구간이다. 능선길을 한참 걷다 보면 마구령이 나온다. 경북 영주시 부석면 남대리와 임곡리를 남북으로 이어주는 고개다. 장사꾼들이 말을 몰고 장사를 다녔던 길이라고 하여 마구령이라 불렀다고 한다. 이곳에도 단종과 금성대군의 가슴 아픈 이야기가 남아 있다. 마구령 북쪽의 남대리는 '정감록'에서 이르는 십승지지 가운데 한 곳이자, 남사고가 양백지간에 있다던 숨겨진 명당에 자리한 마을이다. 첩첩 산줄기에 둘러싸여 있으면서도 펑퍼짐한 너른 터가 있어 순흥으로 유배 왔던 금성대군이 이곳에서 단종 복위를 위하여 병사를 양성했다고 한다. 마구령을 넘으면 마락리 마을이 나타난다. 한때는 소백산을 넘는 지름길로 박가분을 파는 방물장수나 봇짐을 짊어진 보부상들이 들락거렸다지만 이제는 잊혀가고 있다. 마구령을 넘어 오솔길을 걸으면 부석사가 나온다. 부석사에서 맞는 노을은 소백산의 아름다움을 함축시켜서 보여주는 것만 같다. 시간이 허락한다면 노을 내리는 풍경 사이로 범종각에서 사물을 울려 하루를 마감하는 광경을 지켜보라. 엄숙하고 성스러운 기운이 몸속 깊이 파고드는 것만 같은 희열을 느낄 수 있다.

부석사와 소백산 자락이 펼쳐지는 풍경

1일차 서울 – 풍기 – 점심식사(인삼갈비탕) – 좌석리 – 연화리 – 연화교 – 고치령(성황당) – 마구령 – 마락리 – 부석사 – 저녁식사(부석사 식당촌, 산채정식) – 선비촌 – 숙박
2일차 아침식사 – 풍기인삼시장 둘러보기 – 소수서원 – 선비촌 – 점심식사(산채정식, 묵밥) – 풍기 – 서울

여행스케줄

부석사 부석사 무량수전 바로 앞 안양루에 서면 소백 능선이 한눈에 들어온다. 무량수전 뒤편에는 부석사 유래를 간직한 부석(浮石)이 있다. 부석사를 세운 의상대사를 사모하다 바다에 뛰어들어 용이 된 선묘낭자가 거대한 돌을 띄워 나쁜 무리들을 물리쳤다는 전설이 내려온다.

문의 633-3464

소수서원 한국 최초의 사액서원으로 1543년(중종 38년) 풍기군수 주세붕이 고려의 유학자 안향을 모시고 제사하기 위해 서원을 세웠다. 1550년 이황이 풍기군수로 부임하여 왕의 친필로 소수서원 (紹修書院)이라는 액(額)을 하사받았으니 소위 사액서원의 시초였으며, 이로써 나라가 인정하는 사학이 되었다. 소수서원은 수백 년 묵은 소나무숲이 특히 아름답다.

선비촌 순흥 선비촌의 핵심을 이루는 12채의 고택은 영주시 관내 여러 마을에 흩어져 있던 기와 집과 초가집의 본디 모습을 되살려 지었으며 입신양명(立身揚名), 거무구안(居無求安), 우도불우 빈(憂道不憂貧) 등의 선비정신을 표현하고 있다. 5채는 가족 관광객들이 숙박할 수 있도록 개방 하고 있다. 또 고택에 따라 윷놀이, 제기차기, 장작 패기, 지게지기, 새끼꼬기 등 전통문화를 체험 할 수 있는 다양한 행사가 개최된다.

풍기온천 2002년에 풍기읍 창락리에 개장한 온천이다. 수질이 좋아 목욕을 하고 나면 금세 피부 가 미끈거린다. 오래전부터 계곡물 근처에서 달걀 썩은 냄새를 풍기는 물이 솟아났는데, 주민들이 피부병 등을 치료했다고 한다. 불소가 다량 함유된 알칼리성 온천으로, 국내에서 몇 안 되는 유황 온천이다. **문의** 639-6911, www.sobaeksanpunggispa.or.kr

가는 길

자가용 서울→경부나 중부고속도로→신갈이나 호법에서 영동고속도로 이용→만종JCT에서 중 앙고속도로 이용, 풍기IC로 나와 풍기 시내 방향으로 우회전한다. 순흥을 지나면 좌석리 삼거리에 서 좌회전한다. 저수지를 지나면 고치령 입구인 연화교가 나온다.

기차 중앙선 무궁화호는 청량리역에서 출발한다(06:00~21:00, 1일 8회, 3시간 30분 소요). 풍기 에서 부석사행 군내버스(1일 20회, 30분 소요)를 이용하면 된다.

버스 동서울터미널에서 영주행 버스(1일 30회, 소요시간 3시간) 이용.

맛집 고치령 입구는 번듯한 식당이 없다. 931번 지방도를 따라가다 맛집을 만날 수 있다. 순흥묵 집(634-4614)은 조밥과 함께 양념한 묵을 썰어 내놓는 집으로 제법 이름난 곳이다(3500원). 부 석사 관광단지 내의 종점식당(633-3606)은 산채비빔밥과 산채백반이 맛있다. 백반이나 비빔밥 을 시키면 구수한 청국장이 따라나온다(백반 6000원, 비빔밥 5000원). 풍기읍에서는 인삼갈비 (635-2382), 인천식당(청국장, 636-3224) 등이 괜찮다. 간식으로 정도너츠(636-0067)가 맛있다.

숙박 숙소 역시 대부분 민박. 좌석리와 부석사 관광단지 내에는 민박집이 없다. 코리아나호텔 (633-4445)이 좋다. 소수서원 옆의 선비촌에서 고택 체험을 즐기는 것도 좋고 풍기읍 성내리의 풍기인삼관광호텔(637-8800)을 비롯하여 새로 지은 모텔이 많다. 관광지 주변의 민박집을 이용 해도 좋다.

벼랑길에 남아 있는 역사의 흔적
문경 토끼비리길

문경에는 소중한 옛길이 여러 곳 있다. 그중에서도 토끼비리길은 옛길의 모습을 가장 잘 간직하고 있는 길로 꼽힌다. 천길 벼랑길을 아슬아슬하게 걸으며 한양과 영남을 오갔을 옛사람들을 떠올려본다. 진남교반의 가슴 시린 풍광도 토끼비리길을 더욱 빛나게 해주는 중요한 포인트다. 토끼비리길은 누구에게나 좋은 여행지이지만, 역사를 사랑하는 이들에게는 더욱 특별한 곳이다. 글 | 사진 채지형

문경의 토끼비리는 우리나라의 대표적인 옛길이다. 구구절절 이어진 벼랑길에는 사연과 시간이 고스란히 남아 있다. 그래서 토끼비리를 걸을 때는 과거로 떠나는 상상여행을 준비해야 한다.

토끼비리는 오정산 중턱의 절벽을 깎아 사람이 지나다닐 수 있게 만든 길로, 폭이 겨우 1m 정도 되는 벼랑길이다. 옛날 장원급제를 꿈꾸며 과거길을 떠난 선비들은 문경새재에 오르기 전, 험하디험한 이 벼랑길을 목숨 걸고 넘어야 했다.

토끼비리의 '비리'는 '벼루'의 경상도 방언으로 '벼랑'과 비슷한 뜻을 가지고 있다. 토끼비리란 토끼 한 마리가 지나갈 정도로 좁은 벼랑길이라는 뜻. 이름대로 구절양장길이 이어진다. 그래서 토끼비리는 영남대로에서 가장 험한 구간이자, 영남대로 옛길 중 원형이 가장 잘 보존된 곳으로 꼽힌다. 이런 이유로 토

 ✿ **걷기좋은계절** 봄, 여름, 가을   ✿ **난이도** ★ ★ ★ ★

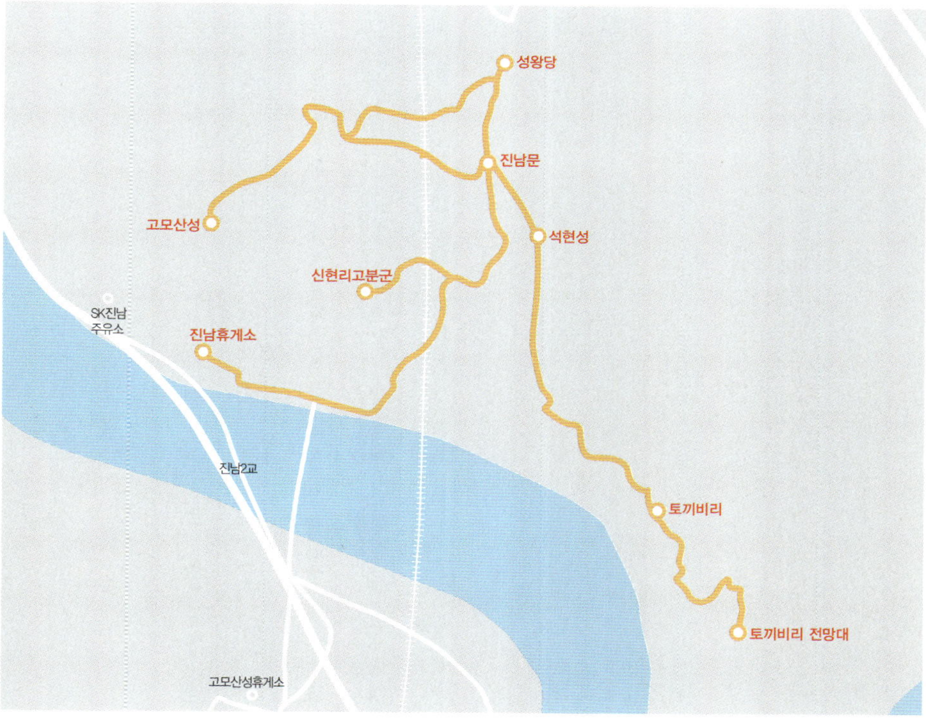

성왕당
진남문
고모산성
석현성
신현리고분군
SK진남
주유소
진남휴게소
진남2교
토끼비리
고모산성휴게소
토끼비리 전망대

㉒ **문경 토끼비리길 [2.6km, 1시간 55분]**

문경 —10km 버스로 20분→ 진남휴게소 —500m 15분→ 고모산성 —500m 25분→ 토끼비리 —350m 25분→ 석현성 —200m 10분→

성왕당 —380m 22분→ 고모산성 정상 —350m 10분→ 신현리 고분군 —300m 10분→ 진남휴게소 —10km 버스로 20분→ 문경

끼비리는 명승 제31호로 지정되기도 했다.

'토끼비리'라는 재미있는 이름의 유래는 『신증동국여지승람』에서 찾을 수 있다. 이 책에 따르면 고려 태조 왕건이 견훤의 후백제를 치기 위해 고모산성 부근에 도착했는데, 이곳에 이르러 길이 막혀서 진퇴양난의 상태에 빠지게 되었다. 그때 어디에선가 홀연히 토끼 한 마리가 나타나 벼랑을 타고 달아나는 것을 보고, 그 토끼가 간 길을 따라가서 무사히 위기를 모면하게 되었다고 한다. 그때부터 이 길은 '토천(兎遷)', 다시 말해 토끼가 달아난 벼랑길이라고 불리기 시작한 것이다.

토끼비리에 가기 위해서는 먼저 진남휴게소를 찾아야 한다. 진남휴게소 뒤편에 있는 산길 표지판을 따라 올라가다 보면 토끼비리를 만날 수 있다. 토끼비리로 가는 초반부는 싱그럽다. 푹신한 나뭇잎들이 발걸음을 가볍게 해주고 나뭇잎 사이로 떨어지는 한 줄기 빛도 아름답기 그지없다. 그러나 길을 따라가다 보면 '토끼비리'라는 이름이 괜히 붙은 게 아니라는 사실을 깨닫게 된다. 좁고 위험하고 불편하다. 엉금엉금 기어서 넘어갔다던 옛사람들의 상황보다는 낫지만 쉽게 만날 수 없는 위험한 길이다. 이런 험한 길을 누가 갔을까 싶지만, 토끼비리는 길 자체로 세월을 보여준다. 바위가 마치 갈아놓은 것처럼 반질반질

위풍당당한 진남문

역사와 문화가 흐르는 길

◎ 토끼비리길, 조심 또 조심!

아이들과 함께 토끼비리를 걷는다면 각별히 조심해야 한다. 특히 비나 눈이 와서 낙엽이 젖어 있으면 발이 미끄러질 수 있으니 준비를 철저히 해야 한다. 땀을 흘릴 정도로 걷고 싶다면, 토끼비리와 함께 오정산 등산을 하는 것도 좋은 선택이다. 간단한 먹거리는 출발 전 진남휴게소에서 해결할 수 있다.

하다. 그런 돌을 보고 있노라니 이 길을 분주하게 오갔을 선비들과 보부상들의 발걸음 소리가 들리는 것 같은 환청에 빠진다.

토끼비리를 걸을 때는 정신을 바짝 차려야 한다. 안전을 위해 시에서 데크를 설치하고 로프를 연결해놓기도 했으나, 오른쪽으로 펼쳐진 수십 길 절벽으로 발을 헛디딜 수도 있으니 꼭 조심해야 한다.

토끼비리가 유명한 또 다른 이유는 진남교반에 있다. 진남교반은 경북팔경 중 으뜸으로 꼽히는 곳으로, 영강의 물줄기와 오정산의 산줄기가 어우러져 아름다운 풍광을 연출한다. 세월에 따라 차례로 지어진 철교와 구교, 신교 등 3개의 다리가 나란히 놓여 있어 시간의 흐름을 한 자리에서 만나게 된다.

아슬아슬한 토끼비리를 다시 돌아오면 성벽길이 나오고, 그 길을 따라 더 걸으

걷기 편하도록 데크가 깔려 있는 신현리 고분군

위에서 내려다본 고모산성. 유려한 곡선이 아름답다.

면 4세기 말 신라가 영토 확장을 시도하던 시기에 축성된 고모산성이 등장한다. 성의 길이는 약 1.6km이며, 성벽 높이는 2~5m, 너비는 4~7m에 이른다. 대대적인 복원작업을 거쳐 산성의 웅장함을 되찾았으나, 세련된 산성의 모습에서 1500년 전의 시대를 떠올리기는 쉽지 않다.

고모산성 안으로 들어가면 오른쪽에 주막거리가 나타난다. 문경의 마지막 주막인 영순주막과 예천의 삼강주막을 복원해 놓은 것으로, 초가지붕이 정겹게 여행자를 맞는다. 조금 더 안쪽으로 들어가면 성황당이 보이는데, 그 성황당에 닿기 바로 전 왼쪽으로 난 길을 따라가면 성에 오를 수 있다. 이곳에서 내려다보는 모습은 토끼비리에서 보는 진남교반과 또 다른 느낌을 안겨준다. 어디에서 오는지 모를 신비한 에너지가 바람과 함께 가슴속을 파고든다.

고모산성에서 진남휴게소 방향으로 내려오다 보면 오른쪽에 신현리 고분군이 펼쳐져 있다. 이곳에는 6세기 무렵에 축조된 것으로 추정되는 무덤 수십여 기가 친절한 설명과 함께 자리하고 있다. 산책하기 편리하게 나무데크로 연결되어 있어, 여유롭게 걸으며 시간여행을 마무리하기에 좋다.

고모산성에서 본 진남교반. 세월의 흐름이 느껴진다.

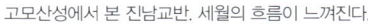

여행 스케줄

1일차 서울 – 문경 – 토끼비리 – 고모산성 – 신현리 고분군 – 저녁식사

2일차 아침식사 – 문경 철로 자전거 – 불정 자연휴양림 – 짚라인 체험 – 서울

여행지 정보

문경 철로자전거 문경 철로자전거는 국내 최초의 철로자전거로, 자연스럽게 문경의 역사와 풍광을 만날 수 있는 교육적인 체험 프로그램이다. 진남교반 주변에 있어 경치가 좋고 운치가 있다. 진남역에서 출발해서 불정역을 돌아오는 왕복 4km 코스부터 불정역, 가은역에서 출발하는 코스까지 총 4개의 코스가 운영되고 있다. 연인끼리 여행을 하거나 아이들과 함께 여행한다면 꼭 해볼 만하다. **문의** 553-8300, www.mgtpcr.or.kr

짚라인 체험장 어렸을 때 타잔을 꿈꾼 적이 있다면 놓치지 말아야 할 체험이다. 짚라인은 양편의 나무 사이로 튼튼한 와이어를 설치한 후 와이어를 타고 반대편으로 빠르게 이동하는 레포츠로, 자연 속에서 스릴을 만끽할 수 있는 어드벤처 프로그램이다. 숲에 사는 다양한 동식물에 대한 설명도 들을 수 있어 교육적으로도 좋다. **문의** 1588-5219, www.zipline.co.kr

불정 자연휴양림 해발 487m의 산기슭에 위치하고 있는 불정 자연휴양림은 편안한 산림욕을 즐기기에 적당한 곳이다. 활엽수림이 우거져 산책만으로 산림욕 효과를 누릴 수 있으며, 야영데크와 전망대, 게이트볼광장, 물놀이장 등 다양한 시설을 갖추고 있어 단체 여행객들에게도 인기가 높다. **문의** 553-4200, www.mgtpcr.or.kr

Travel info

가는 길

자가용 중부내륙고속도로를 타고 문경새재IC에서 상주·문경 방면 우측으로 진행한 후 3번 국도를 이용한다. 약 7km 지점에서 좌회전하면 진남휴게소다.

버스 강남고속버스터미널→영천시외버스터미널(1일 3회, 4시간 소요)

문경시외버스터미널에서 문경새재(1일 13회 40분 간격운행, 약 15분 소요)

맛집 진남교반 주변에 있는 진남 매운탕(매운탕, 552-7777, www.jinnam.com)에서는 영강 민물고기로 끓인 매운탕을 맛볼 수 있다. 문경 약돌한우타운(육회, 숯불구이, 572-2655), 소문난식당(도토리묵조밥, 572-2255)도 맛집으로 유명하다.

숙박 가족단위로 여행을 한다면 불정자연휴양림(552-9943)을 추천할 만하다. 예인과 샘터 펜션(010-6211-4643, www.yein-semter.com)은 고즈넉한 시골마을의 풍경이 아름다운 펜션이며, 평범하지만 깔끔한 킹모텔(571-5558)은 굿스테이로 선정된 숙소다.

청운의 꿈을 품은 선비들이 걷던 길

문경 문경새재 과거길

문경새재 과거길은 옛 선비들이 청운의 꿈을 품고 과거를 보러 가던 길이다. 그 길에는 설렘과 그들의 이야기가 고스란히 숨어 있다. '경사로운 소식을 듣는다'는 '문경(聞慶)'의 과거길에 오르던 선조들의 간절한 마음을 떠올리며, 어디에선가 파랑새를 발견할 수 있지 않을까 하는 작은 희망 하나를 품고 걸어본다. 글 | 사진 채지형

문경새재 과거길은 잘 다려진 한복 같은 길이다. 구석구석에 역사를 품고 있으면서 21세기를 역동적으로 살아가고 있기 때문이다. 한양으로 과거를 보러 가던 선비들의 꿈과 민초들의 땀이 서려 있는 문경새재 과거길. 지금은 흙냄새에 취해 고즈넉하게 걷고 싶은 여행자들에게 인기를 한몸에 받고 있지만, 그들의 이야기는 길 구석구석에 남아 있다.

문경새재가 처음 열린 것은 고려 태조 때. 조선시대에는 영남과 한양을 잇는 큰길, 영남대로로 활약했다. 한양의 문화와 문물이 영남에 퍼지기 전에 이 길을 거쳐야 했다. 이런 지리적인 이점 때문에 문경새재는 사회·문화·경제의 교

 걷기좋은계절 봄, 여름, 가을 ☆ 난이도 ★★

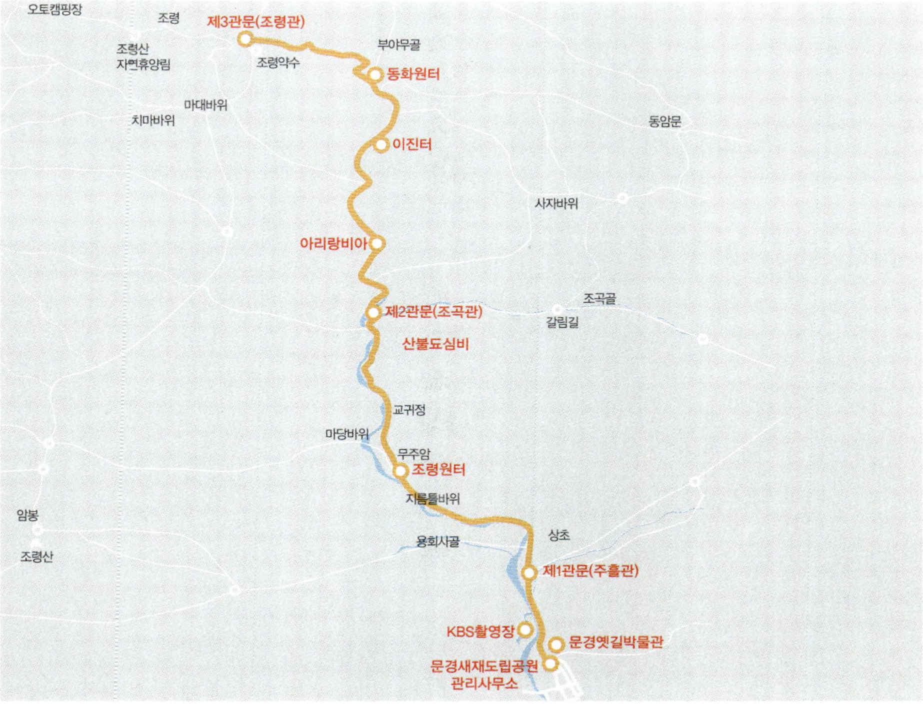

오토캠핑장
조령
제3관문(조령관)
조령산
자연휴양림
조령약수
부야무골
동화원터
마대바위
치마바위
이진터
동암문
사자바위
아리랑비아
조곡골
제2관문(조곡관)
갈림길
산불됴심비
교귀정
마당바위
무주암
조령원터
지름틀바위
암봉
용화사골
상초
조령산
제1관문(주흘관)
KBS촬영장
문경옛길박물관
문경새재도립공원
관리사무소

㉓ 문경 문경새재 과거길 [14km, 4시간 20분]

문경 공영버스터미널 —4.7km 차로 10분→ 문경새재 관리사무소 —500m 5분→ 주흘관 —1.5km 25분→ 마당바위

—1.5km 25분→ 조곡관 —2.3km 50분→ 동화원터 —1.2km 20분→ 조령관 —3.5km 1시간 20분→ 조곡관 —3km 50분→

주흘관 —500m 5분→ 관리사무소 —4.7km 차로 10분→ 버스터미널

위 제3관문인 조령관 앞 호젓한 길 **아래** 과거를 보러 가던 선비들을 상상하며 걷는 문경새재 과거길

류지라는 중요한 역할을 해왔다. 알록달록한 배낭 대신 괴나리봇짐을 멘 장돌뱅이와 청운의 꿈을 안고 길에 오르던 선비들로 한적한 길이 북적였을 것이다. 문경새재 과거길을 걷기 위해 지도를 펼쳐든다. 매표소에서 첫 번째 관문인 주흘관까지는 500m, 여기에서 제2관문인 조곡관까지는 약 3km, 제2관문에서 제3관문 조령관까지는 약 3.5km 거리다. 매표소에서 제3관문까지 가는 데 2시간이 넘게 걸린다.

거리는 만만치 않아 보이지만 걷기에 그다지 어렵지 않다. '새도 날아서 넘기 어려운 고개'라고 해서 '새재'라는 이름을 얻었지만, 지금은 길이 잘 다듬어져 있어 남녀노소 누구나 힘들지 않게 걸을 수 있다. 경사가 높지 않고 부드러운 흙길이 이어져 가볍게 산책하는 기분으로 걷기를 즐길 수도 있으며, 컨디션이 그다지 좋지 않다면 제2관문까지만 걷는 것도 나쁘지 않다.

문경새재 과거길 걷기 여행의 본격적인 출발은 제1관문인 주흘관이다. 적을 방어하기 위해 1708년에 완공된 주흘관은 3개의 관문 중 규모가 가장 크다. 주흘관을 지나면 길의 안녕을 기원하는 서낭당이 여행자를 맞는다. 돌을 하나 얹고 두 손을 잠시 모은 후 다시 길을 간다. 이번에는 드라마 '태조 왕건'을 촬영했던 KBS 촬영장이 발길을 잡는다. 이 세트장은 국내 최대 규모의 촬영장이다. 약 6만여 평의 부지에 기와집과 왕궁과 초가 등 약 130여 동이 넘는 건물이 지어져 있다.

촬영장을 지나면 조령원터와 주막, 교귀정이 차례로 등장한다. 조령원은 관에서 운영하던 숙박지로, 지금은 형체만 남아 있다. 교귀정은 관찰사들이 취임식을 하고 업무를 인수인계 받던 곳으로 당시의 위엄이 그대로 서려 있다. 장돌뱅이들의 삶과 눈물이 서려 있을 옛 주막터도 정겹게 자리를 지키고 있다. 조선 정조 때 만든 '산불됴심비'는 현재와 과거를 이어주며 묘한 기분을 안겨준다. 정조 때 만들어진 비석이지만 산불에 대한 우려는 그때나 지금이나 마찬가지이기 때문일 것이다.

산불됴심비를 지나고 나면 제2관문인 조곡관이 늠름한 자태를 드러낸다. 조곡

◎ 문경새재도립공원

좌 조령원터에서 바라본 문경새재길 **우** 사극 세트장인 KBS 촬영장

관은 기암절벽을 굽어보며 서 있는 위풍당당한 요새로, 조곡관을 지나면 약수 터가 나타난다. 오랜만의 운동으로 벌겋게 달아오른 얼굴과 박동 수가 늘어난 심장을 위해 시원한 조곡약수를 한 사발 들이킨다. 시원함이 온몸으로 퍼지고 어디에선가 에너지가 마구 솟아오르는 것이 느껴진다. 그리고 굽이굽이 나 있 는 길가에 울창하게 뻗은 잣나무와 굴참나무, 소나무, 층층나무 등 여러 나무 들도 눈에 들어오기 시작한다.

조금 더 걷다 보면, 문경새재 아리랑비가 나타난다. '아리랑 고개 올라가면 30 리요 내려가도 30리라/ 60리를 당도하니 큰 새재 다 넘어가는구나/ 오라는 님 은 아니 오고 나 혼자 넘어가는구나' 고향생각을 하며 애절하게 고개를 넘었던 선조들을 떠올려본다.

아리랑 가사를 오물거리며 가다 보면 색시폭포를 만나고, 색시폭포를 지난 후 에는 두 갈래 길로 나누어진다. 동화원을 거쳐서 가는 길과 장원급제길이 있는 데, 동화원길은 넓고 장원급제길은 좁다. 둘 다 맛이 다르기 때문에 올라갈 때 는 동화원길로, 내려올 때는 장원급제길로 내려오자.

마지막 관문인 조령관까지는 경사가 심해 조금 힘이 들 수도 있다. 이럴 때는 속도를 조금 늦추는 것이 좋다. 푸른 나뭇잎과 산들바람을 더 느껴보는 것이다. 잠시 눈을 감고 신선한 공기 속으로 빠져보자. 진정한 걷기 여행의 즐거움을 만 끽하다 보면 어느새 조령관 앞에 있는 자신을 발견하게 될 것이다.

마지막 제3관문인 조령관에 오르면 백두대간의 명산 조흘산과 조령산이 시원 하게 들어온다. 조령관 주변의 시비를 둘러보며 여유로운 시간을 보낸 뒤, 출 발했던 매표소로 다시 발길을 돌린다. 돌아가는 길의 발걸음은 훨씬 가볍고 산 뜻하다. 놓쳤던 옛 흔적들도 둘러보고 함께 걷는 친구와 이런저런 이야기도 나 누다 보면 어느새 옛 선조들의 삶이 가까이 느껴지고 몸과 마음도 한결 상쾌 해질 것이다.

1일차 서울 – 문경 – 문경새재 관리소 – 옛길박물관 – 저녁식사(약돌 돼지구이) – 숙박

2일차 아침식사 – 문경새재 과거길 걷기 – 문경종합온천 – 문경석탄박물관 – 서울

문경 옛길박물관 우리나라 옛길이 다 모여 있는 박물관으로 문경새재에 간다면 꼭 가봐야 할 박물관이다. 길과 관련된 우리의 문화상을 흥미롭게 펼쳐내고 있기 때문이다. 평소에 보지 못한 오래된 지도부터 엽전과 벼루와 붓, 표주박 등 괴나리봇짐에 들어 있었을 법한 아기자기한 물건들을 볼 수 있다. 또한 수백 년 전의 여행기와 풍속화도 볼 수 있다.

문의 550-8366, www.oldroad.go.kr

문경 석탄박물관 문경은 우리나라 석탄의 주요 생산지였다. 당시 문경의 모습을 담아놓은 곳이 문경 석탄박물관. 1994년 폐광이 된 은성탄광의 자리에 만들어진 박물관으로, 3층 규모의 중앙전시실과 야외전시장으로 구성되어 있다. 석탄의 이용과 변천에 대한 교육적인 내용부터 실제 장비들을 볼 수 있다. **문의** 550-6424, www.coal.go.kr

문경새재 유교문화관 문경의 유교문화와 풍류문화를 볼 수 있는 곳으로, 유교문화 체험실에서는 목판인쇄, 탁본체험을 해볼 수 있다. 선비의 생활에 대한 전시물과 함께 규방 문화생활에 대한 설명도 있다. 옆에는 문경도자기전시관이 있어, 함께 둘러보면 좋다.

문의 550-6769, yugyo.mungyeong.net

문경 종합온천 지하 900m 화강암층과 석회암층 사이에서 분출한 칼슘 중탄산천과 알칼리성 온천수로 걷기 여행을 마무리하기에 좋은 곳이다. 문경관광호텔에 묵는다면 할인권을 받을 수 있으니, 호텔에 꼭 문의하자. **문의** 571-2002, www.mgspring.com

가는 길

자가용 중부내륙고속도로 문경새재IC에서 나와 충주~문경새재 방면 좌측으로 나온 후 3번 국도를 이용한다.

버스 동서울종합터미널→문경버스터미널(1일 15회, 2시간 소요)

　　　　문경버스터미널에서 문경새재(100번 버스 하루 5회 운행, 200번 버스 하루 7회 운행)

맛집 문경새재 입구에 문경 특산물인 약돌돼지와 산채비빔밥을 내세운 음식점들이 밀집해 있다. 새재 입구의 새재할매집(약돌돼지 양념석쇠구이, 571-5600)과 소문난식당(도토리묵조밥, 572-2255)이 특히 유명하다. 문경온천타운 부근에는 새재산성(꿩샤브샤브집, 571-0892)이 인기가 많고, 새재가든(한우구이, 571-2030)과 솔밭(골뱅이국, 555-4676), 약돌 돼지샤브샤브(약돌 생샤브샤브, 556-7192), 토박이식당(버섯전골, 571-6540)도 널리 알려진 음식점이다.

숙박 새재 부근에서 묵고 싶다면 문경관광호텔(571-8001, www.mghotel.com)을 추천한다. 문경유스호스텔(571-5533)은 문경새재를 끼고 있는 유스호스텔로 자연 그대로를 느낄 수 있다. 이외에도 폐열차를 이용한 불정열차펜션(552-2356, pensiontrain.korail.com), 산속에 아침 펜션(010-4014-6767, www.sanmorning.com), 새재스머프마을(572-3762) 등이 있다. 저렴한 숙박시설은 새재 입구보다 문경온천타운 부근에 많다.

Part 03
경관이 아름다운 숨겨진 길

주산지 왕버들

강물 따라 산줄기 따라 휘휘 돌아가는 길

예천 회룡포 물길

예천 회룡포는 낙동강의 지류인 내성천이 마을을 355도로 휘감고 흐르는 물돌이 마을이다. 마을의 생김새가 표주박을 닮았다. 잘록한 표주박의 목이 육지와 간당간당 이어져 있다. 이 절묘한 풍경을 보려면 비룡산 회룡대에 올라야 한다. 자가용을 이용하면 삽시간에 회룡대에 갈 수 있겠지만, 산길 따라 물길 따라 천천히 걸어가 보는 것이 어떨까? 글 | 사진 김혜영

출발점은 회룡포 주차장이다. 순환코스이기 때문에 도착점이기도
하다. 주차장에 '회룡포전망대등산로'라 적힌 이정표가 있다. 이정
표가 가리키는 방향으로 길을 잡는다. 등산로 초입에 용주팔경시
비(龍州八景詩碑)가 있다. 이곳에서부터 장안사까지 1.7km 거리다.
장안사에 거의 도착할 무렵에 가파른 바윗길이 한 구간 있을 뿐 나머지 구간은
잔잔한 오르내림이 있는 흙길이다. 숲길이 두 사람이 나란히 걷기에 알맞다.
비룡산에는 소나무가 많아 가을이라도 초록빛이 짙다. 이따금 붉은 애기단풍
을 보면 임 본 듯 반갑다. 숲길엔 바싹 마른 낙엽보다 폭신한 솔잎이 가득하다.
오르막이 시작되면 제법 숨이 가쁘다. 이 길이 초행인 사람이라면 힘겹겠지만,
두세 번만 올라보면 난이도 하(下)쯤의 등산로라는 것을 알 수 있다. 등산로의
지형이 계단처럼 생겼다. 오르막을 오르는가 싶으면 평지가 나오고, 평지를 걸

 걷기좋은계절 봄, 가을 　　　　 난이도 ★★★

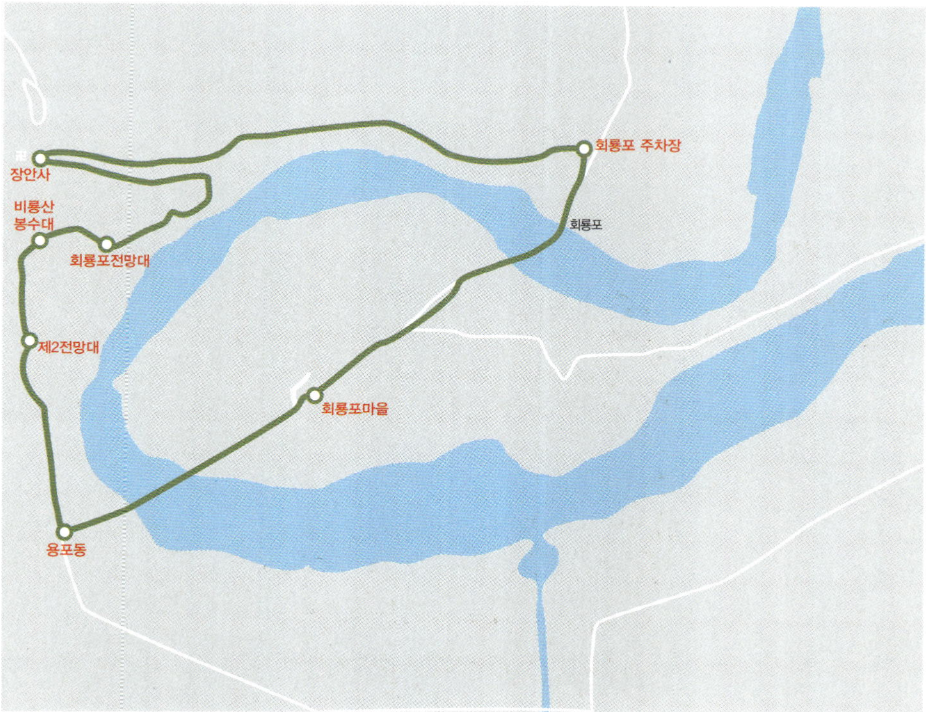

24 예천 회룡포 물길 [5.5km, 2시간 30분]

회룡포 주차장 →(1.8km / 1시간)→ 장안사 →(0.4km / 10분)→ 회룡포 전망대 →(0.2km / 5분)→ 비룡산 봉수대 →(1km / 40분)→

제2전망대 →(0.8km / 20분)→ 용포마을 →(0.5km / 10분)→ 회룡포마을 →(0.8km / 5분)→ 회룡포 주차장

는다 싶으면 오르막이 시작된다. 평지가 나타나는 지점엔 늘 두 개의 벤치가
놓여 있다. 힘든 산행은 아니지만, 간간이 나타나는 벤치는 가뭄에 단비 같은
존재다. 계단을 밟아 올라가듯이 차근차근 걸어 올라가다 보면 왼쪽 산비탈 아
래로 회룡포가 내려다보인다. 비룡산 정상 아래에 자리 잡은 장안사가 머지않
음을 짐작할 수 있다.

장안사가 약 400m 남은 지점부터 급경사의 비탈길이 시작된다. 이전까지의 숲
길이 잘 다져진 흙길이었다면 이후의 비탈길은 좁고 가파른 바윗길이다. 바위
고개를 넘어서면 내리막길이 시작되고, 이내 장안사가 보인다. 장안사는 통일
신라 때 의상대사의 제자인 운명대사가 세웠다고 전해온다. 전경이 한눈에 들
어올 만큼 아담한 사찰이다. 장안사를 되돌아 나와 회룡대로 향한다. 장안사에
서 회룡대까지 400m 거리로 나무계단이 놓인 오르막길을 올라가야 한다. 계
단이 끝나는 지점 아래에 회룡대가 있다.

회룡대에 올라서니 회룡포가 눈 안에 가득 찬다. 회룡포는 표주박 혹은 태극모
양이다. 표주박의 얇은 목 부분에 해당하는 모래톱을 한 삽만 뜨면 섬이 된다
는 표현이 딱 들어맞는 형상이다. 금빛 모래톱이 내성천 물길을 둥그렇게 감싸
고, 내성천이 다시 회룡포마을을 에워쌌다.

회룡대로 오르는 길은 풍광이 좋고 편한 길이다.

TIP

◎ 회룡포 가는 방법

회룡포 트레킹 코스는 초등학생의 이상의 아이도 무난하게 소화할 수 있어서 가족 트레킹 코스로 제격이다. 회룡포 주차장으로 오가는 대중교통편이 불편하므로 회룡포 주차장에서 용궁면까지 택시를 이용하는 게 낫다. 이왕이면 끝수가 4·9인 날에 열리는 용궁장날과 연계해서 찾는 것이 좋다.

회룡대에서 내려와 제2전망대로 향한다. 제2전망대로 가는 길은 회룡대로 가기 직전의 갈림길에서 오른쪽 길로 들어서야 한다. 제2전망대로 가는 길도 평탄한 흙길이라 걷기 편하다. 길이 조붓하고, 오가는 이가 적어서 산길의 호젓함을 만끽할 수 있다. 비룡산 봉수대를 지난 뒤로 두세 차례의 오르막이 나타나지만, 구렁이 담 넘듯이 슬렁슬렁 넘어간다.

갑자기 숲이 열리면서 시야가 트인다. 금세 제2전망대에 도착한 것이다. 광장처럼 넓은 산등성이에 조성된 제2전망대는 제1전망대인 회룡대보다 규모가 훨씬 더 크다. 회룡포의 풍광도 더 넓게 들어온다. 회룡포 전경을 바라보고 있으면 어두운 터널을 끝없이 달리다가 탈출한 느낌이 든다. 제2전망대에선 내성천이 회룡포를 감싸고 돌아나가는 모습을 좀 더 정확히 볼 수 있다.

회룡포로 들어가는 뿅뿅다리

제2전망대 왼쪽으로 용포마을로 하산하는 길이 이어진다. 제2전망대에서 용포마을까지는 0.8km 정도 소요된다. 내리막길이지만 경사가 완만해서 관절에 무리가 없다. 솔잎이 수북한 길을 걷다가 빛바랜 황토 빛깔의 낙엽길을 걷기도 한다. 이윽고 사림재 안내판이 보이면 용포마을에 거의 도착한 셈이다. 용포마을에는 네댓 채의 민가가 있다. 가을걷이가 끝난 마을은 쓸쓸한 적막감마저 든다. 용포마을에서 내성천만 건너면 회룡포마을이다. 최근에 용포마을과 회룡포마을을 잇는 뽕뽕다리가 새로 놓였다. 회룡포마을에 오래전부터 있던 뽕뽕다리보다 서너 배는 높고, 두 배 정도 길다. 구멍이 뽕뽕 뚫린 다리 아래로 내성천 물길이 흐른다. 물빛이 맑고 투명해서 물속의 모래톱이 고스란히 비친다.

뽕뽕다리를 건너온 길은 곧장 회룡포마을 안으로 이어진다. 현재 회룡포마을에는 아홉 가구가 산다. 주민들은 주로 농사를 지으며, 식당이나 민박을 치기도 한다. 회룡포마을을 벗어나 다시 내성천 뽕뽕다리를 건넌다. 이 다리가 '원조' 회룡포 뽕뽕다리다. 다리가 낮아 물이 붇기라도 하면 넘칠 정도다. 물속을 들여다보니 물고기들이 떼 지어 몰려다닌다. 유유히 흐르는 내성천에 비룡산 그림자가 어린다. 내성천 모래톱을 지나면 바로 주차장이다.

제2전망대에서 내려다본 회룡포마을 전경

1일차 서울 – 예천 용궁 시외버스터미널 – 회룡포 주차장 – 장안사 – 제1전망대 – 점심식사 (도시락) – 제2전망대 – 용포마을 – 회룡포마을 – 회룡포 주차장 – 용궁면 – 용궁장 – 삼강주막 – 용궁면 – 저녁식사(용궁순대, 오징어불고기) – 금당실마을 숙박

2일차 아침식사 – 금당실마을 – 초간정 – 용문사 – 점심식사(청포묵) – 예천우주천문과학관 – 서울

여행지
정보

삼강주막 현재 우리나라 유일의 주막으로 1900년경에 지어졌다고 한다. 주막이 지어진 당시에는 삼강나루를 왕래하는 사람들의 쉼터나 숙소 역할을 했다. 2006년 마지막 주모가 세상을 뜬 후 방치되었다가 2007년 예천군에서 관광지로 복원했다. 주막이 위치한 삼강나무에는 낙동강, 내성천, 금천의 세 물줄기가 만난다. **문의** 655–3132, www.3gang.co.kr

용궁장 용궁장은 끝수가 4, 9일인 날에 들어선다. 용궁시외버스터미널에서 걸어서 5분이면 용궁장에 갈 수 있다. 장의 규모가 크진 않지만 시골장 특유의 정겨움과 인정이 넘친다. 용궁순대가 유명해서 장날이면 장터 안의 순대 전문점들마다 문전성시를 이룬다.

용궁역 용궁면 읍부리에 있는 무배치 간이역이다. 경북선 무궁화호가 정차한다. 특별한 볼거리는 없지만 시골 간이역의 향수를 느끼기엔 충분하다. 용궁역 앞 박달식당의 순대국이 유명하다.

Travel
info

가는 길

자가용 중부고속도로를 타고 점촌함창IC로 나와 예천 방면으로 가다가 용궁면으로 빠진다. 용궁면에서 회룡포/장안사 이정표를 따라가면 된다.

버스 동서울터미널에서 하루 7회씩 운행하는 용궁행 시외버스를 이용한다. 용궁시외버스터미널에서 개포행 버스를 타고 항사 삼거리에서 하차한 후, 회룡포 주차장까지 약 40분 정도 걸어가야 한다. 개포행 버스는 대략 1시간 간격으로 운행한다. **문의** 동서울버스터미널 02–446–8000, 용궁버스정류소 653–6265, 예천시외버스터미널 654–3798

택시 용궁버스터미널에서 회룡포 주차장까지 택시를 타는 것이 낫다. 택시비는 1만 원 정도. 회룡포마을에서 나올 때도 택시를 타지 않으면 항사 삼거리까지 걸어 나와야 한다. **문의** 예천콜택시 653–4488, 654–8277

맛집 용궁면의 별미로는 전통방식대로 만든 용궁순대와 석쇠에 구운 오징어불고기가 유명하다. 용궁순대는 돼지막창을 이용하여 순대를 만들기 때문에 순대피가 두툼하고 쫄깃하여 식감이 좋다. 용궁면의 흥부네토종한방순대(653–6220), 단골식당(653–6126), 박달식당(652–0522)이 유명하다. 예천읍에 있는 백수식당(652–7777)의 예천참우로 만드는 육회비빔밥도 별미다.

숙박 예천은 숙박시설이 취약한 편이다. 예천읍에 있는 황금모텔(655–3456), 그랜드모텔(652–9000)을 이용하거나 전통한옥마을인 금당실마을(654–2222, geumdangsil.invil.org)에서 고택체험을 하는 것이 좋다. 예천천문우주센터(654–1710, www.portsky.net)에서 가족캠프 프로그램(4인 기준)을 이용하면 천문우주센터에서 숙박할 수 있다.

오래된 마을과 풍경 속을 거닐다

예천 십승지지 금당실길

금당실마을은 전란이 일어나도 피해를 입지 않는다는 십승지지(十勝之地)중 하나다. 새마을운동과
근대화로 인해 마을의 지형과 가옥의 모습은 변했지만, 아직도 1960~1970년대의 시골 풍경이 남아
있다. 마을 주변에는 옛 선인들이 풍류와 학문을 즐기던 유적과 문화재도 즐비하다. 오래된 마을 금
당실의 골목길을 찬찬히 거닐며 조선시대 속으로 시간여행을 떠나보자. 글 | 사진 김혜영

예천시외버스터미널에서 용문행 버스를 타고 하금 버스정류소에서 내린다. 버스가 가는 방향으로 10분 정도 찻길을 걷다가 왼쪽으로 먼 산을 바라보면 절벽 끝에 올라앉은 정자 하나가 보인다. 조선 말기인 1898년에 지어졌다는 병암정이다. 그 정자를 이정표 삼아 걷는다. 작은 다리를 건너고 논둑길을 지난다. 버스정류소에서 15분쯤 걸으면 병암정에 도착한다. 병암정은 이름대로 병풍 같은 바위 위에 있는 정자다. 어른 키 수십 배는 족히 됨직한 깎아지른 절벽 위에 아슬아슬하게 걸터앉았다. 절벽 아래에 둥근 연못이 있고, 그 가운데에는 인공섬인 석가산이 있다. 석가산으로 건너가는 징검다리가 바둑판 위의 검은 돌처럼 점점이 놓여 있다. 사당인 별묘를 지나면 병암정이 코앞이다. 병암정 협문으로 들어가 마당에 선다. 최근 복원된 건물이라 옛 멋은 없다. 담장 아래에 놓인 디딤돌에 올라서 보니 병암

☆ 걷기좋은계절 사계절   ☆ 난이도 ★★★★

금곡리
오류리
용문사
부초리
내지리
선리
율곡리
선1리
원류리
두천리
능천리
제곡리
초간정
금당실
전통마을
직리
죽림리
예천 권씨 초간종택
용문면
하금곡리
노사리
구계리
생천리
병암정
성현리
덕신리

㉕ 예천 십승지지 금당실길 [9.2km, 3시간]

예천시외버스터미널 —약 5km 버스로 13분→ 용문면 하금 버스정류소 —0.9km 15분→ 병암정 —1km 20분→

금당실마을 —0.9km 15분→ 예천 권씨 초간종택 —2.4km 50분→ 초간정 —4km 1시간 20분→ 용문사

수직절벽 위에 올라앉은 병암정의 절경

정 일대가 한눈에 들어온다. 시야를 가리는 것이 없어 가슴이 트인다. 들녘을 지나 지평선이 맞닿은 곳에 금당실마을이 보인다.

병암정을 내려와 금당실마을(654-2222, geumdangsil.invil.org)로 향한다. 인적 드문 들녘에 겨울바람만 무심히 스쳐 지난다. 모판처럼 가지런한 논길을 20분 정도 걸으면 금당실마을에 이른다. 금당실마을의 한복판에는 띠처럼 길게 늘어진 금당실송림(천연기념물 제469호)이 있다. 아름드리 노송들로 가득한 이 숲은 마을의 비보(裨補: 도와서 모자라는 것을 채움)숲이자 방풍림이다. 송림 안쪽의 마을길로 들어선다. 예전의 슬레이트 지붕은 온데간데없고, 초가집이나 기와집이 많이 보인다. 금당실마을이 2006년 생활문화체험마을로 선정되면서 고택들을 옛 모습대로 복원했기 때문이다. 금곡서원, 추원재 및 사당, 반송재 고택, 사괴당 고택 등 보존가치가 높은 고택들이 즐비하다. 집안이 훤히 들여다보일 정도로 나지막한 돌담이 마을 안을 깊숙이 가로지르며 'S'자로 흘러들어간다. 돌담길이 집들을 연결하며 미로처럼 뻗어 있다. 길을 잃을까 조바심낼 필요는 없다. 길을 잃은 듯, 지금의 시간을 잊고 과거로 돌아간 듯 발길 닿는 대로 걷다 보면 어느새 처음 출발했던 자리로 되돌아와 있다.

두 번째 목적지인 예천 권씨 초간종택은 금당실마을 맞은편에 있다. 금당실마

금곡천으로 둘러싸인 바위 위에 자리 잡은 초간정

을 앞에 있는 도로를 건너고, 상금교를 건너자마자 우회전하여 금곡천을 따라 걷는다. 10여 분쯤 걷다가 논 사이를 가로질러 종택으로 길을 잡는다. 예천 권씨 초간종택은 조선 선조 때 학자인 초간 권문해가 지은 안채와 권문해의 조부인 권오상이 지은 별당(보물 제457호)으로 이루어져 있다. 권문해는 우리나라 최초의 백과사전인〈대동운부군옥〉(보물 제878호)과 일상생활을 기록한〈초간일기〉(보물 제879호)를 지은 인물이다. 초간종택 사랑채 앞에 서니 조선시대 사대부의 위엄이 수백 년이 지나도 고스란히 느껴진다.

◎ 용문사 가는 방법

초간정에서 용문사까지 버스를 이용하려면 원류마을 버스정류장(초간정에서 걸어서 2분 거리)에서 예천여객버스를 타고 내지2리 버스 종점에서 내리면 된다. 이동거리 ≒ 3.7km이다(예천시내버스 654-4444). 용문사는 신라시대 경문왕 10년(870)에 두운이 세운 사찰이라 전한다. 예천의 대표적인 사찰로 우리나라에서 가장 오래된 윤장대(보물 684)와 용문사 교지(보물 제729호), 목불좌상 및 목각탱(보물 제989호)이 있다. 병암정과 초간정에 공중화장실이 있다. 문의 655-1010, www.yongmoonsa.or

초간종택 솟을대문을 나와 초간정으로 향한다. 초간정은 권문해가 선조 15년 (1582)에 심신을 수양하기 위해 지은 정자이다. 초간종택에서 초간정까지 가려면 재를 하나 넘어야 한다. 초간종택 앞을 지나는 마을길을 따라 걷다가 산길로 들어선다. 재를 넘는 이 산길은 500년 전, 권문해가 초간정으로 갈 때 걸어갔던 길이라 짐작해 본다. 길은 포장이 돼 있고, 으슥하지 않아 걷는 데 무리가 없다. 길 오른쪽으로 비탈을 깎아 만든 계단식 논이 펼쳐진다. 계단을 세듯 천천히 올라가다 보면 갈림길이 나오는데 오른쪽 길로 들어서야 한다. 5분 정도 걸었을 때쯤 고갯마루에 이른다. 이곳부터 초간정까지는 줄곧 내리막길이다. 길이 소문자 's'자처럼 굽이친다. 초간종택에서부터 50분쯤 걷다 보면 오른쪽 솔숲 사이로 초간정이 보인다. 논을 지나고, 소나무길을 지나 초간정이 있는 살림집 대문 앞에 도착한다. 작은 문을 들어서니 초간정이 객을 보고 반기는 듯하다. 초간정을 전체적으로 감상하려면 초간정 왼쪽에 있는 작은 다리를 건너 언덕 위에서 보는 것이 좋다. 금곡천이 톱날 같은 바위를 감싸 흐르고, 바위 위에 초간정이 있다. 전체적인 풍광이 바다 한가운데 뜬 섬을 닮았다. 초간정은 세상 시름을 잊은, 고고한 선비인양 금곡천을 굽어보고 있다. 실낱처럼 가는 냇물 소리만 이따금 적막을 깨뜨린다.

초간정을 종착지로 점찍기 아쉽다면 용문사까지 걸어도 좋다. 단, 초간정에서 용문사까지는 약 4km 거리로 줄곧 찻길을 걸어야 한다. 갓길도 없으니 주의가 필요하다.

좌 금당실 송림 **우** 초간종택의 대동운부군옥

여행 스케줄

1일차 서울 – 예천 용문면 초간정 – 금당실마을 – 점심식사(금당실마을 두부) – 예천 권씨 초간 종택 – 초간정 – 용문사 – 저녁식사(용문면 예천참한우) – 숙박(예천 읍내)

2일차 아침식사 – 장안사 – 회룡대 – 회룡포마을 – 점심식사(용궁순대) – 삼강주막 – 서울

여행지 정보

석송령 예천군 감천면에 있는 천연기념물 제294호로 지정된 소나무이다. 수령은 600년으로 추정되며 높이는 10m 정도다. 이수목이란 사람이 석송령에 영험한 기운이 있다 하여 석송령이라 이름 짓고, 자기 소유의 토지를 석송령에게 상속 등기해주었다. 그래서 석송령은 해마다 세금을 내는 것으로 유명하다.

예천천문우주센터 주관측실, 보조관측실, 천체투영실, 관측자 숙소의 시설을 갖추고 있다. 1박 2일로 운영하는 천문캠프에 참가하면 관측자 숙소에 묵을 수 있다. 예천천문우주센터의 특장점은 우주환경체험시설을 갖추고 있다는 것. 가변중력, 달중력, 우주유영체험, 천체관측체험을 할 수 있다. **문의** 654-1714, www.portsky.net

예천진호국제양궁장 예천 출신의 양궁 선수 김진호가 1979년 베를린 세계양궁선수권대회에서 5관왕을 차지하면서부터 예천은 양궁의 고장으로 유명해졌다. 예천군이 1995년에 김진호 선수의 이름을 따서 양궁경기장을 조성하였다. 일반인을 대상으로 무료양궁체험 프로그램을 운영하고 있다. **문의** 654-6680

Travel info

가는 길

승용차 중앙고속도로를 타고 예천IC에서 나와 928번 지방도를 따라 용문면사무소 방면으로 가면 된다.

버스 동서울에서 예천행 버스가 하루 12회 운행한다. 예천시외버스터미널에 내린 후 길 건너 버스정류소에서 용문행 시내버스를 탄다(배차 간격 1시간). 버스를 타고 20분 정도 가다가 '하금'에서 하차한다. 하금에서 20분 정도 걸으면 병암정이다. **문의** 동서울버스터미널 02-446-8000, 용문버스정류소 655-8671, 예천시외버스터미널 654-3798, 예천콜택시 653-4488, 654-8277

맛집 지보면에 예천 한우 브랜드인 참한우를 파는 지보참한우마을(654-8949, www.jibocham-woo.com)이 있다. 식육점에서 고기를 사다가 식당에서 구워먹는 형태이다. 용궁면의 참한우마실(한우, 553-9700)도 맛집으로 유명하다. 금당실마을에 있는 안동식당(655-8752)은 두부 음식을 잘한다. 예천 읍내에 있는 전국을달리는청포집(청포정식 655-0264)도 추천할 만하다.

숙박 예천은 숙박시설이 열악한 편이다. 금당실마을(654-2222, geumdangsil.invil.org) 안에 있는 고택민박을 이용는 것이 좋고 읍내에서는 한국관광공사 인증 굿스테이 지정 숙박업소인 파라다이스모텔(652-1108)이 가장 낫다.

마늘고장에서 만난 선비고장, 사촌마을과 천년고찰 고운사

의성 사촌마을과 고운사

경북의 한가운데 자리 잡은 '의성' 하면 먼저 마늘이 떠오른다. 그래서인지 의성에는 마늘 먹인 돼지, 마늘 먹인 소, 마늘로 일관된 한정식 등 온통 마늘 일색이다. 건강식품으로 손꼽는 마늘을 먹고 불끈 힘내서 전통마을인 사촌마을부터 천년고찰 고운사까지 걸어보자. 특히 가을철, 꿀보다 더 단 사과가 주렁주렁 익어갈 때나 곱디고운 단풍이 물들 때 환상이다. 글 | 사진 이신화

걷기 시작점은 사촌(沙村, 점곡면 사촌리)이다. 우선 가로숲(천연기념물 제405호)을 둘러봐야 할 것이다. 매봉산을 기점으로 남쪽으로 길이 600m, 너비 40m로 길게 뻗은 숲은 마을 서편을 남북으로 가로지르고 있다. 천변으로 상수리나무, 느티나무, 팽나무 등 300여 년 된 10여 종의 노거수가 뒤섞여 있다. 이 숲은 경상북도에서 규모가 가장 크고 경관이 아름다운 곳이다. 사촌숲은 600여 년 전, 안동 김씨 중시조가 이곳에 정착할 때 마을의 경관을 살리기 위해 심었다고 전한다. 또 서애 류성룡의 어머니가 친정인 이곳에 다니러 왔다가 이 숲에서 류성룡을 낳았다는 전설이 흐른다. 자연관찰원으로 활용하기에 좋은 곳이며 특히 가을철 단풍이 절경이다.

숲을 비켜 마을 안쪽으로 들어가면 전통 한옥집들이 많다. 사촌마을은 고려 말

걷기좋은계절 **봄, 가을**   난이도 ★

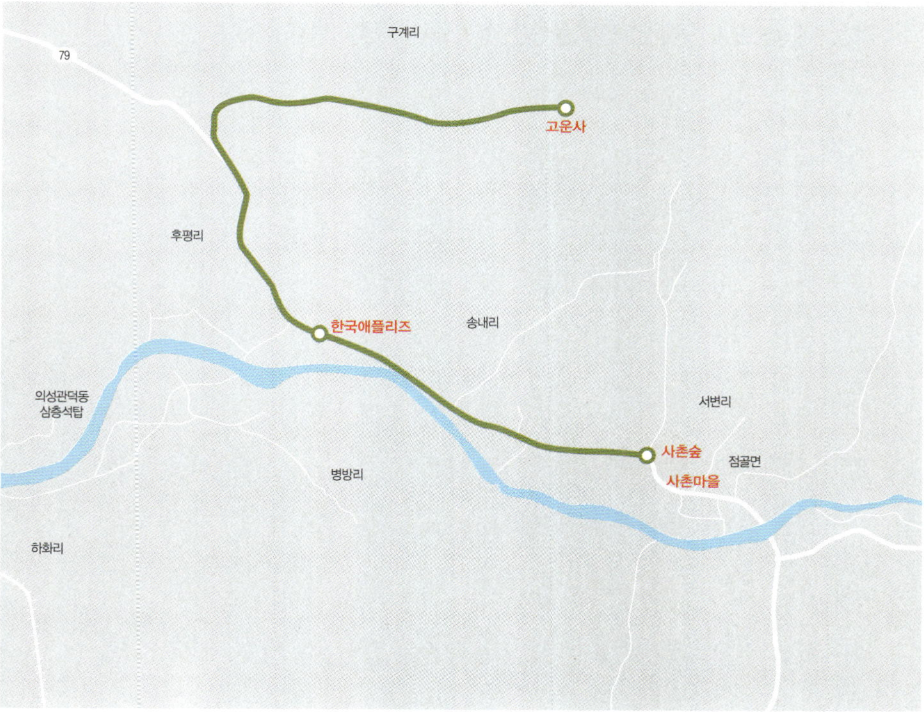

구계리

79

고운사

후평리

송내리

한국애플리즈

의성관덕동
삼층석탑

서변리

사촌숲

병방리

점곡면
사촌마을

하화리

26 의성 사촌마을과 고운사 [10.5km, 3시간 10분]

사촌숲 → 3.6km / 1시간 → 한국애플리즈 → 500m / 5분 → 후평 삼거리 → 2.15km / 40분 → 신기 삼거리 → 0.9km / 20분 →

구계리 → 2.5km / 30분 → 고운사 주차장 → 1km / 25분 → 천년송림 체험장 → 0.3km / 10분 → 고운사

안동 김씨 중시조 충렬공 김방경의 5세손 감목관 김자첨 공이 안동 희곡에서 이곳으로 입향(1392년)하면서 시작된다. 중국의 사진촌을 본떠 '사촌'이라 명명하였다. 많은 유현(儒賢, 유학에 정통하고 그 말과 행실이 유학의 진리에 부합한 사람들)들이 태어난 고장이다. 서애 류성룡 말고도 영남 사림의 선비정신을 실천했던 송은 김광수, 퇴계학맥의 큰 줄기를 형성한 김사원, 천사 김종덕 등 조선시대 영남학파의 대표적 학자들을 많이 배출한 마을이다.

마을에서 가장 오래되고 규모 있는 한옥은 만취당(경상북도 지방유형문화재 제169호)으로 김사원의 호이다. 만취당과 옆에는 수령이 약 500년 된 향나무(경상북도 지방기념물 제107호)가 있다. 만년송이라 부르는데 송은 김광수(1468~1563)가 심은 것이라 한다. 류성룡의 외할아버지인 김광수 선생은 연산군 때 관직을 버리고 이곳에서 은둔생활을 하며 학문에 전념했는데 그가 지은 영귀정(경상북도 문화재자료 제234호)이 있다. 그 외에도 양진당, 후송재, 류신하 가옥, 류근하 가옥, 후산정사 등이 있다. 전망대에 오르면 마을 전경을 볼 수 있다.

사촌마을을 벗어나 79번 국도를 따라가면 후평리다. 가는 내내 흔히 볼 수 있는 것은 사과밭이다. 의성은 일교차가 큰 지역이라서 다디단 사과를 생산해낸다.

사촌마을의 정겨운 시골 모습

경관이 아름다운 숨겨진 길

◎ 천년고찰 고운사

신기리에서 구계리 마을까지 현재 공사 중이다. 사촌마을에서 버스로 구계리 마을까지 이동한 후 고운사까지 걸어도 무방하다. 고운사는 일반인들에게 문을 활짝 열어두고 있다. 열린 찻집이 있고 템플스테이도 가능하다. 해마다 산사음악회 등을 펼친다. 그 외 발우공양, 소리체험, 다도체험, 참선체험, 백팔배체험, 묵언수행, 문학체험 등의 사찰 체험 프로그램이 있다. 문의 고운사 833-2324, www.gounsa.net, 의성군청 문화관광과 830-6271, tour.usc.go.kr

가을이면 사방팔방 사과 천국이 된다. 특산물인 사과를 이용해 '사과와인'을 생산하는 '한국애플리즈(단촌면 후평리, 문의 834-7800, applewine.co.kr)'가 길목에 있다. 일행이 10명 정도라면 와인 만들기 체험도 해봄 직하다. 신기리를 지나 구계리 마을부터는 외길이 이어진다. 고운사까지 약 3km 정도 걸어가면 주차장이다. 주차장 앞 일주문을 통과하면 터널처럼 숲길이 펼쳐진다. 모래조차 느껴지지 않을 정도로 길이 부드럽다. 특히 가을철 산사로 오르는 길은 울긋불긋 단풍이 들어 마치 천국으로 가는 길 같다. 곱디고운 단풍 빛에 취하고 새소리, 물소리, 바람소리는 속세의 잡념을 잊게 한다.

사촌숲 전경

드디어 등운산에 폭 파묻혀 있는 고운사를 만난다. 신라 신문왕(681년) 때 의상조사가 창건하고 그 후 최치원이 중건한 천년고찰이다. 최치원이 여지, 여사 두 대사와 함께 가운루, 우화루를 건립하였으며, 그의 자를 따서 고운사로 바뀌어 현재에 이른다. 임진왜란 때는 사명대사가 승군의 전방기지로 식량비축 및 승병의 뒷바라지를 한 곳이기도 하다. 조계종 제16교구 본사로서 60여 개의 말사를 관장하며 국가 및 지방지정문화재와 27동의 건물이 유존하는 유서 깊은 대사찰이다. 해동 제일의 지장도량으로 알려져 있다.

우선 일주문과 사천왕문을 지나면 가운루가 눈에 들어온다. 길이 16m, 높이가 13m에 달하는 3쌍의 긴 기둥이 계곡바닥에서 거대한 루를 떠받치고 있다. 약사전 안에는 석조석가여래좌상(보물 제246호)이 있다. 높이 79cm의 불상으로 대좌와 광배를 모두 갖추고 있다. 사각형 얼굴에 인중이 뚜렷하고 작은 입은 굳게 다물고 있다. 지장전 앞의 삼층석탑은 도선국사가 조성한 것이라 전한다. 조금 특이한 곳은 연수전이다. 영조 20년(1774)에 왕실의 계보를 적은 어첩을 보관하기 위해 건립했으며 고종(1887년) 때 중수되었다. 사천왕문을 지나 왼편에 있는 고불전에는 현령 이용준의 선정비가 있는데 일반적으로 돌로 된 석비가 아니라 쇠로 만든 철비로 되어 있다. 특히 눈여겨볼 것은 호랑이 벽화다. 위에서나 아래서나 눈동자가 사람 얼굴을 향해 따라온다. 하산할 때는 천년송림 체험로(1km)를 이용하면 더 많은 것을 보고 느낄 수 있다.

계곡을 떠받치고 있는 고운사의 가운루

사촌마을의 수령 오래된 향나무

1일차 아침식사 – 금성산 고분군 – 제오리 공룡발자국 – 탑리 오층석탑 – 점심식사 – 산운마을 – 빙계계곡 – 읍내에서 석식 – 금봉산 자연휴양림에서 숙박

2일차 아침식사 – 사촌마을 – 사촌숲 탐방 – 애플리즈 체험해보기 – 고운사 탐방 – 사찰에서 점심식사 – 탑산온천욕 – 귀가

금성산 고분군 삼한시대에 부족국가인 조문국의 도읍지라고 기록되어 있다. 조문국은 삼한시대에 소국이었으며 신라 벌휴왕 2년(185)에 신라의 영향권으로 편입되었다는 기록이 있는 곳이다. 대리리, 탑리리, 학미리 일원에 200여 기의 고분이 분산되어 있다. 출토된 유물들은 5∼6세기 것으로 추정한다. 경상북도기념물 제128호로 지정되었다.

위치 금성면 대리리·탑리리·학미리 일원 **문의** 의성군청 새마을 문화과 830–6348

제오리 공룡발자국 제오리는 공룡들이 살았을 것 같지 않은, 바다가 전혀 없는 평범한 시골 마을이다. 지방도로 확장공사 중 산허리 부분의 흙을 깎아내면서 발견되었기 때문에 도로변에 위치해 있다. 화석은 중생대 백악기 때의 것으로 약 1억 1500만 년 전에 만들어진 것으로 추정된다.

위치 금성면 제오리 111외

영천 이씨 씨족마을인 산운마을

탑리 오층석탑 통일신라시대의 화강석재로 만들어진 탑리 오층석탑(국보 제77호, 금성면 탑리)은 높이 9.6m, 기단 폭 4.5m이다. 낮은 1단의 기단 위에 5층의 탑신을 세운 모습이다. 돌을 벽돌 모양으로 다듬어 쌓아올린 전탑양식과 목조건축의 수법을 동시에 보여주는 특이한 구조로 되어 있다. **위치** 금성면 탑리리

산운마을 산운마을은 금성산을 뒤에, 비봉산을 옆에 두고 나지막한 구릉과 평지에 자리 잡고 있다. 조선 명종 때 영천 이씨인 이광준(1531~1609)이 처음 입향하였다고 전한다. 학록정사(경상북도 유형문화재 제242호), 운곡당(경상북도 문화재자료 제374호), 점우당(제375호), 소우당(중요민속자료 제237호) 등을 비롯하여 약 40여 동의 전통 고가옥이 있으며 산운생태공원이 입구에 있다. **위치** 금성면 산운리 **문의** 의성군청 새마을문화과 830-6091

빙계계곡과 빙산사지 빙계계곡의 8승지는 빙혈, 풍혈, 인암, 의각, 물레방아, 석탑, 불정, 용적 등을 일컫는다. 특히 빙혈과 풍혈은 삼복에 얼음이 얼고 엄동설한에 더운 김이 난다. 주변 빙산사지에는 신라말에 건축된 오층석탑(보물 제327호)이 있다. 빙산사지는 신증동국여지승람에 의하면 단군 영정을 모신 태일전이 있던 곳이라 기록되어 있다. 계곡 옆에서 캠핑이 가능하다.
위치 춘산면 빙계리 **문의** 의성군청 건설과 830-6341, 춘산면사무소 830-6456

탑산온천 탑산온천은 무명산에서 발견된 게르마늄 온천으로 의성군에서 이름나 있다. 셀레늄, 리튬, 유황, 식염, 유화수소, 유리탄산 등이 풍부하게 함유된 수질 온천이다. 사욕을 하고 나면 금세 몸이 부드러워진다. 온천 앞으로 흐르는 계곡에서는 낚시도 하고 천렵도 가능하다.
위치 봉양면 구산리 **문의** 833-5001, www.topsanspa.com

가는 길
자가용 중앙고속도로→의성IC→군청길 따라 대구·안동 방면으로 우회전→역전오거리에서 우회전→북원 삼거리에서 청송 방면으로 난 914번 지방도→점곡면에서 79번 지방도→사촌마을
기차 의성→청량리행 열차는 하루 1회 운행되며 5시간 소요된다. 안동역에 내려서 버스를 타는 방법도 있다.
버스 동서울버스터미널에서 의성행 버스가 하루 6회 운행되고 3시간 10분 정도 소요된다. 의성터미널에서 점곡, 옥산행 버스(06:20, 08:20, 09:00, 10:30, 12:20, 13:40, 15:10, 17:10, 19:00)를 이용해 사촌마을에 하차. 고운사까지는 하루 4회 운행. **문의** 의성여객 832-1001

맛집 의성 읍내에는 한우집이 즐비하다. 봉양한우마실작목회(832-1114), 이화숯불가든(832-2020), 의성축협에서 직영하는 식육판매장(833-9505), 강운참숯갈비(834-5539) 등 많다. 그 외 마늘 한정식집으로는 서원(834-0054), 마늘이야기(834-8843)가 있다. 역 앞에는 은혜식당(832-1685)이 있다.

숙박 금봉산 자연휴양림(833-0123, 옥삼년 금봉리 산 24-1, www.gumbong.go.kr)이 있다. 또 의성 읍내에는 올인(834-1094), 테마모텔(834-9982), 진주장(833-1121), 발리모텔(832-1244), 해인장(832-4114) 등의 모텔이 있다. 탑산온천이나 산운마을에서도 숙박이 가능하다.

바위로 두른 돌병풍 속 길을 걷다
청송 주왕산길

주왕산은 석병산이라는 옛 이름처럼 웅장한 기암절벽이 돌병풍처럼 둘러 서 있다. 돌병풍 같은 기암절벽 사이로 주방계곡길이 어울려 주왕산의 깊은 속살까지 파고든다. 평탄한 숲길로 이어지는 주왕산길은 남녀노소를 불문하고 자연을 만끽하며 쉽게 걸을 수 있다. 군이 주왕산 정상에 서지 않더라도 빼어난 절경을 만끽할 수 있는 매력적인 길이다. 글 | 사진 문일식

주왕산은 청송의 아름다움을 대표하는 상징적인 존재로 기묘한 암산과 전설로 가득한 명산이다. 주왕산과 주변의 봉우리를 오르는 등산코스도 있지만, 주왕산의 깊은 계곡으로 난 평탄한 길을 따라 주왕산을 대표하는 탐방로가 조성되어 있다. 탐방로는 대전사를 시작해 제3폭포까지로 되어 있지만, 숲길이 매력적인 내원마을까지 다녀오는 것도 좋다.

탐방로를 시작하기에 앞서 대전사를 먼저 둘러보자. 대전사는 주왕산 정상부 기암을 가장 극적으로 보여주는 곳이다. 경내의 널찍한 앞마당에 서면 보광전 뒤로 기암이 우뚝 서 있다. 기암과 어우러진 풍경이 한동안 발걸음을 멈추게 한다. 탐방로의 출발점은 대전사 경내를 빠져나와 만나는 기암교다. 기암교에서 시작된 탐방로는 주방계곡과 어우러진 숲길이다. 기암교에서 학소대에 이르는

 걷기좋은계절 봄, 가을   난이도 ★

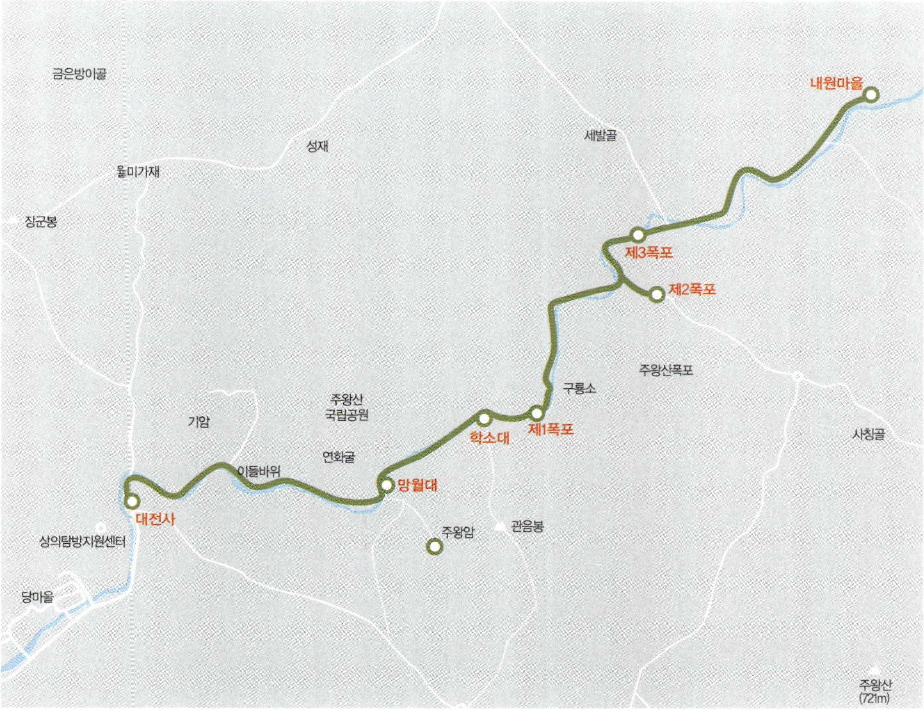

내원마을

금은방이골

성재

세밭골

울미가재

장군봉

제3폭포

제2폭포

주왕산폭포

구룡소

주왕산
국립공원

기암

이들바위

연화굴

학소대

제1폭포

사창골

망월대

대전사

주왕암

관음봉

상의탐방지원센터

당마을

주왕산
(721m)

㉗ 청송 주왕산길 [5.1km, 2시간 50분]

대전사 —1.1km 30분→ 자하교 —1.0km 70분→ 주왕산 자연관찰로(주왕암~주왕굴~망월대~학소대)

—0.3km 0.3km→ 제1폭포 —0.8km 20분→ 제2폭포 입구 —0.4km 20분→ 제3폭포 —1.5km 20분→ 내원마을

약 2km 구간은 '은빛고을 탐방로'라는 이름을 가지고 있다. 경사와 계단이 없어 유모차나 휠체어도 쉽게 움직일 수 있도록 배려한 길이다. 걷는 길 내내 산과 계곡, 하늘과 숲 어느 하나 어울리지 않는 게 없다. 멀리 보였던 기암절벽들이 시시각각 거대한 모습으로 탈바꿈한다. 위압감을 넘어 경외감이 절로 느껴진다. 기암교에서 자하교에 이르는 구간은 4월 말에서 5월 초순이면 주방천계곡을 진홍빛으로 수놓는 수달래가 지천으로 피고 지는 수달래 보호구역이다. 1급수에서만 사는 버들치의 서식지도 만난다.

자하교 입구에 이르면 길은 두 갈래로 나뉜다. 은빛고을 탐방로를 따라가도 되고, 주왕암과 주왕굴을 거쳐 자연탐방로를 이용해도 된다. 자하교를 건너 10분 남짓 오르막을 오르면 주왕암에 이른다. 주왕암의 암자를 지나 좁은 골짜기로 들어서면 주왕굴로 오르는 철계단이 이어진다. 주왕굴은 주왕산을 이름 짓게 한 주왕이 서슬 퍼런 신라 마장군의 화살에 목숨을 잃은 곳이다. 좁은 굴에서 목숨을 연명했던 주왕의 서글픈 마음이 느껴진다. 동굴 외벽으로는 어디서부터인지 모를 물방울이 주왕의 슬픈 눈물처럼 떨어지며 적신다.

주왕굴에서 되돌아 나와 한적한 산길로 접어들면 학소대까지 이어진 자연탐방

좌 내원마을 가는 숲길 **우** 주왕산 제1폭포

좌 내원마을 계곡의 단풍　**우** 내원마을 주변 억새밭

로다. 자연탐방로에는 주왕산의 생성과 자연환경을 상세하게 설명해 놓은 안
내 표지판이 설치되어 있어 하나씩 읽으며 걸어보는 것도 좋다. 망월대는 자
연관찰로의 백미로 손꼽힌다. 전망대에서는 연화봉과 병풍바위, 급수대가 손
에 잡힐 듯 가까이 보인다. 주왕산은 예로부터 바위로 둘러쳐진 병풍 같다 하
여 석병산이라 불렸다. 기암절벽이 만들어낸 바위병풍, 바로 석병산의 모습 그
대로다.

자연탐방로를 내려서면 학소대 쉼터에 이른다. 높은 절벽 위에 청학과 백학이
깃들어 살았다 하여 이름 붙은 학소대와, 시루떡을 쌓아놓은 것처럼 보여 이름
붙은 시루봉이 계곡을 사이에 두고 우뚝하다. 학소대를 지나면 좁은 암벽을 따
라 설치된 나무데크가 이어진다. 우뚝 선 암벽을 갈라놓은 것 같은 좁은 통로
를 지나면 제1폭포가 눈에 들어온다. 제1폭포의 규모는 그리 크지 않지만, 폭
포를 감싸고 있는 바위군은 마치 하나의 거대한 돌덩이를 옮겨 놓은 것 같다.
거대한 암벽을 지나는 사람들이 개미처럼 작아 보인다. 자연 속으로 발을 들여
놓은 사람은 한갓 미물에 지나지 않음을 여실히 보여준다. 자연의 위대함이 그
대로 느껴지는 비경 중 하나다. 제1폭포 위를 지나면 물줄기가 떨어지는 곳마
다 소를 이루며 폭포를 이룬다. 얼마나 오랜 세월을 흘러내렸는지 폭포의 오랜
연륜이 절로 느껴진다.

제1폭에서 제2,3폭포는 1km 남짓 거리를 두고 적당히 떨어져 있다. 제2폭포
는 3개의 폭포 가운데 규모가 가장 작다. 진행 방향을 벗어나 좁은 길을 따라
0.2km를 들어갔다가 다시 되돌아 나와야 한다. 갈수기 때는 폭포라 할 수 없
을 정도로 파리한 물줄기가 폭포인양 흐른다. 제3폭포는 제2폭포 입구에서 제

◎ **은빛고을 탐방로**

자하교 입구부터 학소대까지는 은빛고을 탐방로와 주왕암을 경유하는 자연탐방로로
나뉜다. 어느 곳을 먼저 가도 상관없지만 되돌아오는 길에는 다른 길을 이용해 오는
것이 좋다. 내원마을에서 가메봉으로 오르는 큰골 삼거리까지 숲길도 걸어볼 만하다.

1일차 청송 – 주왕산 트래킹(대전사~내원마을) – 송소고택 둘러보기 – 휴식 및 숙박
2일차 아침식사 – 청송 양수발전소 – 관리 왕버들과 신기리 느티나무 – 점심식사 – 청송옹기체험 – 청송

여행 스케줄

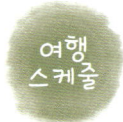

법 가깝다. 제3폭포는 두 곳의 전망대를 거치는 길과 제3폭포를 거치지 않는 숲길로 나뉜다. 이단폭포로 이뤄져 있는 제3폭포를 보기 위해서는 가파른 계단을 따라 두 전망대를 올라야 한다.

제3폭포를 지나 내원마을까지는 호젓한 숲길이 이어진다. 다리 하나를 건너면 산자락이 낮아지면서 하늘이 제법 넓어진다. 길을 따라 늘어선 소나무들 줄기에 생채기가 잔뜩 나 있다. 주왕산이 국립공원으로 지정되기 전까지 송진을 채취했던 흔적이다. 숲길을 따라가다 넓은 분지에 이르면 커다란 표지판을 하나 만난다. 내원마을 있던 곳임을 알려주는 표지판이다. 내원마을은 전기가 들어오지 않는 마을로 꽤나 유명한 오지마을이었다. 지난 2007년 국립공원 내 환경저해시설로 철거되면서 지명만 남게 됐다. 잡풀만 무성히 자란 너른 땅이 그저 허허롭기만 하다. 내원마을은 목적을 가지고 온 곳은 아니지만, 왠지 아쉬움이 남는다.

주왕산 입구에서 바라본 주방천과 주왕산 전경

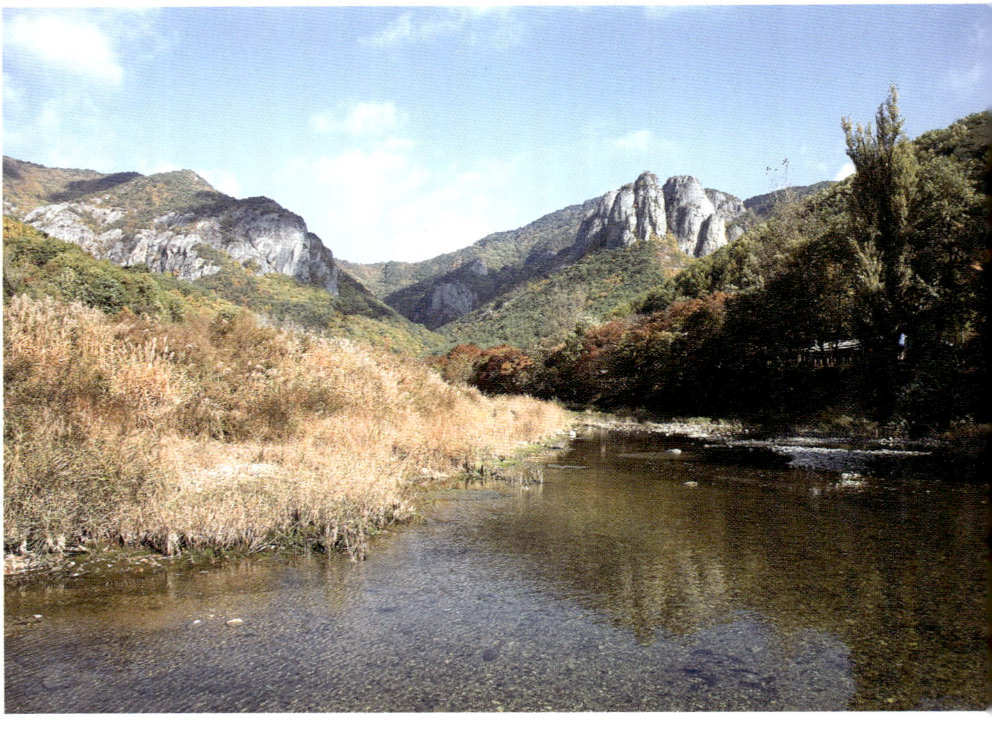

송소고택 조선 영조 때 만석지기였던 심처대의 7대손인 송소 심호택이 호박골에서 덕천동으로 옮기면서 지은 99칸의 상류주택이다. 솟을대문이 있는 행랑채로 들어서면 큰 사랑채와 작은 사랑채, 안채가 'ㅁ'자형으로 구성되어 있고, 별당채가 따로 있다. 송소고택에서는 연중 한옥체험이 가능하다.

청송양수발전소 청송양수발전소는 심야전력을 이용해 하부저수지의 물을 상류로 끌어 올려 저장한 뒤 전력수요가 많은 시간대에 다시 하부저수지로 낙하시켜 위치에너지를 전기에너지로 바꿔 발전한다. 상부댐에는 양수발전의 원리를 알아보고 다양한 에너지 생성을 체험해 볼 수 있는 청송양수홍보관이 있다. 상부댐에서 바라보는 전망은 멀리 동해바다까지 이어진다.
문의 870-5281~2

신기리 느티나무와 관리 왕버들 천연기념물 제192호인 신기리 느티나무는 높이 13.9m, 둘레 7m가 넘는 수령 350년 된 거목이다. 마을의 수호신으로 신성시되어왔던 나무로 정월 보름에 당제를 지내기도 했다. 청송 읍내를 휘감아 도는 용전천 가의 관리 왕버들은 마치 포효하는 사자의 모습을 닮았다. 당제를 지내던 나무였는데, 제사 지낼 때 사용한 종이에 글씨를 쓰면 명필이 된다는 얘기가 있어 제사가 끝나면 서로 종이를 가져갔다고 한다. 관리 왕버들은 천연기념물 제193호로 지정되어 있다.

청송옹기체험 청송전통옹기는 경북 무형문화재로 지정된 청송옹기장 이무남 씨가 운영하고 있다. 청송옹기는 진보에서 나는 오색 점토를 사용하며, 소나무, 사과나무재와 약토를 섞은 천연유약을 사용해 만든다. 청송전통옹기에서는 옹기를 구매할 수 있고, 직접 만들어 보는 체험을 할 수 있다. **문의** 874-3362, csonggi.kr

가는 길

자가용 중앙고속도로 서안동IC에서 나와 34번 국도를 타고 진보면에서 우회전해 청송 방면 31번 국도를 탄다. 청송 읍내를 지나 청운 삼거리에서 주왕산 국립공원 방면 914번 지방도를 타고 가다 즈왕산 삼거리에서 좌회전해 들어가면 주왕산 국립공원에 도착한다.

버스 동서울터미널에서 청송을 거쳐 주왕산 국립공원으로 가는 버스가 하루 6회 운행한다(4시간 30분 소요). 청송버스터미널에서 주왕산 국립공원까지 버스가 하루 16회 운행한다(10분 소요).

맛집 주왕산 국립공원 내에는 산채정식과 비빔밥을 주로 내는 집들이 많다. 부산식당(873-9947), 행복식당(873-9996), 신토불이식당(873-2988), 주왕산진미가든(873-8822), 주왕산 청솔식당(873-8808), 토산물식당(873-2923) 등이 있다.

숙박 주왕산 국립공원 주변으로 다양한 숙박시설이 있다. 주왕산 삼거리 주변 흙이랑짚이랑펜션(873-7055), 나이스모텔(874-3651) 등이 깔끔하다. 오토캠핑을 즐길 수 있는 상의야영장(873-0314)이 국립공원 입구에 있다. 파천면 덕천리에 있는 송소고택(874-6556, www.송소고택.kr)에서는 한옥체험이 가능하다.

주왕산의 또 다른 비경, 주산지와 절골계곡을 걷다

청송 주왕산 절골계곡길

주산지와 절골계곡은 주왕산 못지않은 비경을 간직한 곳이다. 주산지는 주변의 사과밭과 함께 봄,
가을로 펼쳐지는 녹음과 단풍, 그리고 물안개가 아름다운 곳이고, 절골계곡은 기암절벽이 어우러져
한 폭의 병풍처럼 아름다운 비경을 간직하고 있을 뿐 아니라 계곡트래킹의 명소로 잘 알려져 있다.
주산지와 절골계곡은 주왕산의 새로운 진면목을 선보이는 곳이다. 글 | 사진 문일식

청송군 부동면 이전리의 주산지와 절골계곡은 사과의 고장답게 높고 낮은 산자락을 따라 사과밭이 지천이다. 봄이면 새하얀 사과꽃과 함께 사과나무밭의 노란 민들레와 하얀 민들레 홀씨가 장관을 이루고, 가을이면 탐스럽게 열린 사과의 붉은 기운이 가을의 풍요로움을 더한다. 주산지와 절골계곡은 절골교 삼거리에서 길이 나뉜다. 어느 쪽을 먼저 가도 좋지만, 이왕이면 이른 새벽 주산지의 비경을 둘러본 뒤 절골계곡 트래킹을 하는 것이 좋다.

절골교 삼거리에서 주산천을 가로지르는 절골교를 지나면 좌우로 사과밭이 넓게 펼쳐져 있고, 주왕산의 기암절벽과 함께 부드러운 능선이 하늘을 가르며 서 있다. 주산지로 가는 길 저편에도 산세가 겹겹이 이어지며 골짜기를 이룬다. 주차장에서 'S'자로 굽은 길을 따라 늘어선 낙엽송 길을 지나면 고요하고 잔잔한

☼ **걷기좋은계절** 봄, 여름, 가을   ☼ **난이도** ★

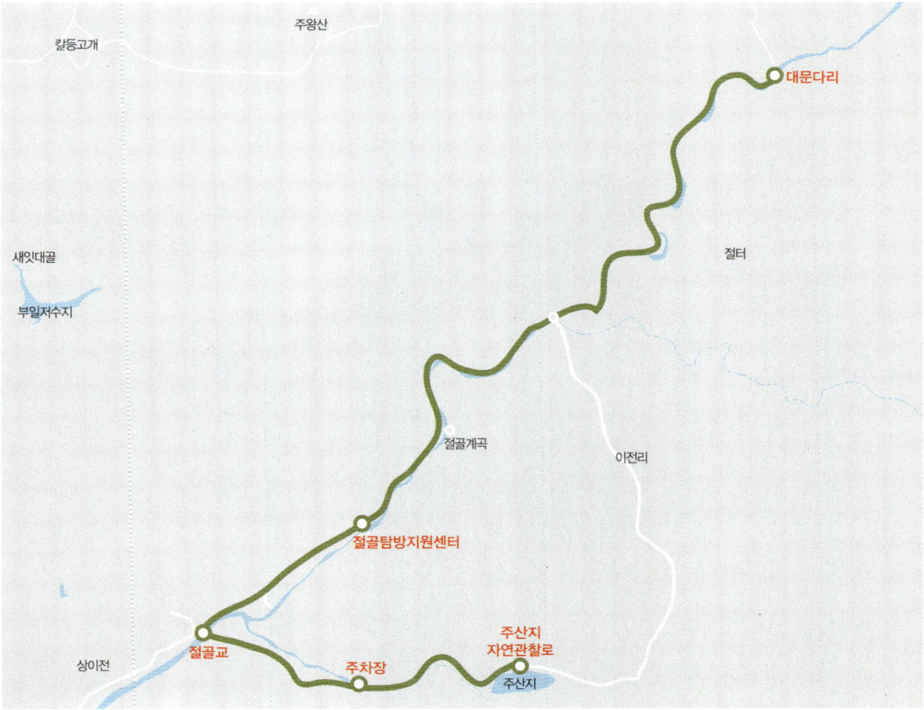

칼등고개
주왕산
대문다리
새잇대골
절터
부일저수지
절골계곡
이전리
절골탐방지원센터
주산지
자연관찰로
상이전
절골교
주차장
주산지

㉘ 청송 주왕산 절골계곡길 [7.5km, 3시간 20분]

절골교 →(0.5km 10분)→ 주산지 주차장 →(1.1km 20분)→ 주산지 →(1.6km 30분)→ 절골교 →(0.8km 15분)→

절골탐방안내소 →(3.5km 2시간)→ 대문다리

주산지에 이른다. 이른 새벽 주산지의 풍경은 늘 신비스럽고, 몽환적이다. 주산지는 김기덕 감독의 영화 '봄 여름 가을 겨울 그리고, 봄'이 촬영되면서 알려지기 시작했다. 암자 세트장은 철거된 지 오래지만, 주산지의 기품 있는 풍경만은 그대로 남아 있다. 방죽에 오르면 하얀 물안개가 보슬보슬 피어오르며 주산지의 풍경을 간질이는 모습이 보이고, 전망대로 가는 길에는 물속에 몸을 맡긴 수백 년 된 왕버드나무 30여 그루가 단아한 자태를 뽐낸다. 주산지는 조선 경종 때 완공된 인공저수지다. "정성으로 둑을 쌓아 물을 막아 만인에게 혜택을 베푸니, 그 뜻을 오래 기리기 위해 비석을 세운다"라는 내용이 담긴 비석이 암반 위에 오롯이 서 있다. 조선시대 때는 백성들의 물 걱정을 덜어주었던 고마운 존재였지만, 지금은 주산지의 풍경에 매료된 사람들이 고마움을 전하는 곳이다. 절골을 찾아가려면 주산지에서 나와 처음 길을 나섰던 절골 삼거리까지 되돌아 나와야 한다. 탐방지원센터는 절골 방향으로 10분 정도 걸으면 만날 수 있다. 절골계곡은 수백 년 전 계곡 안에 절이 있어서 붙여진 이름이지만 지금은 흔적도 없이 사라지고 지명만 남았다. 오로지 물길만 허락한 기암절벽의 협곡에 있었으니 아마도 큰 비로 떠내려가지 않았을까 싶다. 절골계곡은 신술골과 갈전골의 물줄기를 더하며 주산천을 이룬다. 대문다리까지 왕복 7km에 이르

이른 아침 주산지의 왕버들

경관이 아름다운 숨겨진 길

◎ 절골계곡&주산지 트레킹 요령

절골 입구나 주산지 주변으로는 음료나 간단한 먹을거리를 살만한 곳이 없다. 간단한 음료나 먹을거리는 주산지나 절골계곡으로 들어오기 전 미리 준비해야 한다. 주산지는 사진가와 여행객들로 늘 붐비는 곳이다. 특히 4월 하순에서 5월 초순까지, 그리고 10월 중순에서 11월 초순까지는 가장 아름다운 풍경이 펼쳐지는 만큼 사람들의 발길이 끊이지 않는다. 주산지 입구는 주차공간이 넓은 반면 절골탐방지원센터 입구는 주차공간이 4~5대 정도밖에 없다.

대문다리에서 가메봉을 넘어 대전사까지 가는 사람들도 제법 많다. 가메봉까지는 가파른 산길이 약 1.5km 정도 이어지며, 1시간 남짓이면 오른다. 대문다리에서 대전사까지는 약 9.3km로, 가메봉 삼거리까지 1.5km만 오르면 나머지 구간은 내리막길과 숲과 계곡을 지나는 평탄한 길이 이어진다. 4~5시간 정도 소요된다.

좌 새벽안개 긴 주산지 풍경 **우** 절골 입구의 나뭇잎

는 거리라 만만치 않아 보이지만, 계곡을 따라 길이 완만하게 나서 4시간 정도면 충분히 다녀올 수 있다.

절골 입구를 떡 하니 가로막고 있는 탐방안내소 뒤로 하늘을 찌를 듯 서 있는 기암절벽이 눈에 가득 들어온다. 주왕산의 다른 이름이 석병산이라더니 기암절벽이 주왕산의 산세를 만들고, 계곡과 어우러져 한 폭의 바위병풍을 그려내는 듯하다. 암벽은 대체로 둥글둥글해 외경심이나 위압감이 느껴지기보다는 부드럽고 정감이 간다. 암벽은 단순한 돌덩이가 아니다. 마치 살아 숨 쉬는 것처럼 생동감이 넘친다. 흙이 아닌 바위와 암반에 뿌리를 내리고 살아가는 수많은 생명들이 봄·여름이면 녹음을 피워내고, 가을이면 환상적인 단풍의 색감을 선사하며, 겨울이면 순수한 하얀 설경을 전해주기 때문이다.

잡목이 우거진 길을 따라 절골을 들어서면 금세 우람한 기암절벽이 사방을 가로막으며 큰 협곡을 이룬다. 물이 많이 줄었지만, 계곡을 따라 흐르는 맑은 물줄기는 기분을 더욱 상쾌하게 한다. 기암절벽 아래로 난 데크는 긴 협곡을 따라 이어진다. 거대한 암벽이 시야를 가려 확 트인 전경은 보기 어렵지만, 계곡을 따라 굽이굽이 돌아갈 때마다 새로운 비경이 펼쳐진다. 1km에 이르는 이 길은 절골계곡의 비경이 가장 아름답게 펼쳐지는 곳이다. 특히 계곡을 가로지르는 다리 위에서 바라보는 절골의 풍경은 최고의 비경으로 손꼽힌다.

나무데크 길이 끝나면 본격적인 계곡 트래킹이 시작된다. 잡목이 우거진 숲길을 시작해 제법 넓어진 계곡의 물길 따라 이어진다. 더 이상 인위적인 모습은 찾아볼 수 없다. 그저 사람들이 다니면서 자연스럽게 난 길이다. 물을 만나면 물을 따라 건너고, 깊은 물길을 만나면 암벽을 부여잡고 건넌다. 큰물과 함께 떠내려왔을 거대한 바위들도 계곡 아무 데나 흩어져 있다. 단풍진 숲길도 만나고, 억새와 단풍이 어우러진 제법 가을다운 풍경도 만난다. 탐방안내소에서 약 1.5km 지점에 이르면 절골계곡을 이루는 또 하나의 물줄기가 있는 신술골에 이른다.

신술골을 지나면 기암절벽의 위풍당당한 모습은 사라지고, 숲과 계곡이 어우러진다. 제법 넓은 분지도 나타나고, 계곡 암반길과 숲길이 교대로 이어진다. 절골계곡 초입보다 'S'자형으로 굽어짐이 훨씬 심해지고, 푸른 물빛이 잔잔한 소도 자주 만난다. 신술골을 지나면 절터가 있었다는 절골이다. 30여 년 전만해도 화전민들이 살았다고 한다. 인적이 사라진 절골 주변은 무심히 흐르는 계곡의 물줄기와 우거진 잡목 사이로 길의 흔적만 아련하다. 하늘로 고개를 비쭉 내민 낙엽송군락도 지나고, 소나무와 신갈나무가 어우러진 숲길도 지난다. 대문다리에 가까워질수록 계곡은 좁아지고, 계곡과 숲길이 나란히 이어진다. 대문다리는 갈전골에서 흘러내리는 물줄기가 만나는 곳이다. 넓은 암반이 자리 잡고 있어 트래킹이나 등산하는 사람들에게 더없이 좋은 휴식공간이 된다. 절골 트래킹만 할 경우 대문다리에서 잠시 쉬었다가 절골 탐방지원센터로 돌아가면 된다.

계곡을 따라 펼쳐진 절골계곡길

**여행
스케줄**

1일차 청송 – 주산지 – 절골계곡 트래킹(점심 포함) – 달기약수탕 – 솔기온천 – 휴식 및 숙박

2일차 아침식사 – 청송민속박물관 – 청송자연휴양림 산책 – 점심 – 방호정 – 백석탄 – 청송

**여행지
정보**

청송민속박물관 청송의 세시풍속을 한눈에 들여다볼 수 있는 전시관이다. 정월부터 섣달까지 청송의 1년이 다양한 디오라마와 전시물로 구성되어 있다. 야외에는 청송의 주막, 원두막, 물레방아뿐 아니라 장승, 선돌, 조산 등이 전시되어 있고, 후문에는 기네스북에 오른 대형 장승도 만나볼 수 있다. **문의** 874–9321

청송자연휴양림 1997년 개장한 자연휴양림으로 부남면 대전리에 위치해 있다. 복합산막 11동과 단체를 위한 연수의 집 등 숙박시설을 갖추고 있고, 휴양림을 한 바퀴 돌아 나오는 4km의 산책로도 조성되어 있다. 수요일부터 일요일까지 오전 10시, 오후 2시에는 숲 해설 프로그램을 운영한다. **문의** 872–3163, csforest.co.kr

방호정 굽이굽이 휘감아 도는 길안천의 높은 절벽 위에 방호정이 서 있다. 조선 광해군 때 방호 조준도가 어머니 권씨의 묘가 바라다보이는 곳에 어머니를 생각하는 마음으로 지은 정자다. 선비들이 모여 학문을 논하고 자연을 벗 삼아 즐기던 곳이다.

백석탄 길안천을 따라 이어지는 신성계곡을 따라 4km쯤 들어가면 만나는 하얀 바위군이다. 7천만 년 전 화산활동으로 용암이 빠르게 흐르면서 생겼는데, 오랜 세월 동안 흐르는 물에 의해 암반이 깎이면서 만들어진 포트홀이다. 하얀 바위들 사이로 거친 물살이 쉼 없이 흐르며 주변의 수려한 풍경과 함께 아름다운 장관을 연출한다.

**Travel
Info**

가는 길

자가용 중앙고속도로 서안동IC에서 나와 34번 국도를 타고 진보면에서 우회전해 청송 방면 31번 국도를 탄다. 청송 읍내를 지나 청운삼거리에서 주왕산국립공원 방면 914번 지방도를 타고 이전사거리에서 좌회전해 주산지 방면으로 가면 절골 입구와 주산지에 이른다.

버스 동서울터미널에서 청송을 거쳐 주왕산 국립공원으로 바로 가는 버스가 하루 6회 운행한다(4시간 30분 소요). 청송버스터미널에서 주산지행 버스가 07:50, 09:20 하루 2회 운행하며, 절골까지 가는 버스는 12:40, 17:25 하루 2회 운행한다.

맛집 주산지나 절골 주변으로 먹을 만한 곳이 없다. 달기약수탕이나 주왕산 국립공원에서 식사를 해결하는 것이 좋다. 달기약수탕 주변으로 서울여관식당(873–2177), 영천식당(873–2387) 등 닭백숙과 닭불고기를 내는 집이 많다. 특히 달기약수탕 중탕에 있는 달기약수닭백숙(873–2351)은 토종닭불백숙을 잘 내는 집 중 하나다.

숙박 주산지 주변으로는 민박집이 많다. 주왕산주산지민박(874–7773), 주산지민박(873–4093) 등이 있다. 자연 속에서 하루를 만끽하고 싶다면 청송자연휴양림(872–3163, www.csforest.co.kr)을 이용하는 것이 좋다. 청송 읍내에 있는 주왕산온천관광호텔(874–7000~4)에는 솔기온천이 나란히 붙어 있어 숙박뿐 아니라 온천도 즐길 수 있는 장점이 있다.

29 경관이 아름다운 숨겨진 길

몸과 마음이 치유되는 아름다운 숲길
영양 대티골 숲길

영양에서 가장 높은 일월산 자락에는 '자연치유 생태마을'로 불리는 대티골이 깃들어 있다. 자연치유 생태마을로 불릴 만큼 대티골에는 때 묻지 않은 자연과 사람들의 흔적이 그대로 남아 있다. 대티골에는 일월산 자락을 따라 8km에 이르는 울창한 숲길이 있다. 자연 그대로의 숲길이자 대대로 살아온 사람들이 자연에 기댄 흔적이다. 글 | 사진 문일식

봉화터널과 영양터널은 높고 험한 고갯길을 대신하는 영양의 관문이다. 터널을 지나면 우람한 일월산 자락이 한눈에 펼쳐지며 영양 땅에 들어선다. 해와 달이 떠오르는 모습을 가장 먼저 본다 하여 붙여진 일월산의 골짜기에는 때 묻지 않은 자연과 사람들이 있는 대티골이 자리 잡고 있다. 터널을 지나 구불구불한 고갯길을 내려오면 '자연치유 생태마을 대티골' 표지판이 눈에 들어온다. 대티골은 죽제품을 많이 만들 정도로 대나무가 많이 자생해 붙여졌다고도 하지만, 봉화 땅과 경계를 이루는 큰 고개에서 유래한 이름이라는 게 정설이다. 대티골은 윗대티와 아랫대티로 나뉘는데, 대티골 숲길은 윗대티에서 시작한다.

대티골 숲길은 산림청에서 선정하는 '아름다운 숲 전국대회'에서 2009년 아름

걷기좋은계절 봄, 여름, 가을   난이도 ★★

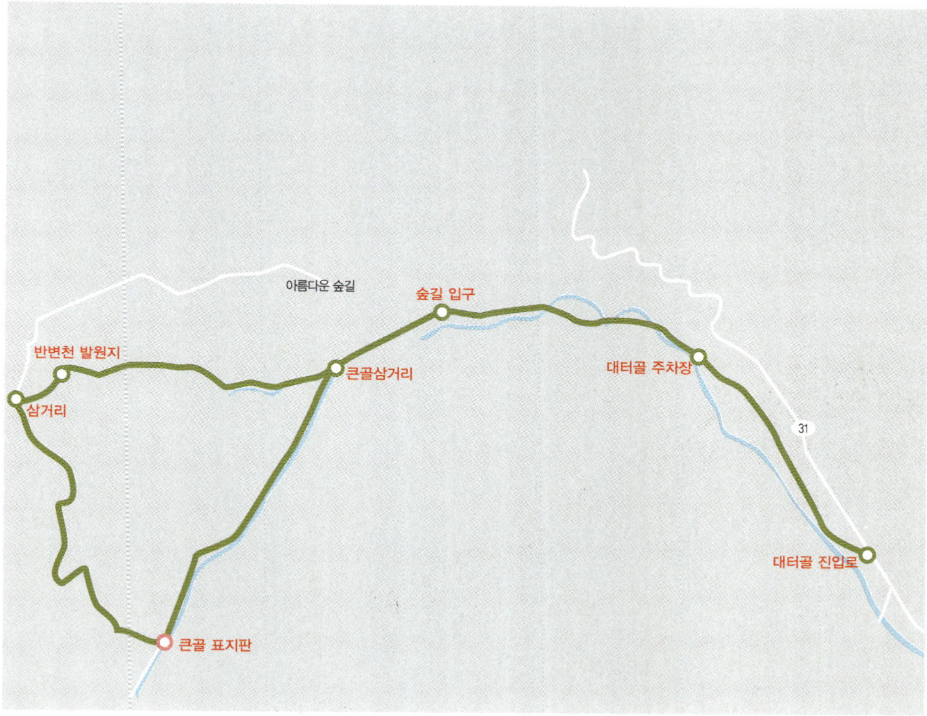

아름다운 숲길

반변천 발원지

삼거리

큰골삼거리

숲길 입구

대티골 주차장

31

대티골 진입로

큰골 표지판

29 영양 대티골 숲길 [6.1km, 3시간 20분]

대티골 입구 0.6km / 10분 → 주차장 0.6km / 10분 → 숲길 입구 0.5km / 20분 → 큰골삼거리 0.7km / 40분 →

반변천 발원지 0.1km / 5분 → 삼거리(옛마을길 종점) 0.8km / 30분 → 큰골 표지판 1.1km / 40분 → 큰골 삼거리

0.5km / 20분 → 숲길 입구 0.6km / 10분 → 주차장 0.6km / 10분 → 대티골 입구

다운 숲길 부문 어울림상을 수상하기도 했다. 대티골 표지판을 따라 약 0.6km 정도 올라가면 이정표를 하나 만난다. 대티골 숲길을 알려주는 첫 번째 안내 표지판이다. 대티골 숲길 가운데 옛국도길의 시작점이기도 하다. 옛국도길과 31번 국도는 위아래로 나란히 이어진다. 옛국도길은 아주 오래 전부터 영양과 봉화사람들이 넘어 다니던 옛길이자 일제강점기 때 목재를 운송하던 수탈의 아픔을 간직한 길이다. 언제 세웠을까? '영양 29km'라 새겨진 녹슨 이정표만이 옛국도였음을 알려주는 빛바랜 산중인으로 남아 있다. 옛국도길은 텃골, 깃대배기, 깨밭골 등 정감어린 지명을 지나 칠밭목에 이른다.

대티골 숲길 가운데 가장 아름다운 숲길은 대티골과 칠밭목을 잇는 옛마을길이다. 첫 번째 안내표지판에서 대티골 주차장을 지나 김준 · 윤미자 씨 댁을 지나면 곧바로 숲길로 이어진다. 숲길을 따라가다 금세 삼거리가 나오는데, 특별한 이정표가 없어 어디로 갈지 헤매기 쉽다. 오른쪽 길이 칠밭목으로 가는 옛마을길이다. 숲길 초입에서 큰골 삼거리에 이르는 0.5km구간은 옛마을길 가운데 가장 아름다운 숲길이다. 숲길에 들어서면 형용할 수 없는 숲의 아름다움에 발길이 잘 떨어지지 않는다. 숲길에 들어서는 순간 날이 지는 것처럼 어두워지기도 하지만, 울창한 숲을 비집고 내리는 햇살은 빛내림이 되어 길을 비춘다. 숲이 부리는 마법 같은 조화는 알록달록 원색의 물결로 사방을 휘감고, 푹신거리는 숲길은 자연이 빚어낸 양탄자가 된다. 인적이 드문 산길에 얼마인지도 모를

대티골 입구의 자전거 조각상

◎ 반변천 발원지 뿌리샘

대티골 숲길 안내표지판 가운데 옛마을길에 있는 반변천 발원지인 뿌리샘은 지도 상에서 보는 것보다 훨씬 더 떨어진 지점에 위치해 있다. 오히려 칠밭목 삼거리에서 가깝다. 옛마을길에서 만나는 큰골 삼거리는 댓골길과 옛마을길의 갈림길이다. 댓골길은 큰골 입구까지 오르막길이다. 오르막이 힘들다면 옛마을길, 칠밭길을 거쳐 댓골길을 내려오는 코스로 잡는 게 좋다.

울퉁한 숲길이 이어지는 대티골

세월동안 낙엽이 쌓이고 쌓여 길을 지나는 동안 발목까지 푹푹 빠진다. 켜켜이 쌓인 낙엽의 촉감이 부드럽고 정겹기만 하다. 옛마을길은 뿌리샘에서 칠밭목으로 오르는 곳을 제외하면 경사가 거의 없이 완만한데다 길 중간 중간에 벤치와 나무그네가 설치되어 있어 휴식 같은 산책을 즐길 수 있다.

옛마을길은 깨끗한 물빛을 담은 물줄기가 함께 한다. 특히 낙엽으로 뒤덮인 암반을 따라 흐르는 물줄기는 한 폭의 그림 같다. 이 물줄기는 영양과 청송, 안동을 굽이굽이 휘감아 흐르며 낙동강과 합류하는 반변천의 상류다. 옛마을길에서 칠밭목이 표지판을 지나면 반변천의 발원지인 뿌리샘을 만난다. 뿌리샘은 동굴처럼 둥그런 암반이다. 이 작은 물줄기가 계곡을 따라 하천이 되며, 강이 되었다가 다시 바다로 나간다. 뿌리샘에서 시작된 물줄기는 적어도 반변천이라는 이름으로 장장 109.4km를 흐른다. 뿌리샘에서 칠밭목 삼거리까지는 지척이다. 칠밭목 삼거리에서 우측으로는 칠밭목과 옛국도길이 이어지고, 좌측으로는 칠밭길과 댓골길이 이어진다.

칠밭길에서는 잠시 동안 하늘을 볼 수 있지만, 금세 숲터널로 들어선다. 산간 내륙이라 날이 금세 저물고, 추위가 일찍 찾아온다. 아직 채 익지 않은 잎들이 떨어지며 칠밭길을 녹색으로 수놓기도 하고, 붉고, 노랗게 물든 단풍과 어울려 색다른 색감을 선사하기도 한다. 칠밭길은 구불구불 이어지고, 오르락내리락 하는 재미가 있다. 산허리를 감고 길이 이어지기도 하고, 내리막으로 크게 휘어져 돌아가기도 한다. 파란색 일월산 등산로 표지판을 만나면 댓골길이 시작된다. 댓골길 시작점에서 10분 남짓 가면 큰골 입구에 이르는데 여기서부터는 옛마을길과 만나는 큰골 삼거리까지 내리막길이 내내 이어진다. 큰골이라는 이름이 무색할 정도로 작은 계곡이 댓골길과 함께 한다. 계곡을 가로지르는 몇 개의 나무다리와 돌탑을 지나면 큰골 삼거리에 이른다. 큰골 삼거리에서 대티골로 내려오는 길은 가장 아름다운 숲을 다시 한 번 걷는 시간이다. 숲길이 끝나고 대티골 마을로 들어서면 진한 아쉬움에 자꾸 뒤를 돌아보게 된다.

좌 대티골 숲길을 걷는 여행객 **우** 반변천 발원지 뿌리샘

1일차 영양 – 일월자생화공원, 용화리3층석탑 – 점심식사 – 대티골 숲길 – 휴식 및 숙박

2일차 아침식사 – 주실마을, 지훈문학관 – 점심식사 – 감천마을 – 영양 측백수림 –
두들마을 – 영양

여행지
정보

일월산자생화공원 일월산에서 자생하는 야생화를 식재해 놓은 휴식공간이다. 이곳은 일제강점
기 때 광물 수탈을 위해 일월산에서 금, 은, 동, 아연 등을 채굴했던 선광장과 제련소 등 수탈의
흔적이 그대로 남아 있다. 선광장과 제련소 주위로 산책로가 나 있어 아름다운 야생화와 수탈 흔
적을 함께 볼 수 있다.

주실마을 박두진, 박목월 시인과 함께 청록파 시인인 조지훈이 태어난 곳이다. 주실마을 내에는
조지훈 시인의 생가인 호은종택과 함께 옥천종택, 월록서당 등 고택이 남아 있고, 지훈시공원과
지훈문학관 등 시인 조지훈의 흔적을 둘러볼 수 있다. 주실마을 입구에는 2008년 아름다운 숲
전국대회에서 대상을 수상한 주곡숲이 남아 있다. **문의** 지훈문학관 682–7763, jihun.yyg.go.kr

감천마을 시인 오일도가 태어난 마을이다. 뒷산 기슭에 맑고 맛좋은 물이 솟고, 마을 앞으로 강이
흐른다 하여 붙여졌다. 감천마을에는 조선 고종 때 지은 오일도 생가가 남아 있고, 마을 입구에는
오일도시공원이 오붓하게 조성되어 있다. 감천마을 건너편 반변천에는 천연기념물 제114호로 지
정된 감천측백수림을 만날 수 있다.

두들마을 소설가 이문열의 고향이자 한글 최초의 조리서인 정부인 장 씨의 음식디미방이 쓰인
마을이다. 두들마을의 터를 잡은 석계 이시명 선생의 석계고택, 석천서당 뿐 아니라 유우당, 주
곡고택 등 고택이 즐비하고, 전통한옥체험관과 안동 장씨 예절관 등 다양한 체험을 할 수 있다.
문의 한옥체험관 683–0028, 한옥예절관 682–7764

가는 길

자가용 중앙고속도로 풍기IC에서 내려 봉화 방면 36번 국도를 타고 옥천삼거리를 지나 영양 방면
31번 국도를 탄다. 영양터널을 지나 고개를 내려가자마자 우측으로 대티골 입구 표지판을 만난다.
버스 동서울터미널에서 영양행 시외버스가 하루 5회 운행한다(4시간 30분 소요). 영양시외버스터
미널에서 용화행 버스가 하루 3회 운행한다(10:00, 13:30, 18:10).

맛집 대티골 주변에는 먹을 만한 곳이 없다. 영양 읍내에는 숯불고기로 유명한 집들이 많다. 특히
맘포식당(683–2339)의 돼지주물럭은 저렴하고 푸짐해 많은 사람들이 이용하는 식당이다. 맘포식
당 주변으로 실비식당(683–2463), 부림식당(682–2345) 등이 있다.

숙박 대티골의 농가에서는 황토구들방을 운영한다. 몸에 좋은 황토와 금강소나무를 사용해 짓
고, 나무를 이용해 난방하는 자연주의 숙박시설이다. 대티골 홈페이지(www.daetigol.com)나 전
화(070–4135–1789)로 문의하면 된다.

후손을 위해 만든 생명의 숲, 금강소나무를 만나다

영양 본신리 금강소나무 숲길

영양군 수비면 본신리에 위치한 금강소나무 생태경영림은 100년 후 후손들에게 물려줄 소중한 금강소나무 숲을 일구는 공간이다. 생태경영림에는 울창한 금강소나무 숲과 청정한 본신계곡이 어우러진 생태탐방로가 조성되어 있다. 우람한 금강소나무를 두 팔로 안아보며, 생태경영림의 아름다운 풍광과 자연의 소중함을 천천히 느껴보자. 글 | 사진 문일식

금강소나무는 강원도의 백두대간과 태백산맥을 따라 분포하는 형질이 우수한 소나무로, 예로부터 소중하게 사용된 자연자원이었다. 나무 속은 붉은색이나 황색을 띠고, 나이테가 가지런하며 촘촘할 뿐 아니라 수형이 곧고 밑동이 굵어 예로부터 목재 가운데 으뜸이었다. 궁궐을 짓거나 왕실용 관을 짜는데 사용되었던 만큼 나라에서 황장봉산으로 정해 직접 관리하기도 했다.

금강소나무 생태경영림은 울진 소광리와 봉화 서벽리, 그리고 영양 본신리 등 모두 경북에만 세 곳이 있다. 그 중 영양 본신리에 있는 금강소나무 생태경영림은 울연산과 금장산, 검마산을 아우르는 본신리와 신원리 주변 3461ha에 조성되었다. 금강소나무 생태경영림은 일부를 개방하여 생태탐방로를 개설해 놓아 숲과 함께 청정한 자연을 보고 듣고 느낄 수 있는 생태학습여행이 가능하다.

🥾 걷기좋은계절 여름, 가을   👟 난이도 ★★★

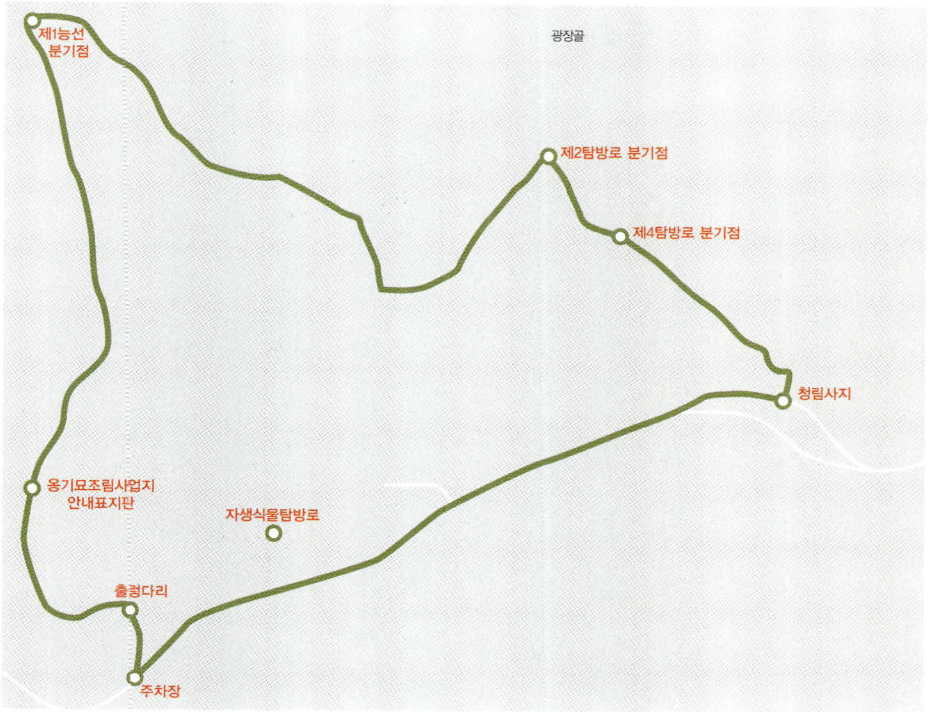

```
                제1능선
                분기점                          광장골
                                        제2탐방로 분기점

                                            제4탐방로 분기점


                                                        청림사지


        옹기묘조림사업지
        안내표지판
                    자생식물탐방로

            출렁다리

        주차장
```

㉚ 영양 본신리 금강소나무 숲길 [2.9km, 2시간]

생태경영림 탐방안내소 — 0.1km 5분 → 출렁다리 — 0.7km 50분 → 제1능선 분기점 — 0.9km 40분 → 제2탐방로 분기점

— 0.1km 5분 → 제4탐방로 분기점 — 0.3km 10분 → 탐방로 종점 — 0.8km 10분 → 생태경영림 탐방안내소

생태탐방로는 2탐방로(2.5km), 3탐방로(4.2km), 4탐방로(2.0km) 등 모두 3곳에 조성되어 있고, 2~4시간 정도면 둘러볼 수 있다. 그 중 생태 4탐방로는 울창한 금강소나무 숲과 화려한 활엽수림을 동시에 둘러볼 수 있고, 산행을 동반하는 구간에 비해 거리가 짧아 가볍게 둘러볼 수 있는 코스다.

생태탐방로의 시작은 탐방안내소에서 하면 된다. 탐방로 입구에는 금강소나무가 무엇인지, 생태경영림이 왜 조성되었는지를 알려주는 안내판이 세워져 있어 탐방로를 걷는 데 큰 도움이 된다. 탐방안내소를 출발해 본신계곡을 가로지르는 출렁다리를 건너면 가파르고 미끄러운 사암지대를 오르는 산행이 시작된다. 출렁다리 위에서 깨끗한 계곡의 물빛을 담아보는 것도 좋다. 특히 출렁다리 아래로는 계곡에 서식하는 누치, 은어, 버들치 등 민물고기의 놀이터이자 서식처인 수중목책이 드리워져 있다. 출렁다리 입구에 물고기 먹이통도 있으니 다리를 건너기 전 계곡의 터줏대감들을 만나보는 것도 좋다.

출렁다리를 건너 거친 사암지대를 지나면 우람한 금강소나무가 하나둘씩 눈에 들어온다. 키 작은 활엽수 사이로 우뚝 솟아 있는 금강소나무들은 신령스러움이 느껴지기도 한다. 제1능선분기점의 중간쯤 오르면 아름드리 금강소나무 한 그루가 서 있다. 한 아름 가득 안고도 남을 정도로 큰 금강소나무다. '나를 안아주세요'라는 팻말을 붙이고, 낯선 외지인을 향해 덩치에 안 어울리는 애교를 피운다. 조금 더 오르면 용기묘 조림사업지 안내 표지판이 서 있다. 용기묘 조림사업지는 묘목을 키워 옮겨 심은 금강소나무들이 자라고 있는 곳이다. 땅을 유심히 살펴보면 손바닥 크기의 소나무 묘목이 군데군데 심어져 있는 것을 볼 수 있다. 생태탐방로 주변의 금강소나무 묘목이 다치지 않게 주의해서 올라야 한다.

제1능선분기점에 가까워지면 금강소나무와 굴참나무, 신갈나무 등 활엽수가 어울리는 숲이 이어진다. 숲 사이로 산 능선이 겹겹이 둘러서 있고, 구주령을

본신계곡에 사는 물고기에게 밥을 주고 있는 여행객

금강소나무를 얼싸안고 있는 여행객

좌 표지판을 매단 금강소나무　우 금강소나무 생태경영림의 가을 단풍

향해 뻗어 있는 88번 지방도가 산자락 사이로 숨어드는 모습도 보인다. 능선 쿤기점까지는 오르막길이 다소 완만해져 걸음이 수월하다. 산 정상은 아니지만 제1능선분기점은 무척 반갑다. 올라가는 길은 생태 3탐방로로 이어지는 길이고, 내리막길은 생태 4탐방로 종점으로 향하는 길이다. 활엽수가 주종을 이루는 숲길을 따라 10여 분쯤 내려가면 또 한 차례 금강소나무 군락이 숲을 이룬다. 울창한 숲길도 좋고, 산 중턱으로 군락을 이루는 금강소나무들이 건너편 능선과 어울려 기분 좋은 풍경을 선사한다. 오후의 따뜻한 햇살이 숲 속을 파고들면 금강소나무 줄기의 붉은 기운이 더욱 짙게 느껴진다. 이곳 금강소나무 군락은 인공천연하종갱신사업지다. 즉, 금강소나무 주변으로 솔잎이나 활엽수의 낙엽이 쌓이면 금강소나무의 솔방울이 떨어진 뒤 자연발아하기가 쉽지 않기 때문에 자연발아가 잘되도록 잡목과 낙엽 등을 인공적으로 제거하는 곳이다. 숲길은 4탐방로와 2탐방로 분기점을 두 번 교차하며 탐방로 종점으로 이어진다. 길은 가파른 내리막에서 평탄한 숲길로 바뀐다. 이 숲길은 4탐방로에서 가장 아름답다. 활엽수의 울창한 숲길을 따라 화려한 원색의 단풍이 장관을 이루기 때문이다. 발걸음이 쉽게 떨어지지 않는다. 생태 4탐방로는 5~7년생 어린 금강소나무를 이식해 놓은 금강소나무 대묘조림지와 본신계곡을 가로지르는 징검다리를 지나면 끝이 난다. 탐방로 종점에서 탐방안내소까지는 88번 지방도를 따라 0.8km 떨어져 있고, 10분 정도면 도착한다.

◎ 자생식물 탐방로

본신계곡 건너편에 있는 자생식물 탐방로는 자생식물 군락지를 체계적으로 보존하기 위해 조성한 공간이다. 1km도 채 안 되는 탐방로에는 산자고, 투구꽃, 흰털괭이눈, 노루귀 등 자생식물 군락뿐 아니라 소나무, 단풍나무, 층층나무, 물푸레나무 등 목본류 70여 종이 한데 어울려 있다. 계절별로 피고 지는 야생화도 아름답지만, 봄·가을로 활엽수의 초록 물결과 단풍의 향연이 펼쳐져 탐방로 숲길은 마치 아름다운 이상향의 세계를 걷는 듯하다. 금강소나무 생태경영림에서는 숲 해설뿐 아니라 숲속체험교실도 운영하며, 탐방안내소 주변에는 소나무 숲 사이로 야영데크가 설치되어 있어 캠핑족들의 오붓한 휴식공간으로 충분하다. 문의 영덕국유림관리소 730-8142

1일차 영양 – 금강소나무 생태경영림 – 점심식사 – 반딧불이생태공원, 반딧불이천문대 –
   휴식 및 숙박
2일차 아침식사 – 산촌생활박물관 – 분재수석야생화전시관 – 점심식사 – 서석지 – 봉감모전
   오층석탑 – 영양

반딧불이생태공원 반딧불이 생태학교는 영양의 청정한 자연환경과 환경의 척도로 알려진 반딧불
이를 결합한 최고의 자연생태 전시장이다. 본관과 별관으로 구성된 반딧불이 생태학교 내에는 반
딧불이의 생태뿐 아니라 곤충소리체험, 영양의 생태계를 돌아볼 수 있다. 생태학교뿐 아니라 생
태공원과 천문대, 반딧불이와 나비의 생태를 볼 수 있는 온실 등이 있어 다양한 자연학습을 할 수
있다. **문의** 680–6045, firefly.yyg.go.kr
산촌생활박물관 잊혀가는 산촌 문화를 보존·전시해 놓은 공간이다. 상설전시관에는 산촌의 살림
살이, 농경활동과 여가, 공예활동 등 척박한 환경을 일군 산촌 사람들의 일상을 엿볼 수 있다. 굴
피집, 투방집체험 등을 볼 수 있는 전통생활체험장뿐 아니라 고전소설과 이야기를 공원으로 꾸며
놓은 전통문화공원도 둘러볼 만하다. 산촌생활박물관에서 선바위 관광지까지 0.9m의 산책로가
조성되어 있어 또 다른 걷기여행을 즐겨볼 수 있다.
문의 680–6046, museum.yyg.go.kr

생태탐방로에서 만나는 아름다운 금강소나무 군락

분재수석야생화전시관 선바위 관광지구 내에 있는 분재수석야생화전시관은 해송, 주목, 노간주나무, 소사나무 등 분재 130여 점을 비롯해 수석, 야생화 등이 다양하게 전시되어 있다. 관람은 오전 9시부터 오후 6시까지이며, 무료 관람할 수 있다. **문의** 682-6070, www.ytree.org

전시관 건너편에는 청양고추로 잘 알려진 영양고추 홍보를 위해 세운 영양고추홍보관과 동굴형 태로 지어진 동굴형 민물고기전시관도 있어 함께 둘러보면 좋다.

서석지 담양의 소쇄원과 보길도의 부용정과 함께 우리나라 3대 전통 정원으로 손꼽히는 곳이다. 조선 광해군 때 석문 정영방 선생이 조성하였다. 서석지는 연못을 조성할 때 상서로운 돌이 나왔다 하여 붙여진 이름이다. 여름이면 연못에 연꽃이 가득 피어나고, 가을이면 수령 400년이 넘는 은행나무가 노란 장관을 연출한다.

봉감모전오층석탑 돌을 벽돌처럼 잘라 쌓은 모전석탑이다. 마을 이름이 봉감이어서 봉감모전오층석탑으로 불린다. 높이만 11m에 이르는 장중한 석탑으로 넓은 들판 사이로 흐르는 강과 산자락이 조화롭게 어울리는 석탑이다. 봉감모전오층석탑은 국보 제187호로 지정되어 있다.

가는 길

자가용 중앙고속도로 풍기IC에서 내려 봉화 방면 36번 국도를 타고 옥천 삼거리를 지나 영양 방면 31번 국도를 탄다. 영양 문암 삼거리에서 좌회전해 영덕 방면 88번 국도를 타고 약 8km 정도 가면 금강소나무 생태경영림에 이른다.

버스 영양시외버스터미널에서 수비, 수하, 신암행 버스가 일 14회 운행하고, 수비면에서는 택시를 타거나 걸어가야 한다. 도보 시 약 50분 정도 소요된다. 10시 30분 버스만 금강소나무 숲 생태경영림으로 운행한다.

맛집 금강소나무 생태경영림과 가까운 수비면에는 식사할 곳이 많다. 강천식당(매운탕, 682-9043), 청풍식당(백반, 682-9149), 고향집(한식, 682-9400), 별미식당(순두부찌개, 682-9375), 등이 있다. 선바위 관광지 내 선바위가든(682-7429)은 영양에서 직접 채취한 여러 가지 산나물로 산채정식을 내는 집으로 유명하다.

숙박 수비면 소재지 주변에 검마산 자연휴양림이 있다. 검마산 자연휴양림은 두 동의 산림문화휴양관과 야영장 시설을 갖추고 있다(682-9009, huyang.go.kr). 반딧불이 생태공원 인근 수하리에는 영양군 자연생태공원 관리사업소(683-8987, www.yygnp.com)에서 운영하는 펜션과 수하산촌생태마을(683-0312, www.suhasanchon.or.kr)에서 운영하는 펜션을 이용할 수 있다.

31 경관이 아름다운 숨겨진 길

하늘 끝에 선 고고함 속에 들어서는 길

봉화 서벽리 금강소나무 숲길

봉화군 서벽리에는 귀한 나무가 있다. 그 나무는 유난히 붉은 껍질을 드러내며 하늘 높은 줄 모르고 곧게 뻗어 있다. 목재 중에서도 최고의 상품으로 대접받고 궁궐과 다양한 문화재 보수용으로 사용되는 금강소나무다. 소나무 1500여 그루가 자라고 있는 서벽리 금강 소나무 숲. 그 숲길을 따라 걸으며 소나무의 굳센 기운을 받아보자. 글 | 사진 채지형

서벽리가 있는 춘양면은 금강소나무 군락지로 유명하다. 영동선을 개설할 당시 직선으로 설계된 노선을 춘양면 소재지를 돌아가도록 억지로 끌어들여 '억지춘양'이라는 말이 유래된 곳이기도 하다. 춘양은 '봄날의 볕처럼 따뜻한 곳'이라는 뜻. 소나무가 양지식물인 것을 생각하면 춘양면 일대는 소나무가 살기에 아주 좋은 장소다. 소나무를 춘양목이라고 부르는 것에는 이런 사연이 숨어 있다.

춘양면에서도 서벽리의 문수산 일대는 문화재용 목재를 위해 금강소나무를 키우는 곳이다. 넓은 산림에 높이 25~30m, 직경 50~60cm의 올곧은 소나무들이 군기가 가득 들어간 장병들처럼 늠름하게 늘어서 있다.

금강소나무의 한자를 살펴보면, '쇠 금(金)'자에 '굳셀 강(剛)'이다. 불교의 가르침인 금강경은 강하고 견고하며 허물어지지 않음을 뜻한다. 사찰의 일주문과

걷기좋은계절 여름, 가을   난이도 ★★★

서벽3리

두내약수탕

쉼터

춘양목
산림체험관

숲해설사 쉼터

산림전시관   용기모 시범 조림장

금강소나무 숲 탐방길

31 봉화 서벽리 금강소나무 숲길 [4.05km, 1시간 47분]

봉화 —22.5km 차로 35분→ 서벽리 정류소 —0.1km 2분→ 두내약수탕 —0.45km 10분→ 춘양목 산림체험관 —0.8km 15분→

산림문화전시관 —1.5km 1시간→ 금강소나무 숲 탐방길 —1.2km 20분→ 두내약수탕 —22.3km 차로 35분→ 봉화

본당 사이에 있는 금강문에서 사찰을 수호하는 사천왕도 떠오른다. 금강송 역시 강하고 곧은 이미지를 품고 있다. 그래서 소나무 중에서도 으뜸으로 꼽히는 금강송은 좋은 목재로 왕실과 사찰에서 귀하게 사용되어 왔다.

춘양면 일대는 겨울철 눈이 많이 내리기 때문에 소나무의 가지가 짧고 높게 자란다. 가지에 눈이 쌓인 무게를 줄이기 위해 적응한 결과다. 껍질이 얇고 결 또한 곱다. 나이테의 너비가 좁고 일정해서 비틀어짐도 없다. 벌레가 먹어도 잘 썩지도 않는다. 그야말로 소나무 중 소나무다.

금강소나무 숲에 가기 위해서는 두내약수탕에서 출발한다. 10분쯤 걸으면 춘양목 산림체험관이 나온다. 춘양목 산림체험관을 둘러본 후 임도를 따라 걷는다. 소나무 숲에 들어서자 먼저 반응하는 것은 눈이다. 어찌 그리 반듯하게 서 있는지, 그 기개가 부러울 따름이다. 다음은 코가 반응한다. 향긋한 솔 향은 어느 곳에서도 맡아보지 못한 기분 좋은 향을 선물한다.

금강소나무 숲 입구에는 아담한 산림 전시관이 마련되어 있다. 전시관에는 목재로 만들어진 한옥의 뼈대가 준비되어 있고 바로 옆 체험장에는 나뭇가지 등을 이용해 만든 부엉이와 잠자리 등의 아기자기한 소품들이 전시되어 있다. 학생들이 체험을 하면서 만들어 놓은 것이다.

금강송을 보러 가는 길에 만난 억새밭

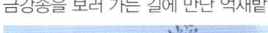

◎ 봉화 솔 숲길

짧은 숲길이 아쉽다면 서벽리 북서쪽 2km 지점의 도래기재에서 출발해 주실령을 지나 금강소나무 숲길을 탐방하는 것도 괜찮다. 이 구간은 봉화 솔 숲길 제3구간으로 문수산과 옥석산 임도를 따라 걷는다. 16km 정도로 무난한 코스다.

문의 봉화군 문화체육관광과 679-6394

좌 금강소나무 군락지 입구의 산림 전시관 **우** 금강소나무를 따라 걷는 길

숲길 걷기는 전시관 앞에서 출발한다. 한 바퀴 둘러보는데 약 1.5km. 오르막이 있기는 해도 1시간 정도면 여유 있게 걸을 수 있다. 남녀노소 누구나 부담 없이 걸을 수 있기 때문에, 누구와 함께 와도 아름다운 추억을 만들 수 있다. 숲길에는 금강소나무 외에도 다양한 수종들이 촘촘하게 심어져 있다. 봄, 여름, 가을에는 화려한 야생화들도 금강소나무와 사이좋게 함께 살아간다.

탐방로에는 이정표가 잘 갖추어져 있어서, 위치를 가늠하기에 불편함이 없다. 천천히 걸으면 오르막길도 그리 힘들지 않다. 오르막길을 오르면 금강소나무의 굵기가 점점 굵어진다. 나무마다 노란색 페인트로 줄이 그어져 있고 식별 번호가 표시되어 있다.

폐부로 들어오는 공기도 달라진다. 숲길은 지친 몸과 마음에 에너지를 전해주는 피톤치드를 마구 뿌려준다. 피톤치드는 초여름과 가을 사이 바람이 적은 오전 10시에서 오후 2시까지 활발히 생성되기 때문에, 숲을 찾는다면 이 시간에 가는 것이 가장 좋다.

탐방로 중간에는 쓰러진 나무들을 일정한 크기로 잘라서 만든 의자가 놓여 있다. 자연 친화적인 의자에 앉아 잠시 눈을 감고 금강소나무가 전하는 바람 소리를 들어본다. 바람은 차갑지만 평소에 듣지 못한 숲의 소리가 귓가를 간지럽힌다.

숲에 대한 좀 더 자세한 이야기가 궁금하다면, 숲 해설가와 함께하는 숲길 탐
방에 참여해보는 것도 추천할 만하다. 주말에만 가능하며 예약(672–3019)을
하는 것이 좋다.

내리막길로 이어진 구간에는 큰 소나무들이 우뚝 서 있다. 숲에서 가장 큰 소나
무도 이 길에 있다. 발걸음을 멈추고 소나무를 올려다본다. 산허리를 가로지르
며 가면 멀리 임도가 나타난다. 임도 옆에는 '용기묘 시범 조림장'이 조성돼 있
다. 금강소나무 후계림으로 다양한 조림방법을 시험하는 곳이다. 온실이나 양
묘시설 같은 곳에서 특수한 용기에 키운 묘목들을 이곳에 심어 관찰하게 된다.
영주 국유림관리소에서 관리하는 것으로 2006년 약 3000평의 면적에 1600그
루를 심었다. 일제강점기에 남벌된 이후로 평균 수령 50년 남짓한 금강소나무
를 이어 우리의 숲을 이루게 할 재목들인 셈이다.

우리나라에서 소나무만큼 흔하고 익숙한 나무는 없다. 그러나 그 모양과 특성
에 따라 소나무는 가치가 달라진다. 명품 금강소나무 숲은 천하 제일가는 나
무이다. 귀한 만큼 소중히 보호해야 할 나무이기도 하다. 봉화의 맑은 공기를
마시며 명품 숲에서 즐기는 한가로운 산책은 우리가 누릴 수 있는 최고의 호
사 중 하나다.

금강소나무 군락지 부근의 평화로운 임도

두내약수탕 두내약수탕의 약수는 탄산약수로, 청량음료처럼 탄산 거품이 이는 것이 특징이다. 문수산 자락에서 나오는 약수로, 철분이 다량 함유되어 있고 위장병과 피부병에 효험이 있다고 알려져 있다. 한때 뛰어난 효험으로 너무 많은 사람들이 찾아오자 마을 주민이 묻었던 것을 1982년에 찾아내 지금에 이르고 있다. 인근의 오전약수터보다 관광지로는 덜 알려진 편.
문의 춘양면사무소 673-3002

춘양목 산림체험관 춘양면 서벽리에 있는 춘양목 산림체험관은 봉화의 상징인 춘양목과 송이를 테마로 다양한 내용을 전시하고 있는 체험관이다. 전시실에서는 춘양목의 곱고 부드러운 속살을 만날 수 있으며 목재로 다양하게 활용되는 예를 전시해 놓았다. 2층에는 전망대를 조성해 놓았으며 오전 9시부터 오후 6시까지 개방하고 매주 월요일에 쉰다.
문의 봉화군 문화체육관광과 679-6394

각화사 조선왕조실록을 보관한 태백산 사고의 수호 사찰로, 1913년까지 약 300년간 사고를 보관해 왔다. 현재 사고사는 터만 남아 있으며, 절 뒤쪽으로 50분을 올라가야 한다. 각화사는 문무왕 16년 원효대사가 태백산 자락 각화산에 창건한 사찰로, 과거 800명의 승려가 수도했을 정도로 큰 규모의 사찰이었다고 전해진다. 역사적인 의미도 있지만, 각화사를 품은 숲의 정취가 좋아서 호젓하게 산책을 즐기고 싶은 이들에게 좋다. **문의** 각화사 672-6120

가는 길

자가용 중앙고속도로에서 풍기IC로 나와 봉현교차로에서 우회전한 후 부석·순흥 방면으로 우회전하여 931번 지방도를 탄다. 물야면에서 오전약수터 방향 915번 지방도를 타면 두내약수터에 도착한다.

기차 청량리역→영주역(무궁화호, 1일 8회, 3시간 40분 소요)

버스 동서울터미널→봉화버스터미널(1일 6회, 2시간 40분 소요)
　　　동서울터미널→춘양버스터미널(1일 6회, 3시간 소요)
　　　봉화버스터미널에서 춘양·서벽 방면 버스 이용, 두내약수탕에서 하차(09:35, 11:50, 15:30)
　　　춘양버스터미널에서 하차 후 두내행 버스 이용, 택시 이용(약 1만 5000원)

맛집 봉화읍 내성리에 위치한 솔봉이식당(송이돌솥밥, 673-1090)에서 봉화 특산인 송이를 맛볼 수 있다. 서벽리에는 두내약숫물을 사용하는 느티나무식당(닭백숙, 673-2554)과 소나무집용궁탕(토종닭, 673-0347) 등이 있다. 봉성면으로 가면 오시오식육식당(돼지고기구이, 672-9012), 희당식당(돼지고기구이, 672-9046) 등의 돼지구이 전문점이 있으며, 초가식당(송이손칼국수, 673-9981)과 궁전가든(송이한방오리탕, 673-2000)도 잘 알려져 있다. 물야면에는 약수를 이용한 한방백숙을 맛볼 수 있는 관광식당(한방백숙, 672-2330)이 있다.

숙박 춘양면 의양리에 위치한 성암고택(672-6118)과 만산고택(672-3206)에서는 고택체험을 할 수 있으며, 오전약수 관광지 부근에는 박달장(672-2034)을 비롯한 다양한 민박시설들이 있다. 명산랜드(673-9988, www.msland21.co.kr)에도 모텔과 콘도 등 여러 숙박시설이 있다.

낙동강 원류 따라 나를 찾는 길
봉화 석포~승부역길

석포역에서 출발해 승부역까지 가는 길은 소박하다. 한참을 걷다 보면, 물 맑고 산 깊은 곳에 다소 곳이 앉아 있는 승부역이 나타난다. 낙동강을 따라 묵묵히 걸어온 여행자에게 수고했다고 활짝 웃 어주는 것 같다. 석포에서 승부역까지의 길은 조용히 걷자. 찬찬히 나를 돌아보면서 한 걸음씩 디 디다 보면 세상 모든 것들이 축복으로 다가오는 신비로운 체험을 하게 될 것이다. 글 | 사진 채지형

석포역에서 승부역까지 이어지는 길은 한 편의 서정시다. 그저 걷는 것만으로도 가슴을 촉촉이 적셔주는 작품을 한편 감상하는 느낌이다. 시끄럽게 떠들어대는 차도, 지나가는 사람도 없다. 낙동강 강가를 따라 12km에 이르는 길을 굽이굽이 걷다 보면 마음이 절로 고요해진다. 혼자만의 생각에 잠겨 묵묵히 걷고 싶을 때, 쉼표가 필요할 때, 그럴 때 잘 어울리는 길이 바로 이 길이다.

경북 봉화군에 있는 석포역까지는 차나 기차를 타고 간다. 걷기여행의 시작은 석포역이다. 자그마한 역을 빠져나와 승부역 방향으로 난 표지판을 따라 걷는다. 10분쯤 걷다 보면 익숙하지 않은 풍경이 등장한다. 거대한 석포제련소가 마치 SF영화의 한 장면을 떠올리게 만든다. 석포제련소를 지날 때까지는 가끔 먼지를 내는 트럭이나 차들을 만난다.

 걷기좋은계절 여름, 가을, 겨울　난이도 ★

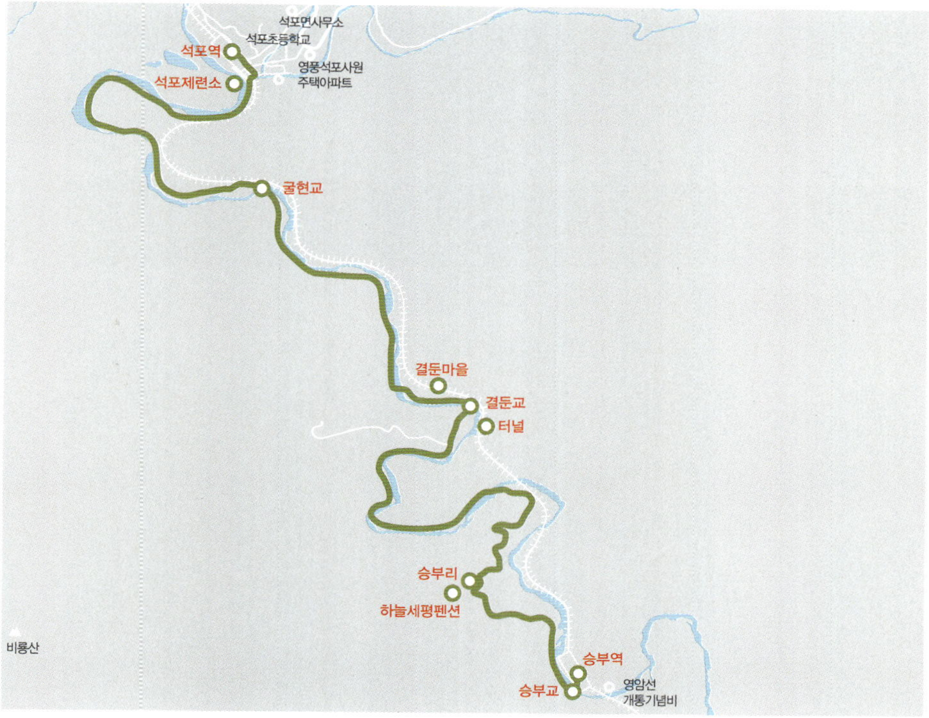

- 석포면사무소
- 석포초등학교
- 석포역
- 영풍석포사원
- 주택아파트
- 석포제련소
- 굴현교
- 결둔마을
- 결둔교
- 터널
- 승부리
- 하늘세평펜션
- 승부역
- 영암선 개통기념비
- 승부교
- 비룡산

③② 봉화 석포~승부역길 [12,4km, 3시간 16분]

동대구역 →(기차로 3시간 56분)→ 석포역 →(3.6km, 55분)→ 굴현교 →(2.8km, 45분)→ 결둔교/결둔마을 →(4.0km, 60분)→ 승부리

→(1.4km, 20분)→ 승부교 →(0.3km, 6분)→ 승부역 →(0.3km, 기차로 9분)→ 석포역 →(기차로 3시간 56분)→ 동대구역

그러나 제련소를 벗어나자 숨겨진 다른 세상이 펼쳐진다. 나무들이 바람에 흔들리고 단풍은 가을 햇살에 반짝인다. 승부역까지 동행이 되어줄 낙동강 상류의 물길이 다정하다. 낙동강을 사이에 두고 건너편에는 철도가 나 있다. 아주 가끔 기차는 수면에 멋진 모습을 비추며 나타났다 사라진다. 기차가 지나갈 때면 걷던 발걸음도 멈춰서 기차를 바라본다. 이렇게 한 걸음씩 걸어야 강과 이야기도 하고 단풍과 눈 한 번 더 마주칠 수 있다. 갑자기 빠른 모든 것들이 안타깝다는 생각이 밀려든다.

긴 시간 걷더라도 기차와 산이 어우러진 그림을 자주 만나지는 못한다. 기차가 자주 이곳까지 들어오지는 않기 때문이다. 지금은 길이 넓어져서 마음만 먹으면 승부역까지 차를 가지고 들어갈 수 있지만, 얼마 전까지만 해도 걷거나 기차를 이용하지 않으면 닿을 수 없는 오지 중 오지였다.

산은 깊고 물은 맑다. 승부역 가는 길에 만나는 강과 산의 모습은 한 폭의 풍경화다. 알록달록한 산과 맑디맑은 물, 그리고 그곳을 터전 삼아 생명을 품어내고 있는 자연들. 아무도 만나지 못해도 외롭지 않다. 길은 대체로 평탄하게 이어지지만 가끔 우리네 인생처럼 오르막과 내리막이 교차한다.

그렇게 시간 가는 줄 모르고 걷다 보면 자그마한 마을이 나온다. 아름다운 배추

승부역에서 분천역으로 향하는 철교

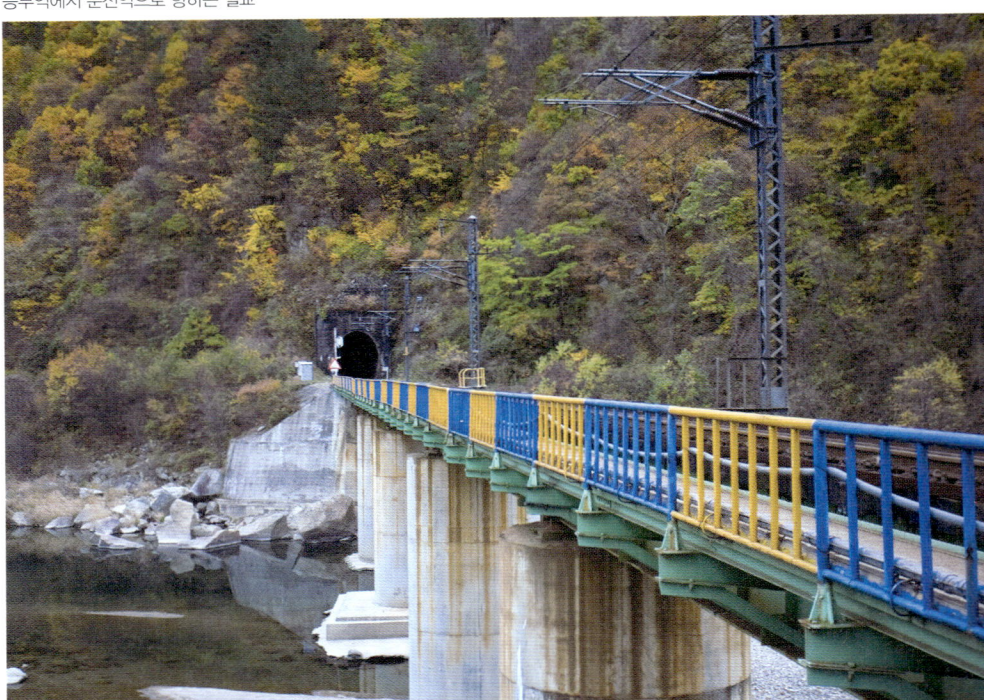

◎ 오지에 있는 기차역 여행

석포역에서 승부역까지 가는 길에는 음료수나 간식거리를 사 먹을 만한 곳이 전혀 없다. 미리 석포역에서 출발할 때 충분한 물을 챙겨가야 한다. 석포역과 승부역은 기차가 자주 서지 않는다. 꼭 기차 시간을 미리 확인하고 일정을 짜야 한다. 승부역에서 연인에게 엽서 한 장 띄우는 낭만놀이도 잊지 말자.

들이 옹기종기 열려 있는 배추밭을 지나면, 집 지키는 강아지가 여행자를 반긴다. 꼬리를 계속 흔들며 눈을 떼지 못한다. 양옆으로 파란 풀이 펼쳐지고 가운데로 소담한 길이 하나 나 있다. 마치 그림 속으로 들어가듯, 그 길로 빨려 들어가면 시나브로 승부역이 눈에 들어온다.

마을과 역 사이에는 빨간색 출렁다리가 놓여 있다. 폭 1.5m, 길이 70m인 현수교로, 움직일 때마다 출렁이는 재미를 느끼며 다리를 건넌다.

드디어 여행자들에게는 하나의 로망이 된 승부역이다. '하늘도 세 평이요 꽃밭도 세 평이나, 영동의 심장이요 수송의 동맥이다'라는 문구가 눈을 사로잡는다. 승부역에서 19년이나 역무원으로 일했던 김찬빈 씨가 써 놓은 시로, 지금은 승

유유하게 흐르는 낙동강

경관이 아름다운 숨겨진 길

태백에서 발원해 경북 봉화로 흘러드는 낙동강의 원류

부역의 대표적인 아이콘이 되었다.

사람들이 자주 드나드는 역은 아니지만, 곳곳에 아름다운 손길들이 묻어 있다. 사랑의 자물쇠며 우체통이며 여기저기 적혀 있는 시구들은 실제로 존재하는 역이라기보다는 테마파크의 일부 같은 느낌을 안겨주기까지 한다. 소박하지만 정감이 넘치는 승부역. 이 맛에 많은 이들이 승부역을 찾는구나 싶다.

1970년대까지만 해도 화물열차가 하루에 60번 이상 오갔을 정도로 활기찬 역이었지만, 광부들이 떠나면서 지금은 하루에 열차가 몇 번 서지 않는 역으로 바뀌었다. 열차가 많지는 않지만 계절이 바뀔 때마다 눈꽃열차, 산나물열차, 피서열차, 단풍열차와 같은 특별 열차들이 들어와 수많은 이들에게 기쁨을 주는 간이역으로 새롭게 태어났다.

외롭게 승부역을 지키고 있는 역무원, 낭만을 안고 승부역에 오는 여행자들, 그들의 숨결과 손길로 다시 태어나는 승부역. 그 모든 것들을 품고, 석포에서 승부역으로 이어진 아름다운 걷기 여행을 마무리한다.

승부역 철길은 첩첩산중 오지와 세상을 이어주는 유일한 길이다.

여행 스케줄

1일차 서울 – 석포역 – 승부역 – 숙박

2일차 아침식사 – 백천계곡 – 홍제암 – 청옥산 자연휴양림 – 서울

여행지 정보

백천계곡 태백산에서 발원한 물이 16km에 걸쳐 흐르는 계곡이다. 물이 맑고 수온이 낮은 탓에 열목어가 살고 있다. 열목어는 빙하시대에 살던 어족으로, 세계적인 희귀종으로 알려져 있다. 청정함과 수려한 풍경을 간직하고 있어, 여름철 피서지로 인기다. 백천계곡에서 부쇠봉, 천제단으로 오르는 코스와 백천계곡에서 문수봉, 천제단으로 오르는 등산 코스도 추천할 만하다.

문의 석포면사무소 673–6301

홍제암 태백산 자락의 청옥산 속 깊은 곳에 위치한 사찰이다. 절의 창건은 전설로 전하는데 조선시대 절 뒤편의 도솔암에서 수도를 한 사명대사가 인근 작은 암자를 중수해 자신의 호를 따 홍제암이라 불렀다고 한다. **문의** 672–3410

청옥산 자연휴양림 해발 800m에 위치한 청옥산 자연휴양림은 울창한 숲과 계곡이 있어 자연을 느끼기에 좋은 곳이다. 휴양림 안에는 물놀이장과 산막운동장, 캠프파이어 시설이 갖추어져 있으며, 가족끼리 여행을 한다면 캠핑을 하는 것도 괜찮다. 맑고 깨끗한 물과 싱그러운 숲은 사시사철 언제 찾아도 좋다. 주말에 숲 해설 프로그램을 운영하고 있다.

문의 휴양림관리사무소 672–1051, www.huyang.go.kr

Travel info

가는 길

자가용 중앙고속도로 풍기IC에서 나와 봉화 방면 36번 국도를 이용한다. 소천면 현동 삼거리에서 태백 방면으로 좌회전한다. 31번 국도를 타고 육송정 삼거리에서 석포 방면으로 우회전해 직진하면 석포역이다.

기차 서울역→동대구(오전 6시 20분)→석포(오전 10시 17분)→승부(오후 6시 16분)→동대구(오후 10시 8분)→서울역

맛집 소천면 35번 국도 변에 위치한 명산랜드에 송이불고기를 하는 종가집(한우자연산 송이불고기, 673–9966)이 있으며, 분천리로 가면 옥방밸리휴게식당(산채비빔밥, 672–7777)이 괜찮다. 고선리에는 이름이 특이한 대풍정식음소식당(송이토종닭백숙, 673–2567)이 맛있다.

숙박 소천면 분천리의 옥방밸리휴게식당(672–7777)은 모텔을 겸하고 있으며 석포면 백천계곡 주변으로 유럽풍 건물의 하늬바람펜션(672–4750)이 있다. 석포면 대현리의 청옥산 자연휴양림(672–1051)에서는 단체 여행자를 위한 시설과 캠핑장을 갖추고 있으며, 승부마을에는 하늘세평펜션(673–5402)이 있다.

바람이 소리를 만나는 청량한 길
봉화 청량사길

오색의 빛을 입은 가을에 만나는 청량사는 아름답다. 퇴계를 비롯한 많은 이들이 시대를 아우르며 기암절벽 속 연꽃의 꽃술처럼 펴 있는 청량사를 사랑했다. 이름만 들어도 발걸음이 가벼워지는 청량사. 단순한 길과 가파른 길로 이어지는 길은 그다지 길지 않지만 걷는 즐거움을 만끽하기에 충분하다. 길을 잃어도 행복할 것 같은 청량사로 떠나보자. 글 | 사진 채지형

청량산은 남성적인 산세와 여성적인 우아함을 모두 갖춘 산이다. 봉화와 안동에 걸쳐 있으며 서로 다른 아름다움을 지닌 12개의 봉우리와 8개의 굴, 12개의 대 그리고 청량사를 비롯한 암자와 절터를 품고 있다. 또 산속에는 홍건적의 난을 피해 안동에 머물렀던 공민왕이 축성했다는 산성의 흔적이 남아 있고 공민왕을 추모하기 위해 만든 사당이 남아 있다. 조선 후기 실학자 이중환의 『택리지』에 따르면 백두대간의 8개 명산 외에 대간을 벗어난 4대 명산 중 하나로 평가했을 만큼 역사적 가치가 높고 수려한 풍경을 자랑한다.

그런 청량산 안에 연꽃처럼 피어 있는 청량사로 가는 길. 먼저 청량산 삼거리에서 출발한다. 청량교를 건너 매표소를 지나면 퇴계의 '청량산가' 시비가 여행자를 맞는다. 청량산을 무척 아꼈다는 퇴계의 시비는 이렇게 적혀 있다.

 ☆ 걷기좋은계절 봄, 가을   ☆ 난이도 ★★★

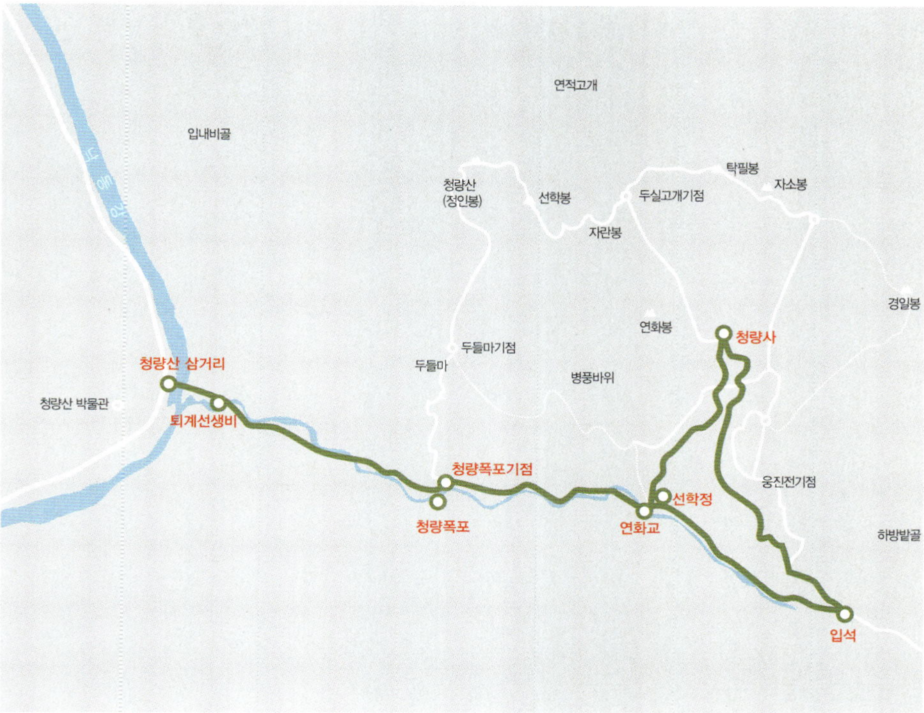

㉝ 봉화 청량사길 [7.05km, 2시간 50분]

봉화 —30km 버스로 45분→ 청량산 삼거리 —0.25km 5분→ 퇴계선생비 —0.8km 15분→ 청량폭포 —0.8km 15분→ 연화교 —1.4km 50분→

입석 —1km 25분→ 청량사 —0.8km 30분→ 선학정 —2km 30분→ 청량산 삼거리 —30km 버스로 45분→ 봉화

◎ 청량산 등산 코스

좀 더 청량산을 즐기고 싶다면 입석에서 출발해 청량정사, 자소봉, 연적고개, 청량사, 선학정으로 향하는 등산 코스도 추천한다. 총 4.5km의 거리에 2시간 50분이 소요된다. 사계절 모두 멋진 풍광을 자랑하나, 그중에서도 가을이 최고다.

문의 청량산도립공원 관리사무소 673-6194

좌 가을 단풍이 화려한 청량사 가는 길 **우** 유리보전 앞의 청량사 사리탑

청량산 6.6봉을 아는 이 나와 백구 너뿐이니
백구 너야 의젓하니 소문 아니 낼 것이고 문제는 저놈의 도화 꽃이로다
저 도화 꽃이 강물에 떨어지면 어부가 그걸 보고 6.6봉을 알까 하노라

퇴계시비를 지나 청량폭포까지는 심심한 길이 이어진다. 단조로워 재미없는 길이다. 인생도 그렇듯 걷기도 항상 좋은 길만 있으랴. 마음을 다독이며 묵묵히 걷는다. 청량폭포에 이르자, 시원한 물줄기가 바위를 자를 것처럼 떨어진다. 여기에서 청량산 장인봉(870m)으로 가는 길과 청량사 가는 길로 나뉜다. 연화교에 이르면 다시 청량사로 가는 길과 입석으로 가는 길로 나뉘는데 입석으로 가는 길의 풍경이 더 아름답고 수월하다. 입석, 말 그대로 입구의 바위인 이곳은 청량사로 가는 들머리이자 등산의 시작이다. 이곳에서 청량사까지 가는 길은 그 아름다움 덕분에 전국의 여행자들이 이곳으로 몰려든다.

좁게 이어지는 바윗길을 타고 가다 중간에 갈림길이 나오는데, 왼쪽으로는 응진전 가는 길이고 오른쪽은 청량사 가는 길이다. 시간이 여유롭다면 응진전으로 갔다가 다시 청량사로 향해도 괜찮다. 청량사 가는 길에는 산꾼의 집이 나온다. 청량산이 좋아 20여 년을 이곳에 머문 산꾼 이대실 씨의 집이다. 여기에서 사람들은 시원한 물 한 모금으로 갈증을 해소하기도 한다.

앞에 놓인 길을 따라가면 가파른 산자락에 정성스럽게 쌓은 석축과 여러 건물들이 옹기종기 모여 있는 청량사가 나온다. 제일 웅장한 것이 범종루이고 그 앞은 안심당이다. 범종루 뒤 계단을 오르면 유리보전이 나온다. 유리보전 앞에 서자 품속에 파묻혔던 청량사와는 다른 풍경이 들어온다. 그리 큰 것도, 세찬 것

위 청량폭포 가는길 **아래** 청량사 안내문

도 아닌데 마음속으로 파고드는 웅장함에 절로 숙연해진다. 다들 같은 마음일
까. 유리보전 앞 탑에서는 사람들이 자신의 마음을 담은 기도를 올리고 있다.
올라오기도 힘든 길을 불편한 몸으로 오른 연로한 이들도 적지 않다.

청량사는 신라 문무왕 3년에 원효대사가 세운 사찰이다. 풍수지리학상 길지로
꼽히는 청량사는 수려한 청량산의 품속에 안겨 있다. 청량사에는 현재 두 개
의 진귀한 보물이 남아 있다. 하나는 공민왕이 친필로 쓴 현판 유리보전(琉璃
寶殿)으로, 약사여래를 모신 곳이라는 뜻이다. 약사여래불은 모든 중생의 병
을 치료하고 수명을 연장해주는 부처님이다. 약사여래불이 특이한 점은 종이
로 만든 지불이라는 점이다. 현재는 금칠을 했으며 지방유형문화재 제47호로
지정됐다. 또다른 보물은 청량사 목조지장보살삼존상로, 보물 제1666호로 지
정됐다. 경내를 돌아보고 나서 안심당으로 향한다. '바람이 소리를 만나면'이
라 불리는 안심당에서 싱그러운 차 한 잔을 마신다. 차를 마시는 것인지 세월
을 마시는 것인지, 잠시 시간을 잊는다. 마음에 응어리져 있던 근심도 어디론
가 빠져나가는 것 같다.

이제는 내려가야 할 시간. 안심당에서 일주문으로 나가 연화교로 향한다. 길이
가파르다. 연화교에서 다시 원점회귀하는 길은 편안하다.

청량산은 퇴계를 비롯해 공민왕과 김생, 원효, 최치원이 사랑한 산이다. 시대
를 막론하고 지금도 수많은 사람들이 찾고 있다. 특히 퇴계는 청량산과 지금
의 도산서원의 자리를 두고 많은 고민을 했다고 할 만큼 애정이 각별했다. 비
록 가벼운 걷기였지만 걷는 내내 마음을 빼앗겨 길을 잃어도 좋을 만큼 매력
적인 길이었다.

청량사 입구의 다원 안심당에서 잠시 숨을 고르고 가는 것도 좋다.

여행 스케줄

1일차 서울 – 안동 – 가송마을 – 고산정 – 농암종택 – 농암종택 또는 청량산 부근 숙소에서 숙박

2일차 아침식사 – 청량산 걷기 시작 – 청량사 관람 – 청량산 삼거리 – 점심식사 – 봉화 – 서울

여행지 정보

고산정 고산정은 정유재란 당시 안동 수성장이었던 성성재 금난수의 정자로, 조선시대의 정자 형태를 잘 보여주는 건축물로 꼽힌다. 가송마을에 위치해 있으며, 뒤로는 외병산과 내병산이 병풍처럼 둘러 있고 앞으로는 낙동강이 흐른다. 건물을 지을 당시부터 예안 지방의 대표적인 절경이었으며, 그의 스승인 퇴계도 문인들과 함께 와 즐겼다고 한다. **문의** 안동시 문화관광과 840–6114

농암종택 농암 이현보의 종택이다. 가송리 협곡을 끼고 흐르는 낙동강 줄기의 수려한 풍광을 품고 있다. 도산면 가송리에 자리하고 있으며, 고산정과 월명담, 벽력암, 학소대 등 명소들을 감싸안고 있다. 이현보는 연산군 10년 안동에 유배되었다가 중종반정으로 복직되어 형조참판, 호조참판, 지중추부사 등을 지냈다. 원래 분천마을에 있었으나 안동댐 건설로 마을이 수몰되면서 현재의 위치로 옮겨왔다. **문의** 843–1202, www.nongam.com

청량산 박물관 봉화군의 역사와 문화, 청량산의 문화유산과 자연에 관한 자료를 한데 모아 전시해 놓은 박물관이다. 1층은 봉화군 홍보를 위한 공간으로, 특산물과 문화유적 등을 소개하고 있고, 2층은 청량산의 자연, 유적, 역사유물 등을 전시하고 있다. 3층에는 청량산 전망대가 있다. **문의** 679–6671

Travel info

가는 길

자가용 중앙고속도로 풍기IC에서 나와 영주 방향 5번 국도를 탄 후, 영주에서 36번 국도를 이용해 봉화로 간다. 봉화에서 31번 국도를 타고 가다 금봉 교차로에서 918번 지방도를 타고 도천 삼거리에서 명호 방면으로 진행, 청량산 삼거리에서 우회전하면 청량산 도립공원 입구가 나온다.

버스 동서울터미널→봉화시외버스터미널(1일 6회, 3시간 30분 소요)

　　　봉화시외버스터미널에서 군내버스 이용, 청량산 입구 하차

　　　(1일 4회, 40분 소요, 06:20, 09:20, 13:30, 17:40)

맛집 경북 봉화군 청량산 도립공원 시설지구 안에 여러 식당들이 몰려 있다. 까치소리식당(산채비빔밥, 673–9777), 오시오식당 청량산 분점(돼지고기구이, 673–9012), 다래식당(돼지고기구이, 673–9005), 청량산 송이 식당(민물 매운탕, 672–1501) 등이 유명하다.

숙박 농암종택(843–1202)에서는 고택체험을 할 수 있고, 청량산 도립공원 시설지구 내에 있는 까치소리식당(673–9777)에서는 황토방 민박집을 운영하고 있다. 같은 지구 내 청량산 모텔(674–2267)은 시설이 깔끔하다.

Part 04
숲이 아름다운 길

38/46
영천 웰빙숲길

꼬불꼬불 모퉁이 돌고 돌면 쏴~한 그리움이 생겨나는 길

김천 직지 문화 모티길

김천의 모티길 걷기가 인기다. '모티'란 '모퉁이'의 경상도 사투리다. 사람들이 가장 즐겨 찾는 코스
는 백두대간 황악산 자락을 끼고 도는 직지 문화 모티길이다. 굽이굽이 휘어진 저 모퉁이 돌고 돌면
무엇이 있을까? 포도밭, 호두나무 즐비한 산촌 여행이 풍요롭다. 파도치듯 펼쳐지는 아름다운 산자
락 풍경에 빠져 지친 발걸음의 피로가 '싸악' 사라진다. 글 | 사진 이신화

걷기 시작점은 직지사와 대항면사무소 중간 지점에서 직지초등학교 쪽으로 들어서면 된다. 1935년에 개설한 학교를 지나 산머리 입구인 방하치 마을까지는 콘크리트 길이다. 곧추 직진해도 되지만 일부러 천천히, 느끼면서 걸으라는 의미로 팻말을 새겨 놓았다. 폐비닐수거장에서 우측으로 발걸음을 옮기면 방하치 마을(향천3리)이다.

잘 묵은 느티나무는 옆에 돌탑을 쌓고 마을의 안녕을 기원하는 모습으로 사람을 맞이한다. 경사진 언덕을 갈고닦은 자리에 민가가 들어앉았다. 가파른 비탈을 개간한 밭에는 포도, 호두나무 등이 많이 심어져 있다. 포도가 탐스럽게 영글어가고 호두까지 알알이 익어가는 초가을엔 풍성함이 넘쳐날 산촌마을이다. 마을은 황악산의 정기가 동구지산(656m)으로 이어 흐른다. 방하치 마을을 버팀목처럼 지켜주고 있는, 산세가 완만한 멋진 산이다.

☆ 걷기좋은계절 봄, 가을　　　☆ 난이도 ★★

복전리　　덕천리　경부고속도로

거사골산　　　　　　　　　　　신리　1

직지사역

직지초등학교　　　대룡리

직지사　직지문화공원

운수리　903　　　　　　　덕전리

신선봉

외딴집
돌모마을

동구지산　차단기

❸❹ 김천 직지 문화 모티길 [11km, 2시간 15분]

직지초등학교 —1.6km 20분→ 향천4리 —2.6km 40분→ 방하재 갈림길 —0.9km 10분→ 차단기 —1km 10분→

외딴집 —2.8km 30분→ 돌모마을 —1.1km 15분→ 차도 —1km 10분→ 직지문화공원

직지문화공원 안의 대형 목장승

민가가 끝나는 지점의 초입 임도는 길이 넓고 경사도도 높지 않아 산책하기에 최상이다. 비포장길과 시멘트길이 약간씩 섞여 있다. 길 양쪽으로 쭉쭉 뻗은 낙엽송, 활엽수들이 가로수처럼 이어진다. 산속에는 오동나무, 참나무, 소나무, 낙엽송 등이 빽빽하다. 복병이 없는 것은 아니다. 산허리를 감고 도는 꼬불꼬불한 임도 모티길에서는 어느 순간 숲이 시야에서 사라진다. 땡볕을 그대로 감수해야 한다. 길이 해발 600m까지 계속되므로 사방팔방 멋진 산세가 조망되기는 하지만 조금은 힘겨움에 시달려야 한다. 한참을 오르면 삼거리가 나온다. 방하치마을에서 올라왔다고 해서 방하재라 부른다. 임도 표시판과 모티길 안내 표시판이 반갑다.

곧추 직진하면 공자마을이지만 안내 팻말은 우측을 가리킨다. 숲길은 오던 길보다 훨씬 꼬불거리지만 매혹적이다. 빽빽하게 참나무가 군락을 이룬다. 그 길따라 0.9km 가면 컨테이너박스가 있다. 신선농장이라는 글귀가 있고 산양산삼 재배지역이니 등산객들은 출입을 일체 말라는 경고를 하듯 손 글씨가 쓰여

좌 방하치 마을을 비껴 난 숲길 **우** 직지사의 가을 풍치

있다. 차단기는 물론 사방팔방 철조망으로 출입을 금한다.

차단기를 비켜 시멘트 포장길 따라가는 내리막길은 가파르지만 길가에 나무들이 울창해 아름답다. 이상하리만큼 그리움이 가슴에 새겨지는 숲길이다. 한적하기 그지없는 그 길에는 묘한 마력이 있는 듯하다. 기분도 싱그러워진다. 시멘트 포장길과 비포장길이 연이어지는 길을 따라 무념무상 걸어 한없이 내려오면 갑자기 민둥산으로 바뀐다. 모티길을 만들면서 벌거숭이가 된 구간이다. 헐벗은 흙더미 속에서 오아시스처럼 한옥 한 채가 손짓한다. '이곳은 호도농장 관리사입니다. 모티길을 이용한 사람들은 준비해 놓은 차를 먹어도 됩니다'라는 서투른 손 글씨가 반갑다.

직지계곡과 홍교

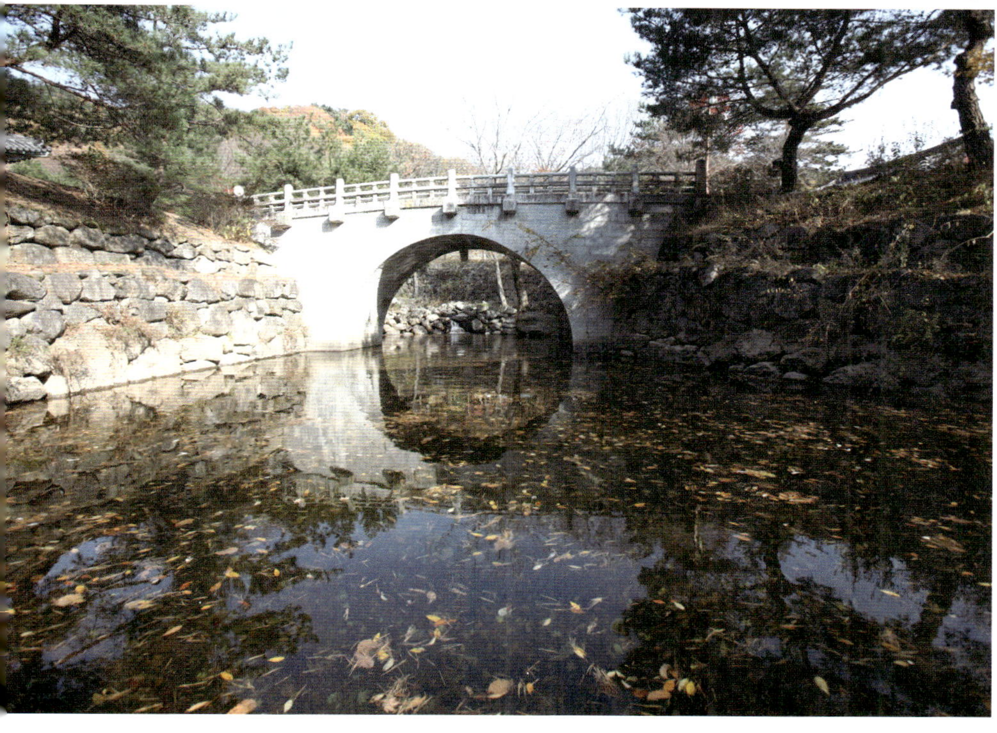

![직지계곡과 홍교 사진]

길은 돌모마을로 이어진다. 표고버섯 주산지이며 감나무, 호두나무가 많은 농촌테마마을이다. 호두나무 분양도 하고 마을의 작은 개울에서는 가재 잡기, 종이배 띄우기 등의 체험도 한다. 그저 이 마을에서 체험을 즐기면서 끝내고 싶지만 안내팻말은 마무리를 지으라는 듯 지방도로로 유도한다. 찻길 따라 운수마을을 지나면 드디어 직지문화공원에 이른다. 문화공원을 거쳐야만 직지사로 갈 수 있다. 공원 중앙에 음악조형분수를 중심으로 조각공원, 170m의 성곽과 전통담장, 대형 장승 등 다양한 볼거리와 편의시설을 제공하고 있다. 아마 이 공원만 한 바퀴 도는 데도 제법 시간이 소요될 것이다.

걷기의 대미는 직지사다. 중국 진나라의 승려 아도화상이 375년 고구려에 한국 최초의 절인 초문사와 이불란사를 건립한 데 이어 신라로 건너와 창건한 유서 깊은 절이다. 고구려로 귀화한 아도화상은 신라 최초의 사찰인 구미 도리사(417년)를 창건한 데 이어 신라 두 번째로 직지사(418년)를 창건했다. 아도화상이 손가락으로 황악산을 가리키며 절을 지을 명당을 일러주었다 하여 곧을 직(直)자에 손가락 지(指)자를 따서 직지사로 했다고 전한다. 전각들이 많아서 대찰다운 면모가 느껴진다. 대웅전 앞 삼층석탑(보물 제606호), 석조약사여래좌상(보물 제319호), 대웅전 삼존불탱화(보물 제670호), 비로전 삼층석탑(보물 제607호) 등 국가지정문화재가 흩어져 있다. 또 임진왜란 때 의병을 일으켜 국운을 되살린 사명대사의 출가 사찰로도 유명하다.

직지사 대웅전과 삼층석탑

영남제일문 옛날 영남의 선비들은 과거길에 오를 때 추풍령, 조령, 죽령을 통해 한양 길에 올랐다. 현재는 서울에서 충청도를 거쳐 경상도 지역인 대구, 부산으로 내려갈 때 영남의 첫 관문인 김천시를 통과하여야 한다. 그런 역사적, 지리적 의미를 담아 영남제일문을 만들었다. 높이 12m, 길이 50m의 철근콘크리트 구조물에 맞배 및 팔작기와지붕 다포식 한식 구조로 건립되었다. 현판 좌우 8폭의 비천상에 징, 장고, 꽹과리, 포도 등 김천의 상징물을 함께 그려낸 것도 볼거리다.

김천세계도자기박물관 직지사 공원 내에 김천세계도자기박물관이 있다. 주로 18~20세기 유럽과 중국, 일본 등의 작품 1000여 점이 전시되어 있다. 전시관은 도자기와 크리스털 부분으로 나뉜다. 크리스털은 페니키아 상인들이 모래밭에서 취사하다가 우연히 소다가 모래와 섞여 전혀 새로운 물질인 유리가 발견되었다고 알려져 왔으나 그보다 앞선 BC 3500년경의 이집트 유물에서 가장 오래된 유리가 발견되었다고 한다. 화병, 인형, 그릇 등이 다양하게 전시되어 있다.

위치 대항면 운수리 91-1 직지문화공원 **문의** 430-6086

과하주 김천의 전통주인 과하주(경북무형문화재 제11호) 술도가가 있다. 과하주는 약주에 소주를 섞어 빚는 술로, 도수는 13~14도 정도다. 찹쌀과 누룩을 원료로 하며 김천시 남산동에 있는 과하천의 물을 사용한다. 이 샘물로 술을 빚으면 술맛이 좋고 여름이 지나도 술맛이 변하지 않았다고 한다. 그래서 여름을 지나는 술이라는 뜻에서 과하주(過夏酒)라는 이름이 붙었다. 독특한 향기가 있고 맛이 좋아 조선시대에는 임금께 진상하는 상품주로 손꼽혔다.

위치 대항면 향천리 791-1 **문의** 436-4461, gwahaju.farmmoa.com

가는 길

자가용 경부고속도로 김천나들목→톨게이트 앞 삼거리에서 우회전→500m 떨어진 사거리에서 우회전→대항 농협에서 좌회전→903번 지방도로 따라 4km 정도→직지사 주차장

기차 서울역 등에서 출발하는 KTX(1544-7788, 1588-7788)는 1시간 50분 정도가 소요되며 하루 4회 운행한다. 김천역(432-7700)에서 하차한다.

버스 서울고속버스터미널(1688~4700, www.exterminal.co.kr)에서 김천행 버스가 하루 11회 운행되며 3시간 정도 소요된다. 서울~김천간 열차는 3시간 정도 소요된다. 김천공용버스터미널(432-7600)에서 직지사로 가는 11번 일반버스가 오전 6시 10분~오후 10시 40분까지 10분 간격으로 운행한다. 111번 좌석버스는 오전 6시~20시 40분까지 10분 간격으로 다닌다.

택시 김천역에서 15분 내외 소요.

맛집 직지사 입구에 일직식당(436-6027), 경동산채식당(436-6029), 뉴서울식당(436-6045), 송학식당(436-6403) 등 산채요리 집들이 많다. 또 성주할매묵집(436-0280)은 메밀묵밥, 보리밥 등이 저렴하고 맛있다. 그 외 배신식당(430-5384), 평촌식당(437-0018), 추풍령 할매갈비(439-0150), 낙동 생오리(435-8852) 등도 있다.

숙박 사찰 입구에 김천파크호텔(437-8000), 알프스산장모텔(437-8933), 샤르망(431-6119), 카오스(432-7477) 등이 있다. 그 외 공원민박(436-6328), 산마을민박(436-6811), 청솔민박(436-3408) 등도 있다.

35 숲이 아름다운 길

첩첩 오지 1천 고지의 숲길 따라 무념무상 걷기
김천 수도산 녹색숲 모티길

김천시 증산면 수도리 마을과 황점리 마을을 잇는 임도 코스를 '수도산 녹색숲 모티길'이라 명명한다. 해발 1000m의 임도를 걸으면서 바라보는 주변 풍광은 그야말로 절경이다. 산허리를 부드럽게 휘감아도는 고도의 임도를 따라 걷다 보면 세속의 상념은 잊게 된다. 낙엽송 보존림과 송림의 울울창창한 숲에서의 산림 테라피는 신선의 경지에 다다르게 할 것이다. 글 | 사진 이신화

수도산 녹색숲 모티길을 걸으려면 김천시 남단에 위치한 증산면을 찾아야 한다. 김천시에서도 제1의 첩첩오지로 손꼽히는 그곳. 아흔아홉 고개를 넘어서야 만날 수 있는 산골마을이다. 옛날부터 나라에 죄를 지었던 사람 혹은 일제강점기 항일투쟁 의사들이 피신 와서 전답을 이루고 살던 마을. 주변에는 수도산(1317m), 단지봉(1321m), 형제봉(1022m) 등 고산준령으로 둘러싸인 분지다. 이 지역의 산 면적이 김천시 전체의 86.5%나 차지한다. 골골이 계곡도 산재해 있다.

걷기 위해서는 일단 수도리로 가야 한다. 시멘트 포장길 따라 옛날솜씨마을을 거쳐 한없이 올라가면 수도리 끝 지점이다. 시작점은 수도사로 오르다가 1km 전에서 좌측 임도로 들어서면 된다. 임도에는 차단기가 내려져 있다. 차단기를 지나치면 수도산 비포장 임도가 이어진다. 산행이 아니라 1000m 고지의 임도

☆ 걷기좋은계절 봄, 가을   ☆ 난이도 ★★

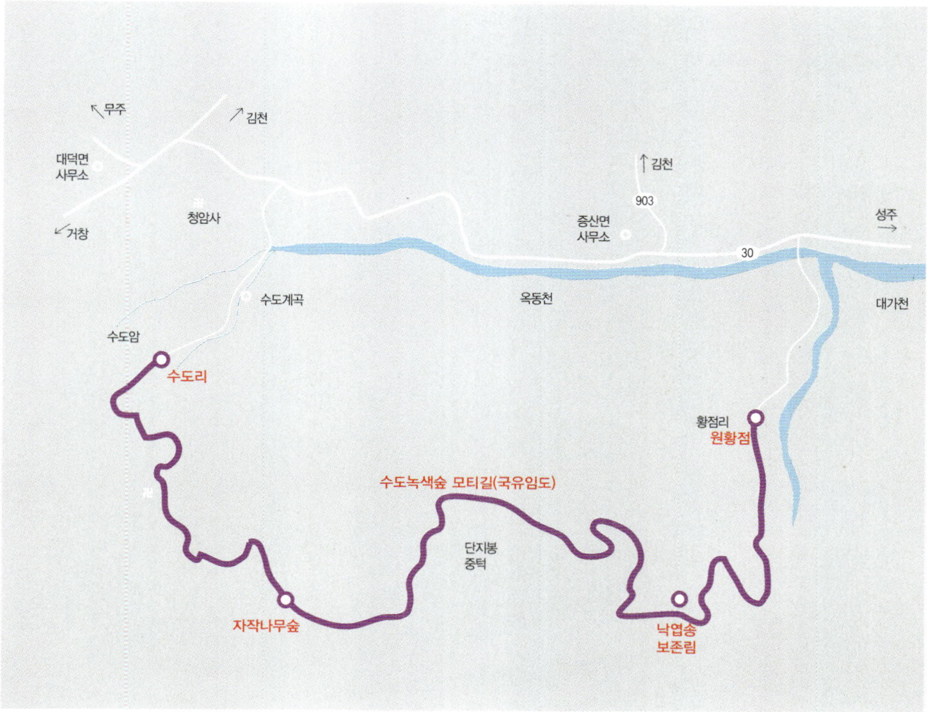

35 김천 수도산 녹색숲 모티길 [15.5km, 4시간]

수도마을 —0.5km/10분→ 임도 차단기 —0.3km/5분→ 외딴집 —1.5km/25분→ 자작나무 군락지 —0.5km/20분→

낙엽송 묘목지 —2.7km/50분→ 단지봉 중턱 —6.3km/1시간 10분→ 낙엽송 보존림 —3.7km/1시간→ 원황점

를 따라 걷게 되는 것. 숲길이 아름답기에 산림청이 펴낸 '아름다운 임도 100
선'에 '김천 황점리 임도'라는 제목으로 소개되었다.

수림과 초원, 바위가 잘 어우러진 멋진 수도산을 감상하면서 300m 정도 걸으
면 외딴집을 만나게 된다. 외딴집을 끼고 우측으로 조금 오르면 시멘트 포장길
로 바뀐다. 그 길 따라 1.5km 가면 사방팔방으로 자작나무 군락지가 펼쳐진다.
은백색으로 빛나서 마치 은사시나무처럼도 보인다. 음나무, 물푸레나무, 오리
나무 등 낙엽송도 뒤섞여 있다. 음나무 조림지도 지나친다. 키가 작아서 마치
사면 전체를 벌목해버린 듯한 모습이다. 잡목을 베어내고 다양한 식생을 갖추
기 위해 모티길 곳곳에 조림지를 가꾸고 조성 중인 것이다.

길 곳곳에 오지마을 풍경이 파노라마처럼 펼쳐진다. 펼쳐지는 산세는 파도를
치듯 시간과 계절에 따라 모양새를 달리한다. 엇비슷한 풍치도 햇살과 바람과
하늘과 구름에 따라 모습이 달라진다. 특히 가을 단풍철에는 가히 절경이다.
걷는 내내 맑은 산 기운이 온몸을 휘감는다. 하냥 행복한 도보 길이다. 겨울에
는 헐벗은 나무에도 겨우살이가 무성하다.

5km 정도 걸으면 단지봉 중턱에 다다른다. 큰 토기를 엎어놓은 것처럼 둥글
평평한 지형을 이루고 있어 단지봉이라 불린다. 단지봉은 북쪽 비탈면을 흘러

수도마을에서 수도암 오르는 도로

낙동강에 이르는 감천. 남쪽 비탈면을 흘러 역시 낙동강에 이르는 황강의 지류인 가천의 발원지가 된다.

이어 갈두봉(1257m), 용두암봉(1129m)을 지나치면 멋진 낙엽송 보존림(황점리 산 63-5)이다. 1930년대에 조성된 낙엽송 보존림은 수도산 모티길의 백미라 할 수 있다. 하늘 향해 쭉쭉 뻗어 올라간 나무숲은 일부러 가꿔 놓은 인공조림지다. 80여 년 정도 된 낙엽송이 약 3ha에 펼쳐진다(377그루). 수십 미터 길이로 치솟은 낙엽송에 노란 물이 들 때는 더욱 아름답다. 활엽수 단풍과는 색다른 느낌을 안겨준다. 낙엽송을 지나면 소나무 군락지다. 마치 살아 있는 산림박물관을 거니는 듯하다. 쉬어가라고 만들어 놓은 벤치에 앉아 원 없이 산림 테라피에 빠져들면 된다.

막바지에 접어들면서 길은 많이 가팔라진다. 한발 자칫 잘못 들면 아스라이 벼랑 밑으로 사라질 듯 휘돌아친다. 첫 번째 차단기(2.7km)~첫 번째 갈림길(0.5km)~원황점(0.5km)까지는 내리막길로 치닫는다.

시작이 있으면 끝이 있는 법. 원황점에 다다라 긴 한숨을 내쉰다. 원황점은 원래 황을 구운 황점이 있었던 마을이라고 하여 붙은 지명이다. 김해 김씨 중간 시조가 유황을 구워 상납한 것에서 마을이 시작되었다. 원래는 더 안쪽 골짜기에 있었지만 병자년(1936) 수해 때 유실되어 아래쪽으로 옮겨왔다. 초동 황점 마을은 옛날 유황을 끓여 정제하던 곳이다. 원황점 마을에는 어사 박문수 이야기가 전해온다. 어사는 목통령을 넘다가 허기져 쓰려졌다. 지나가는 한 부인이 젖을 먹여 살려냈다. 후에 어사가 부인을 찾아와 소원을 물었더니 부인이 제발 유황 일을 그만두게 해달라고 애원했다고 한다. 그 이후부터 유황의 상납이 중단되었다 한다.

어쨌든 수도리에서부터 황점리에 이르는 15km의 길은 두 발로 걷기에 결코 짧지 않은 거리다. 때로는 행복하고, 때로는 지루하고, 때로는 경이로움에 전율이는 길이다. 성취감 때문일까? 가슴 한편이 더욱 뿌듯하다.

◎ 지리할 정도로 길고 긴 임도

부지런히 걸으면 4시간 정도 걸리지만 발걸음을 늦춘다면 하루 종일이 소요될 것이다. 일찍 서둘러서 길을 나서고, 지치지 않게 천천히 걸으면서 몸 컨디션을 조절해야 한다. 또 단지봉 중턱에서 길이 나뉜다. '아름다운 길'(3.2km)이라고 표시된 길로 나오면 원황점을 만난다. 원래 길보다 시간을 단축할 수 있다. 또 승용차를 수도마을에 세워두었다면 종착지인 황점리에 이르러서 돌아올 길이 막막해진다. 2개 조로 나뉘어 수도리와 황점리에서 따로 출발하는 것도 방법이다.

문의 증산면사무소 437-0005, www.gimcheon.go.kr

1일차 서울 – 김천에서 점심식사 – 고려 전통 농악기 – 하로서원과 사모바위 – 방초정과 가례증
화판 – 지례향교와 지례흑돼지마을 – 석식 – 증산면에서 휴식 및 취침

2일차 아침식사 – 청암사 – 수도사 – 수도산 모티길 걷기 시작 – 단지봉 – 낙엽송 군락지 –
원황점 – 귀가

여행
스케줄

여행지
정보

김천 고려 전통 농악기 김천 고려 전통 농악기는 경북 무형문화재 제9호인 칠순의 김일웅이 방짜
유기로 5대째 가업을 잇고 있는 곳이다. 현대에 방짜유기집은 사라져 가는 전통이다. 그중에서도
악기를 만드는 방짜가 특이점이다. 판매도 하고 만드는 과정을 지켜볼 수도 있다.

문의 434-4005 **위치** 양천동 1774-17

하로서원과 사모바위 하로마을은 벽진 이씨, 화순 최씨, 성산 이씨 등이 사는 집성촌이다. 조선 초
3판서 6좌랑을 배출한 김천의 대표적인 반촌으로 60여 호가 모여 산다. 마을 안쪽에 하로서원이
있다. 조선 1648년 창건되었으며 현재 평정공 이약동(1416~1493)의 위패를 봉안하고 있다. 이약
동은 조선 전기의 문신으로, 경사에 통달하였고 여러 고을 목민관을 지냈으며 청렴으로 일관했다.
하로마을 입구에 금줄 두른 사모바위가 있다. **위치** 양천동 830번지

방초정 구성면 상원리에 자리한 방초정(경북 유형문화재 제46호)은 조선시대 당초 이정복이 건
립한 정자이다. 1724년(영조 즉위)에 유실되어 1727년(영조 3)에 재건했다. 많은 시인묵객들이 정
자에 올라 주위의 경치를 찬미한 시와 글씨를 남겼다. 뜰 앞 연못 중앙에 섬을 돌로 배치해 독특
한 정원 형태를 이루고 있다.

수도산 모티길은 임도를 따라 걷는다.

지례향교 지례향교(경상북도문화재자료 제118호)는 세종 8년(1426)에 지례현감 김정옹이 창건했다. 임진왜란 때 소실되었으나 숙종 16년(1690)에 현감 유후광이 중건하였다. 공자를 비롯한 성현들의 위패가 봉안되어 있으며 매년 2월과 8월에 제사를 지낸다. 또 이 마을은 토종 흑돼지 마을로 유명하다. **위치** 지례면 교천리 739

청암사 증산면 평촌리에 위치한 청암사는 신라 헌안왕 3년(859) 도선국사가 건립하여 허정대사, 환우대사, 대운대사 등에 의해 중창 불사된 천년고찰이다. 들어가는 진입로로 계곡이 펼쳐진다. 그늘진 이끼 계곡은 손때 묻지 않아 멋진 풍광을 만들어낸다. 경내 양쪽으로 들어선 건물을 가로지르며 멋진 계곡과 폭포, 기암이 펼쳐진다. 훼손되지 않는 자연경관은 사시사철 눈부시게 아름답다. **문의** 439-9511, www.chungamsa.org

수도암 수도산 중턱(1050m)에 신라 때의 천년고찰인 수도암이 있다. 통일신라 헌안왕 3년(859)에 도선국사가 창건했다. 이후 여러 번의 중수를 거쳐 오늘에 이르고 있다. 법당 앞마당에 서면 탁 트인 전망 끝에 연꽃을 빼닮은 가야산 연화봉의 자태가 또렷하다. 약광전의 석불좌상(보물 296호), 삼층석탑(보물 297호) 2기, 석조비로자나불좌상(보물 307호) 등이 있다.

위치 증산면 수도리 512 **문의** 437-0700

가는 길

자가용 김천IC→거창 방면 3번 국도→30번 도로에서 좌회전한다. 가룻재→평촌리(청암사 방면 우회전)에서 조금 더 가면 옛날솜씨마을을 가리키는 커다란 이정표가 나오고 여기서 우회전하면 된다.

기차 서울역에서 출발하는 KTX(1544-7788, 1588-7788)는 1시간 20분 정도가 소요되며 하루 12회 운행한다. 김천구미역(432-7700)에서 하차한다.

버스 서울고속버스터미널(1688-4700, www.exterminal.co.kr)에서 김천행 버스가 하루 11회 운행되며 3시간 정도 소요된다. 김천공용버스터미널(432-7600)에서 증산면으로 가는 버스(07:30~19:00)가 20~30분 간격으로 운행하며 45분 정도 소요된다. 황점리에서는 도로변까지 나와 대중교통을 이용해야 한다.

맛집 농촌체험마을인 옛날솜씨마을(somsi.go2vil.org)에서는 손두부 등을 먹을 수 있다. 수도 녹색숲 모티길이 끝나는 지점에서 조금 더 내려오면 있는 참숯가마집(437-3735)에서 삼겹살 구이를 먹을 수 있다. 그 외 평촌식당(흑두부, 437-0018), 장뜰산촌식당(토종닭, 437-0079)이 있다. 지례마을에는 장영선원조삼거리식당(435-0067), 두꺼비식육식당(434-1088), 흑돼지농장가든(434-5730)등 맛집이 많다. 김천에서 가는 길목의 공단식육식당(435-2423, 구성면 송죽1리)은 수준급 흑돼지 구이집이다.

숙박 옛날솜씨마을, 소망의집(437-0150), 청암사 템플스테이를 이용해도 된다. 그 외 20여 개의 민박집이 있다. 주방면인 무흘계곡쪽으로 가면 모텔이나 펜션 등이 있다.

문의 김천시 새마을문화관광과 420-6063, 420-6633

금오산의 아름다운 숲과 호수를 따라 걷는 길

구미 금오산 올레길

기암절벽과 육중한 산세가 어우러진 금오산은 우리나라 최초로 지정된 도립공원이자 구미를 대표하는 구미의 진산이다. 금오산 아래 큰 호수인 금오지는 '금오산 올레길'이라는 이름으로 수변산책로가 조성되어 있어 금오산을 오르는 등산객뿐 아니라 가벼운 산책이나 운동을 즐기려는 사람들이 많이 찾고 있다. 글 | 사진 문일식

금오산 입구에 이르면 오른쪽으로 넓은 호수가 한눈에 들어온다. 금오산에서 흘러내리는 물을 가둬 만든 금오저수지다. 금오저수지에는 호수를 따라 수변산책로가 조성되어 있는데, 시민 공모를 통해 금오산 올레길로 명명되어 있다. 금오산 올레길은 금오지를 따라 한 바퀴 돌아오는 원점회귀형 산책로다. 수변식물원, 생태습지원뿐 아니라 수련, 물양귀비, 어리연, 부레옥잠 등 10여 종의 수생식물이 식재되어 있어 자연생태환경 체험로의 역할을 톡톡히 하고 있다.

금오산 올레길은 금오랜드 입구의 백운교에서 시작하는 것이 좋다. 백운교에서 도로를 따라가면 금세 길이 두 갈래로 나뉜다. 경북자연환경연수원으로 가는 차도와 그 아래로 금오지를 따라 이어진 수변데크다. 수변데크의 시작점에서 만나는 금오정은 물 위에 세워져 있어 금오지를 따라 나 있는 수변데크 뿐

☆ 걷기좋은계절 봄, 가을　　☆ 난이도 ★★

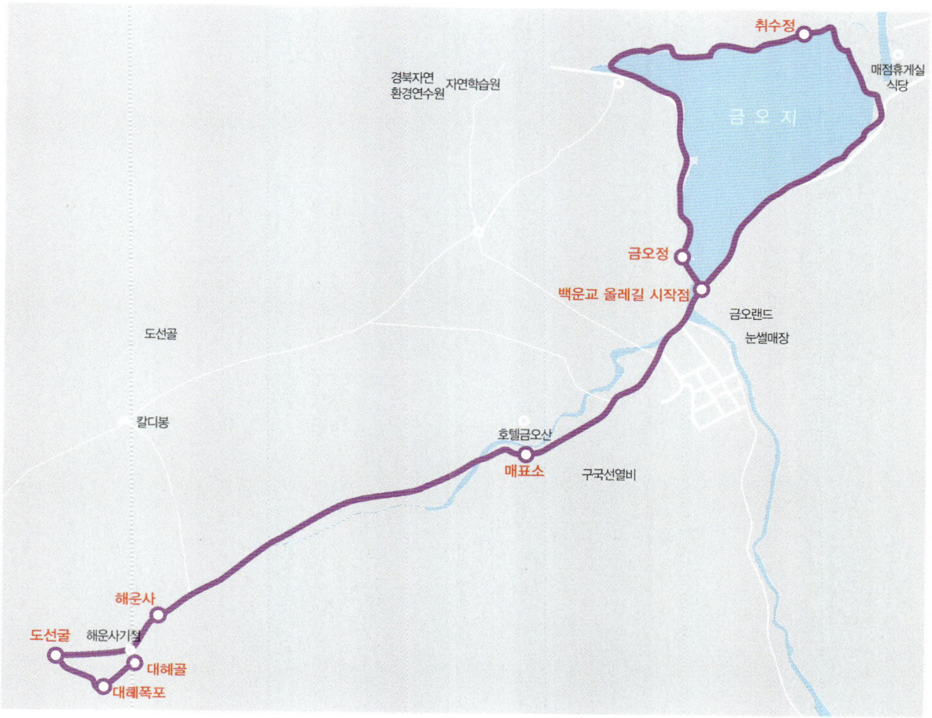

구미 금오산 올레길 [5.5km, 2시간]

백운교 —0.2km 5분→ 금오정 —0.7km 10분→ 생태습지원 부교 —0.5km 10분→ 취수정 —1.1km 15분→ 백운교입구 —0.3km 10분→

채미정 —0.5km 10분→ 금오산 매표소 —1.7km 40분→ 해운사 —0.3km 20분→ 도선굴 —0.2km 5분→ 대혜폭포

아니라 금오지의 잔잔한 수면에 시선을 던져두기 좋다.

수변데크는 생태습지원을 지나 취수정에 이르는 1km 남짓 되는 구간에 설치되어 있어 마치 물 위를 걷는 듯 묘한 기분으로 산책을 즐길 수 있고, 시시각각 바뀌는 금오지와 주변 산세의 풍광이 그럴듯하게 펼쳐진다. 생태습지원을 지나면 잠시 육지로 내려섰다가 다시 금오지를 따라 수변데크와 부교가 이어진다. 수변데크를 따라 숨어 있던 금오산의 장관이 조금씩 자태를 드러낸다. 금오지의 수면 위로 또 하나의 금오산이 잔잔하게 펼쳐지기도 한다. 금오산과 금오지가 어울리는 전망 포인트는 제당산책로에 있는 전망대. 웅장한 금오산뿐 아니라 금오지를 따라 이어진 수변데크도 한눈에 들어온다. 제당산책로를 벗어나면 금오산 입구 백운교로 이어지는 길이다.

금오산 올레길은 2.4km로 매우 짧은 편이다. 금오지를 한 바퀴 도는데 아무리 천천히 걸어도 1시간이면 충분하다. 이대로 걷는 길이 아쉽다면 금오산 중턱에 있는 대혜폭포까지 가보는 것도 좋다. 백운교에서 대혜폭포까지는 1시간 정도면 오를 수 있는데, 경사가 급하지 않고 오붓한 숲길로 이어져 있어 남녀노소 무난하게 오를 수 있다. 금오산성이나 해운사, 도선굴 등 역사가 숨 쉬는 다양한 문화유산을 만날 수 있어 더욱 매력적이다.

금오산 올레길에서 바라본 금오지와 금오산

◎ 금오산의 절경 케이블카로 즐겨보기

1 금오산의 절경을 가장 아름답게 볼 수 있는 곳은 도선굴과 할딱고개 정상이다. 대혜 폭포에서 약 15분 정도 숨 가쁘게 오르면 할딱고개 정상에 도달한다. 할딱고개 정상 에서는 금오산올레길이 있는 금오저수지와 해운사까지 이어지는 케이블카, 해운사, 도선굴의 풍경이 파노라마처럼 펼쳐진다.

2 금오산 입구에서 해운사까지 케이블카를 15분 간격으로 운행한다. 오전 9시부터 시 작해서 하절기는 오후 7시 30분, 동절기는 오후 5시 30분까지 운행한다. 왕복은 대 인 5000원, 13세 이하는 2800원이다. 해운사까지 오르는데 약 5분 정도 소요된다.

좌 금오산 올레길 표지판 **우** 도선굴에서 본 금오산 단풍

백운교에서 금오산 매표소까지는 메타세쿼이아 길이 매우 아름답다. 특히 가 을이 무르익는 늦가을에는 황금빛 숲길이 된다. 숲길 한가운데는 명승 제52호 로 지정된 채미정이 남아 있다. 야은 길재의 충절과 학덕을 기리기 위해 조선 영조 때 세운 건물이다. 포은 정몽주, 목은 이색과 함께 고려 삼은 중 한 명인 야은 길재는 고려가 망한 뒤 두 임금을 섬길 수 없다 하여 금오산 기슭에 은거 해 후학을 양성하며 여생을 보냈다. 채미정을 돌아보며 야은 길재가 고려 멸망 후 옛 왕조를 회상하며 지은 회고가를 음미하며 걸어보면 어떨까? "오백 년 도 읍지를 필마로 돌아드니/ 산천은 의구하되 인걸은 간데없네/ 어즈버 태평세월 이 꿈이런가 하노라"

금오산 매표소를 지나면 박석이 깔린 오르막 소나무 숲길이다. 새천년을 맞이 하며 쌓은 돌탑 '21C'부터는 나무데크길로 이어지고, 30분 정도면 금오산성의 대혜문을 지나 해운사에 인접한 영흥정에 이른다. 지하 168m 암반층에서 솟아 나는 영흥정 약수로 목을 축이고, 해운사와 도선굴, 대혜폭포를 차례로 둘러보 면 된다. 영흥정과 해운사를 거쳐 대혜폭포에 이르는 길에는 단풍나무, 느티나 무 등 활엽수가 많아 봄에는 초록의 향연이, 가을에는 화려한 원색의 물결로 장 관을 이룬다. 특히 해운사에서 도선굴로 오르는 길과 대혜폭포에서 해운사로 내려오는 돌다리 구간은 붉은 단풍이 매우 아름답다.

대혜폭포에서 내려가는 길에 만난 단풍

도선국사가 창건한 것으로 알려진 해운사는 대웅전 뒤편으로 우뚝 솟은 암벽과 잘 어울린다. 암벽에는 도선국사가 수도했다는 도선굴이 있다. 금오산의 빼어난 절경을 감상하기에 안성맞춤이다. 도선굴 오르는 길은 한 사람이 간신히 지나갈 정도의 좁은 암벽을 따라 이어져 있어 오르는 데 주의해야 한다. 도선굴 앞에 서면 절벽 아래 깃든 해운사가 숲과 함께 어울려 있고, 넓은 'V'자를 그리며 깊은 계곡을 따라 산세가 이어진다. 아름다운 풍경 앞에 도선굴에서 내려갈 생각을 까맣게 잊고 만다.

대혜폭포는 도선굴에서 내려오면 바로 만난다. 높이만 28m에 이르며, 폭포와 이어진 주변 암벽도 장관이다. 떨어지는 물소리가 산을 울린다 하여 명금폭포라 부르기도 한다. 금오산의 유일한 수원이기에 사람들에게 베푸는 은혜도 그만큼 커서 지어진 이름인 듯하다. 대혜폭포는 금오산을 본격적으로 오르기 전 등산객들이 쉬어가는 쉼터다. 대혜폭포에서 잠시 쉬었다가 내려가거나 할딱고개를 넘어 금오산 정상으로 올라간다. 해운사에서 케이블카(문의 451-6177)를 타고 하늘에서 금오산의 절경을 감상하는 것도 좋은 방법이다.

금오지와 금오정이 어울린 금오산 올레길

여행 스케줄

1일차 구미 – 금오산 올레길 걷기 – 점심식사 – 채미정 – 해운사, 도선굴, 대혜폭포 둘러보기 – 금오산 산행(할딱고개~현월봉~약사암~마애여래불~할딱고개) – 휴식 및 숙박

2일차 구미유비쿼터스체험관 – 쌍암고택, 북애고택 – 점심식사 – 도리사 – 구미

여행지 정보

유비쿼터스체험관 구미시 양호동에 위치한 유비쿼터스체험관은 미래에 펼쳐질 첨단 미래생활을 직접 체험해볼 수 있는 전시관이다. 유비쿼터스 사계를 주제로 계절의 흐름에 따라 유비쿼터스 생활환경을 엿볼 수 있다. 관람하려면 미리 인터넷으로 예약해야 하며 매주 월요일 휴관한다. **문의** 478-7950, www.u-gumi.or.kr

쌍암고택과 북애고택 쌍암고택은 조선 영종 때 최광익이 지은 가옥으로 안채와 안대문채, 사랑채로 이뤄져 있다. 큰 바위 두 개가 집 앞에 있어 붙은 이름이지만 지금은 바위가 사라지고 없다. 북애고택은 쌍암고택을 지은 최광익이 동생을 위해 지은 집으로 쌍암고택에서 북쪽 언덕에 있다 하여 이름 붙었다. 쌍암고택은 중요민속자료 제105호로, 북애고택은 경북 민속자료 제41호로 지정되어 있다.

도리사 신라 눌지왕 때 아도화상이 창건한 신라 최초의 사찰로 알려져 있다. 아도화상은 모례의 장자 집에 머물며 불법을 전하다가 한겨울 냉산 자락에 복사꽃과 오얏꽃이 핀 것을 보고 절을 지었다고 한다. 도리사에는 국보로 지정된 금동육각사리함이 나온 세존사리탑과 아도화상이 좌선한 곳으로 전해지는 좌선대 등이 있다. **문의** 474-3737, www.dorisa.or.kr

Travel info

가는 길

자가용 경부고속도로 구미IC에서 나와 IC 사거리에서 선산 방면으로 좌회전한 뒤 금오산 사거리에서 좌회전해 약 3km 정도 가면 금오산 도립공원에 이른다.

기차 서울역에서 김천구미역으로 가는 KTX가 하루 18회 운행되며(1시간 25분 소요), 김천구미역에서 구미역이나 구미터미널 방면으로 가는 셔틀버스가 하루 36회 운행된다(25~30분 소요). 서울역에서 구미역으로 가는 새마을호, 무궁화호는 하루 35회 운행된다(3시간 10분 소요).

버스 서울 강남고속버스터미널에서 구미행 버스를 하루 10회 운행하며(3시간 10분 소요), 동서울터미널에서는 하루 8회 운행한다(2시간 40분 소요). 구미역이나 구미터미널 앞에서 금오산행 버스가 하루 8회 운행된다.

맛집 금오산 도립공원 주변에 식사할 곳이 많다. 고향촌산채한정식(산채한정식, 455-3010), 감나무집(한방백숙, 452-6228), 금오동산(닭한마리 뚝배기백숙, 452-8801), 천하태평(산채비빔밥, 455-6838) 등이 있다.

숙박 금오산 도립공원 주변으로 숙박할 곳이 많다. 호텔 금오산(450-4000, www.hotelgeumosan.com), 샤넬모텔(456-8279), 힐타운모텔(453-1100), 핑크로즈모텔(444-0057) 등이 있다.

옛 오솔길과 임도를 따라 비봉산 자락을 걷다

구미 선산 주아리 숲길

비봉산에는 과거와 현재가 공존하는 길이 남아 있다. 옥성으로 길이 나기 전까지 옥성 사람들이 선산으로 가던 옛길도 있고, 비봉산 자락을 휘감으며 장장 18km에 이르는 임도도 나 있다. 옥성 자연휴양림을 중심으로 옛길과 임도를 따라 울창한 숲이 어울린다. 피톤치드 가득한 숲길을 따라 과거와 현재가 공존하는 길의 흔적을 더듬어 보자. 글 | 사진 문일식

선산은 기세등등한 비봉산이 우뚝 솟아 있고, 앞으로는 낙동강이 유유히 흐르는 고장이다. 『택리지』를 저술한 이중환은 "조선 인재의 절반은 영남에 있고, 영남 인재의 절반은 일선에 있다"고 했다. 여기서 일선은 신라시대 때 불리던 선산의 옛 지명이다. 채미정의 이름을 드높인 야은 길재 선생이 이곳 선산 고아리 출신으로 전한다. 선산을 에두르고 있는 산 역시 예사롭지 않다. 봉황이 나는 형상으로 알려진 비봉산이다. 선산의 진산인 비봉산에는 옥성 사람들이 넘나들던 옛길이 남아 있다. 선산과 옥성을 잇는 도로가 생기기 전 비봉산을 넘어 학교도 다니고, 봇짐을 메고 장터도 다니던 오솔길이다. 1980년대 후반에는 여러 갈래의 임도도 들어섰다. 비봉산 자락의 임도는 선산읍과 옥성면 주아리, 덕촌리, 초곡리를 이어주며 장장

 ☆ 걷기좋은계절 봄, 여름, 가을 ☆ 난이도 ★★

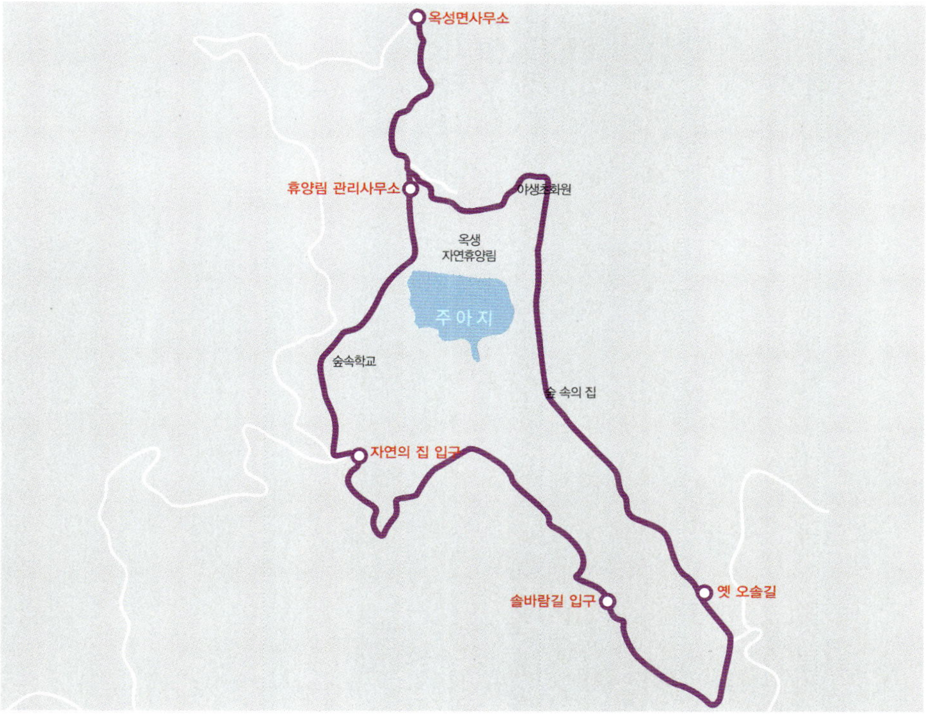

옥성면사무소

휴양림 관리사무소   야생화원

옥생
자연휴양림

주 아 지

숲속학교   숲속의 집

자연의 집 입구

솔바람길 입구   옛 오솔길

㊲ 구미 선산 주아리 숲길 [4.7km, 2시간 15분]

옥성면사무소 —1.5km/30분→ 옥성 자연휴양림 관리사무소 —0.7km/30분→ 주아지 산책

—0.3km/30분→ 옛 오솔길 따라 고갯마루 정상 —1.4km/30분→ 솔바람길 입구 —0.3km/5분→ 자연의 집 입구

—0.5km/10분→ 옥성 자연휴양림 관리사무소

18km에 이른다. 그 중 옥성면 주아리와 선산읍 노상리를 잇는 8.1km와 옥성면 주아리와 덕촌리를 잇는 5.2km의 임도는 산림청에서 선정한 "행복으로 가는 길, 아름다운 임도 100선"에 선정되어 임도의 역할뿐 아니라 비봉산의 아름다운 숲과 어우러져 등산과 산책, 산악자전거 코스로 많이 애용되고 있다. 선산 반대편 비봉산 자락에는 옥성 자연휴양림이 조성되어 있어 옛길과 임도를 아우르는 걷기 좋은 길을 만난다. 옥성 자연휴양림을 중심으로 걷기 코스를 구성하면 삼림욕을 즐길 수 있을 뿐 아니라 건강해지는 걷기도 즐기는 일석이조의 웰빙여행이 된다. 옥성 자연휴양림에서 옛길과 임도를 따라 선산으로 넘어가는 코스를 이용하거나, 선산으로 넘어갔다가 휴양림으로 다시 돌아오기가 번거롭다면 고갯마루 정상까지 갔다가 임도를 따라 자연휴양림으로 돌아오는 코스를 이용하면 된다.

옛길과 임도를 함께 걷기 위해서는 옥성면사무소에서 출발해 옥성 자연휴양림까지 걸어가야 한다. 선산 시외버스터미널에서 낙동, 구봉, 상주행 버스를 타고 옥성면사무소 앞에 내리면 된다. 면사무소에서 오던 길을 조금 되돌아가면 옥성 자연휴양림 표지판과 함께 주아교를 건너게 된다. 주아교에서 옥성 자연휴양림까지는 약 1.5km로 30분 정도면 충분하다. 옥성 자연휴양림은 주아지

옥성 자연휴양림의 주아지 산책로

◎ 옥성 자연휴양림 제대로 즐기기

옥성 자연휴양림은 비봉산과 주아지를 주변으로 조성된 휴양림이다. 10개 동의 숲 속의 집, 6개 동의 자연의 집, 65동의 야영데크 시설을 갖추고 있다. 휴양림 내에 참살이 길, 선현의길(옛 오솔길), 솔바람길, 민속의길 등 다양한 테마의 숲길과 등산로가 있으며 여름에는 물놀이장, 겨울에는 얼음동산을 개장해 계절별로 다양한 놀이공간을 제공한다. 문의 481-4052~3. www.gumihy.com

를 중심으로 다양한 테마의 길과 등산로가 있어 눈길을 끈다.

숲길을 걷기에 앞서 자연휴양림의 주아지 주변으로 조성된 수변데크를 한번 산책 삼아 걸어보자. 수변데크는 주아지를 한 바퀴 돌아 나오는 순환형 코스로 수변데크와 전망대, 야영장, 방죽을 따라 되돌아올 수 있다. 특히 주아지 주변으로는 매화나무, 산딸나무, 산수유 등이 식재된 화목원이 조성되어 있어 계절에 따라 꽃이 피고 지는 모습이 주아지의 수면을 화사하게 물들인다.

숲 속의 집을 따라 올라가면 옥성 사람들이 선산으로 넘나들던 옛 오솔길을 만난다. 옥성 자연휴양림이 생기면서 복원된 옛 오솔길은 옥성으로 길이 나기 전 옥성 사람들의 고된 추억이 어린 흔적이다. 책가방을 메고 산길을 넘던 아이들

주아리 숲길을 지나는 산악자전거

의 해맑은 모습, 장에 내다 팔 물건을 메고 지고 힘겹게 넘던 아버지, 어머니의 모습이 한 걸음 한 걸음 내디딜 때마다 잔잔히 스친다. 숲길에는 길재, 하위지, 이맹전 등 선산을 대표하는 역사인물을 담은 안내판도 곳곳에 설치되어 있어 지루할 틈이 없다. 옛 오솔길은 조금 숨이 가빠질 즈음 새로 닦은 임도와 만나고 다시 위로 고갯마루 정상까지 옛 오솔길이 이어진다. 옛 오솔길은 아쉽게도 고갯마루 정상에서 끝이 나고, 형제봉으로 오르는 등산로와 선산체육공원으로 내려가는 임도로 나뉜다. 고갯마루를 넘어 선산체육공원까지는 3.5km, 선산 중고등학교를 지나 선산시외버스터미널까지는 약 3km를 더 내려가야 한다. 고갯마루 정상에서 비봉산 중턱의 임도를 걸어보는 것도 좋다. 덕촌리 방면으로 난 임도는 옥성 자연휴양림의 자연의 집과 연결되어 있어 휴양림으로 되돌아오는 코스로 적격이다. 길은 완만하면서도 잡목이 우거진데다 부드러운 곡선을 그리며 이어져 있어 제법 운치가 있다. 길이 끊어진 것 같아 다가가면 다시 구불구불 이어지고, 굽이를 돌 때마다 비봉산의 능선이 새롭게 펼쳐진다. 고갯마루 정상에서 덕촌리 방향 임도로 걸어 내려오면 휴양림의 테마길 중 하나인 솔바람길을 만난다. 솔바람길은 휴양림에서 비봉산 정상인 형제봉까지 오르는 등산로로 소나무 숲이 일품이다. 솔바람길을 따라 휴양림으로 바로 내려가도 되고, 다시 임도를 따라 자연의 집까지 가도 된다. 자연의 집에서 덕촌리 방향 임도를 벗어나 휴양림으로 내려오면 푸른 하늘이 곱게 물든 주아지에 도착한다.

좌 구불구불 이어진 주아리 숲길 **우** 옥성 자연휴양림 뒤편의 아름다운 임도길

여행
스케줄

1일차 구미 – 선산 – 낙산동삼층석탑, 낙산동고분군 – 점심식사 – 옥성면사무소 – 옥성 자연휴

양림 – 휴식 및 숙박

2일차 아침식사 – 옥성 자연휴양림 – 주아리 숲길 걷기 – 점심식사 – 죽장동오층석탑 –

독동리 반송 – 금오서원 – 구미

여행지
정보

낙산동고분군과 낙산동삼층석탑 구미시 낙산동 구릉지대에 올망졸망 솟아 있는 수백 기의 무덤
을 만난다. 가야와 신라시대로 추정되는 낙산동고분군이다. 모두 205기의 고분은 대부분 도굴당
해 부장품이 많지 않지만 사적 제336호로 지정되어 있다. 고분군과 가까운 곳에는 죽장동오층석
탑을 닮은 낙산동삼층석탑(보물 제469호)이 있다.

죽장동오층석탑 비봉산 아래 서 있는 죽장동오층석탑은 우리나라 오층석탑 가운데 가장 큰 석탑
으로, 높이만 10m에 이른다. 안동과 의성에서 주로 볼 수 있는 전탑의 형식을 닮았다. 석탑에는 부
처님을 안치했던 커다란 감실이 남아 있고, 옛 죽장사의 흔적인 주춧돌도 쉽게 볼 수 있다. 죽장
동오층석탑은 국보 제130호로 지정되어 있다.

독동리 반송 선산읍 독동리에 있는 독동리 반송은 반송으로는 보기 드물게 13m에 이르는 노거수
로 천연기념물 제357호로 지정되어 있다. 반송은 줄기 바로 윗부분에서 많은 가지들이 갈라져 나
오면서 마치 우산처럼 넓게 퍼지는 게 특징이다. 독동리 반송은 수령 400년 정도로 반송 가운데
가장 아름다운 소나무로 손꼽힌다.

금오서원 낙동강과 넓은 들판을 바라보며 서 있는 금오서원은 고려시대 목은 이색, 포은 정몽주
와 함께 삼은 중 하나인 야은 길재 선생을 추모하기 위해 세운 서원으로 1575년 사액을 받았다.
1868년 대원군의 서원철폐령 때 살아남은 47개의 서원 중 하나다.

Travel
info

가는 길

자가용 중부내륙고속도로 상주IC에서 나와 헌신교차로에서 대구·선산 방면 25번 국도를 타고 가
다 낙단교차로에서 구미·선산 방면 59번 국도로 갈아탄다. 옥성면 소재지의 옥성 삼거리에서 덕
촌리 무을 방향으로 우회전해 주아령로를 따라가면 옥성 자연휴양림에 이른다.

기차 서울역에서 김천구미역으로 가는 KTX가 하루 18회 운행(1시간 25분 소요)되며, 김천구미역에
서 선산 방면 셔틀버스가 일 5회 운행(40분 소요)된다. 서울역에서 구미역으로 운행하는 새마을호,
무궁화호는 하루 35회 운행(3시간 10분 소요)된다. 구미에서 선산으로 가는 버스는 수시로 있다.

버스 선산터미널에서 낙동, 옥성, 구봉행 버스(일 5회)나 상주행 시외버스(일 8회)를 타고 옥성면
사무소 앞에서 내리면 된다.

맛집 선산 읍내에는 이정옥한방닭찜칼국수(닭칼국수, 482–2418), 선주한정식(산채정식, 481–
2103)이 추천할 만하다. 구미 시내의 이조곰탕(곰탕, 455–7188)과 수림매운탕(잉어찜, 464–6677)
이 유명하다.

숙박 선산 읍내에는 선산관광호텔(482–0225), 엘비모텔(481–9998) 등이 있고, 구미 시내에는 파
크비지니스관광호텔(451–9000), 베스트웨스턴 구미(462–6000) 등 호텔과 시외버스터미널 주변
으로 CF모텔(453–0123), 스펀지모텔(444–0282) 등 모텔이 많다.

38 숲이 아름다운 길

별을 쫓아 하늘을 향해 걷는 길
영천, 천수누림길

국내 최대 망원경이 있는 보현산 천문대. 천문대 앞에 보석 같은 천수누림길이 숨어 있다. 봄가을에는 활짝 핀 야생화를, 겨울에는 눈꽃 천지를, 여름에는 시원한 한 줄기 바람과 별들을 만날 수 있는 사랑스러운 길이다. 사방이 트인 시루봉에서 느끼는 시원함은 덤. 산책이 주는 행복을 맛보러 별의 고장, 영천으로 떠나보자. 글 채지형 | 사진 유정열

'별의 고장' 영천에 가면 꼭 걸어 봐야 할 길이 있다. 보현산 천문대 앞 능선을 따라 나 있는 산책길인 천수누림길이 바로 그 길이다. 보현산 천문대와 한 쌍을 이루고 있는 천수누림길은 짧은 시간에 최고의 행복을 맛볼 수 있는 아름다운 길이다. 높은 곳에 나 있어, 마치 구름 위를 걷는 듯한 기분이 들고, 금방이라도 하늘을 날 수 있을 것만 같은 착각에 빠진다. 자, 그러면 본격적으로 천수누림길을 걸어보자.

천수누림길에 가기 위해서 먼저 정각리 별빛마을을 찾는다. 정각리 별빛마을에서 보현산 천문대를 향해 오르면 다른 곳에서 맛보지 못하는 싱그러움을 맛볼 수 있다. 위로 갈수록 하늘이 시야를 가득 채우기 때문이다. 이대로 가다가는 하늘에 떠 있는 구름에 닿을 것만 같다.

종점은 천문대 주차장. 그곳에 차를 놓고 시원하게 펼쳐진 왼쪽으로 눈길을 돌

걷기좋은계절 **사계절**   난이도 ★

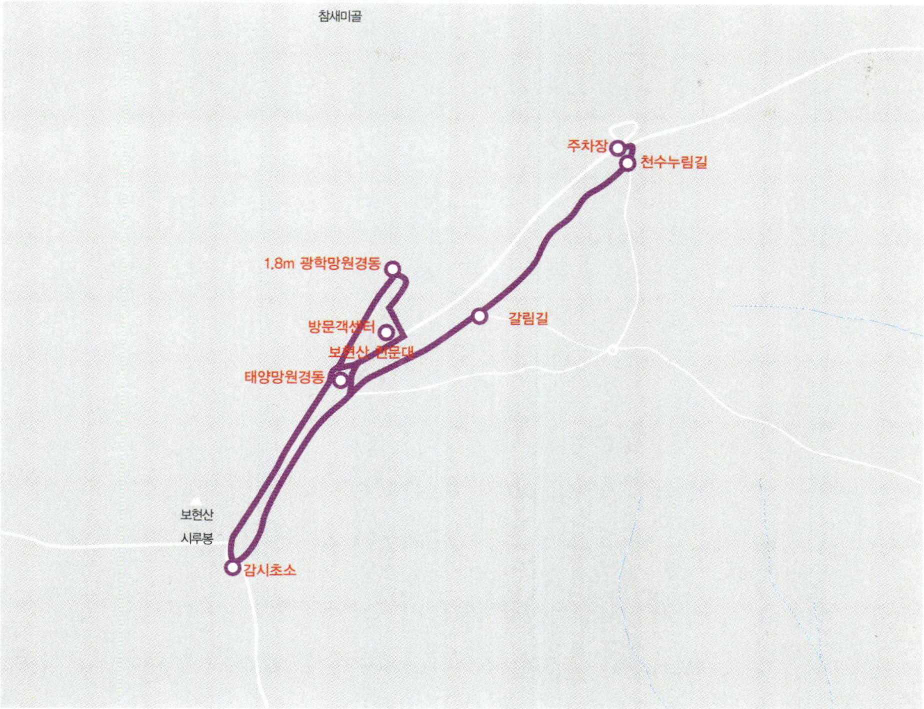

38 영천 천수누림길 [2.2km, 1시간 5분]

보현산 천문대 주차장 —0.1km 5분→ 천수누림길 입구 —1km 30분→ 시루봉 —0.3km 5분→

천문대 방문객센터 —0.1km 5분→ 천문대 돔 —0.7km 20분→ 주차장

천문대를 바라보면서 산책을 즐길 수 있는 영천의 웰빙숲길

린다. 이곳이 천수누림길의 출발지점이다. 해발 1000m 고지를 따라 천문대 주차장에서 시루봉까지 1000m 이어져 있는 길이 오늘의 걷기 코스다. '겨우 1000m'라고 생각할지 모르지만, 그 길이 주는 디톡스 효과는 그 어떤 길과도 비교할 수 없을 정도로 강력하다.

천수누림길에 들어서면 어디에선가 음악이 흘러나온다. 자동으로 사람을 감지해 음악을 틀어주는 것인데 덕분에 마음이 한층 더 상쾌해진다. 깔끔한 데크 길이 유려하게 이어진다. 오른쪽으로 화려하게 피어 있는 야생화와 왼쪽으로 시원하게 펼쳐진 풍광은 더 없는 행복감을 안겨준다. 흙길을 걷는 맛도 좋지만, 잘 만들어진 데크를 걷는 것은 또 다른 맛이다.

데크 중간에는 별 모양으로 전망대도 만들어 놓았다. '별'이라는 테마를 가지고 세심하게 신경을 쓴 모습이 여기저기에서 감지된다. 별 모양의 전망대에서 아래를 내려다보면, 정각리 별빛마을이 손에 잡힐 듯 보이고, 건너편에 있는 기룡산도 막힘없이 눈에 들어온다. 이런저런 풍경을 감상하며 피톤치드 가득한 길을 걷다 보면 웰빙숲 관찰로가 나오고 오른쪽으로 몇 걸음만 더 오르면 해발 1124m의 시루봉 정상을 알리는 팻말이 나타난다. 잠시 숨을 고르며 바람에 몸을 맡긴다. 사방은 막힘이 없고 세상은 모두 발아래에 펼쳐져 있다. 몸 안의 독

천수누림길 중간에 설치된 별 모양 전망대

소들이 밀려오는 바람과 함께 모두 빠져나갈 것만 같다.

시루봉을 뒤로하고 보현산 천문대로 향한다. 보현산 천문대는 국내 최대의 지름 1.8m 망원경이 있는 곳으로, 별을 사랑하는 이들이라면 꼭 가봐야 할 명소. 시루봉에서 천문대로 내려오면 오른쪽에 태양망원경 돔이 나타나고 이어서 왼쪽에 방문객센터가 발길을 사로잡는다. 방문객센터에는 쉽게 볼 수 없는 천체 사진부터 우리 기술이 투입돼 제작되고 있는 거대 마젤란 망원경에 대한 설명, 태양과 달, 목성에서의 몸무게를 알 수 있는 저울이 여행자들을 기다리고 있다. 이곳에서 별에 대한 상식을 담은 후, 1.8m 망원경 돔이 있는 길로 올라가면 보현산 표지석이 보인다. 그리고 다시 방문객센터로 내려오면, 마을을 좀 더 가

Tip

◎ 보현산 웰빙숲길

영천시가 최고의 청정 자연환경의 생태 · 역사 · 문화관광코스로 만들어가고 있는 길이다. 매년 조금씩 개선해 나가고 있어, 갈 때마다 조금씩 달라진 모습을 발견할 수 있다. 야생화와 나무들을 자세히 설명해주는 표지판이 있으며, 숲길을 걷다 보면 예상하지 못했던 의외의 즐거움들도 만나게 된다.

깝게 볼 수 있는 망원경이 있는 전망대를 만날 수 있다. 그 길을 따라 내려오면 천수누림길 데크로드와 만난다. 다시 데크를 사뿐히 걸으면서 부담 없는 영천 천수누림길 산책을 마무리하면 된다.

왕복 2km가 조금 넘는 이 길로 만족이 되지 않는다면, 산자락에 펼쳐진 웰빙 숲길을 함께 걸어보는 것도 좋다. 웰빙숲길은 영천시가 여러 종류의 테마숲길 로 공들여 다듬어가고 있는 길. 천수누림길 입구에서 올라오던 길을 따라 내려 가다 보면 왼쪽에 웰빙숲길 표지판이 나온다. 숲길과 데크 길 두 갈래 길이 나 오지만, 어느 길로 가도 상관없다. 양쪽 모두 500m쯤 더 걸으면 2층 팔각전망 대에서 만나게 되어 있다. 전망대에서 임도를 따라 내려가는 길은 지루할 수도 있지만 걷는 즐거움을 만끽할 수 있게 해주는 아늑한 길이다. 길은 뱀처럼 구 불구불 이어져 있어, 길을 걷는 또 다른 즐거움을 안겨준다.

오른쪽으로 보현산 천문대를 두고 찬찬히 걷다 보면 꽉 막혀 있던 가슴에 시나 브로 틈이 생기는 것 같은 기분이 든다. 길을 걷다 보면 숲 치료길도 있고 산악 자전거 라이더를 위한 길, 꽃 색깔 구분 숲, 자작나무 숲길 등 여러 종류의 길 을 만나게 된다. 임도에서 살짝 다른 길을 선택해서 들어가 보는 것도 나쁘지 않다. 어느 길로 가든 표지판이 잘 되어 있어, 길을 잃을 걱정은 크게 하지 않아 도 된다. 이렇게 임도를 따라 내려오다 보면 차가 다니는 길과 만나게 되는데, 이곳까지의 거리가 약 4km. 바람과 함께 살랑살랑 내려오다 보면 어느새 웰빙 숲길 예찬론자가 되어 있는 자신을 발견하게 될 것이다.

좌측부터 웰빙숲길/ 보현산 천문대/ 오리장림

1일차 서울 – 영천 – 보현산 천문과학관 – 천문과학관 둘러보기 – 저녁식사 – 별빛마을 숙박

2일차 아침식사 – 천수누림길 탐방 – 보현산 천문대 관람 – 시안미술관 관람 – 영천 시내 관광 – 영천 한우 맛보기 – 서울

여행 스케줄

보현산 천문과학관 쏟아지는 별을 감상하며 아이들과 함께 신비하고 다채로운 우주를 체험할 수 있는 곳으로, 우리나라에서 별이 가장 잘 보인다는 보현산 자락에 위치하고 있다. 과학관에는 400mm 슈미트 카세그레인식 망원경과 80mm 굴절식 태양망원경을 갖춘 주관측실과 고성능 천체망원경을 갖춘 보조관측실이 있다. 또한 5D돔 상영관에서는 소리와 냄새, 진동을 통해 직접 우주를 여행하는 듯한 체험을 할 수 있어 어린이들에게 특히 인기가 높다.
문의 330-6447, www.staryc.com

시안미술관 폐교였던 화산초등학교 가상분교가 미술관으로 부활한 곳이다. 미술관에는 3개 층에 4개의 전시실과 아트샵, 카페가 자리하고 있고, 야외 잔디 조각공원과 음악당을 갖추고 있다. 따뜻하고 고즈넉한 풍경 속에서 다양한 문화예술 프로그램이 운영되고 있으며, 훌륭한 폐교 활용사례로 인정받고 있는 미술관이다. **문의** 338-9391, www.cyanmuseum.org

영천시장 인근 지역의 다양한 농수산물과 한약재의 집산지였으며 사람 사는 정이 담뿍 담긴 재래시장이다. 한때는 대구의 약령시장, 안동의 안동장과 함께 영남의 3대 시장으로 꼽히기도 했다. 조선 중기 말에 영천시 남천변에 개장해 오늘날에 이르고 있다. 전국적인 규모였던 우시장 덕분에 곰탕골목이 따로 조성되어 있으며, 먹는 재미와 눈요기 그리고 특산물을 쇼핑하는 즐거움이 있다.
문의 331-1772, www.ycsj.co.kr

숭렬당 조선 세종대왕 때 일본 쓰시마와 북방 야인 정벌에 큰 공을 세운 이순몽 장군(1386~1449)이 살던 집으로, 중국식으로 지어졌다. 사랑채에 해당하는 숭렬당은 일반 주택으로는 위풍당당한 규모를 보여주며 장군의 후사가 끊긴 후에는 향서당으로 사용됐다. 1614년 사림에 의해 장군의 위패를 모시고 봄 가을 제를 올리고 있으며 1970년 7월 23일 보물 제521호로 지정되었다.
문의 영천시 문화공보관광과 문화재담당 330-6354

가는 길

자가용 익산포항고속도로 북영천IC에서 나와 청송 방면 35번 지방도를 이용한다. 옥계마을에서 자양 방면으로 우회전한 후 직진, 별빛마을을 지나 절골 삼거리에서 우측으로 가면 보현산 천문대 주차장이 나온다.
기차 서울역→영천역(새마을호, 1일 8회, 약 4시간 10분 소요)
버스 강남고속버스터미널→영천시외버스터미널(1일 3회, 4시간 소요)
　　　영천시외버스터미널에서 정각리 별빛마을(1일 10회, 90분 간격 운행, 1시간 소요)

맛집 영천 버스터미널 부근의 편대장영화식당(육회, 334-2655)은 깔끔한 육회가 맛있다. 한우숯불구이 단지의 영양숯불갈비집(한우구이, 331-1588)과 북안면 북안초등학교 부근의 삼명숯불갈비(333-8093)에서는 질 좋은 한우를 맛볼 수 있다. 영천시 중앙 사거리 부근의 삼송꾼만두(군만두, 333-8806)는 오고 가는 길에 들러 간식으로 먹기에 괜찮다.

숙박 정각리 별빛마을(336-3588, www.starvill.co.kr)에서 주민이 운영하는 다수의 민박집이 있다. 청우장 모텔(331-8763)은 한국관광공사 굿스테이로 지정된 곳이며 터미널과 역에서 가깝다.

39 숲이 아름다운 길

산 따라 강 따라 들 따라, 휘파람 불며 걷는 길

상주 낙동강길

상주시에서 만든 'MRF 코스'는 산과 강, 들을 따라가는 걷기 좋은 길이다. 총 11개 코스가 짜여 있으며 지금도 개발 중에 있다. 그중 1코스인 낙동강길이 가장 인기다. 경천대의 멋진 풍치를 감상하고 비봉산에 올라 낙동강 전경을 한눈에 조망한 후 다시 경천대로 돌아오는 코스. 남녀노소 걷기에 무리가 없으며 지루할 틈 없이 볼거리가 이어지는 환상적인 도보 길이다. 글 | 사진 이신화

낙동강 천삼백리 중 '낙동강 제1경'은 경천대다. 하늘이 만들었다 하여 일명 '자천대'로도 불리는 그곳, 바로 낙동강 1코스의 걷기 시작점이다. 코스 진입 전에 경천대 관광지를 에둘러 봐야 한다.

MRF코스 시작점에서 반대 방향으로 올라가면 전망대에 이른다. 전망대에 서면 낙동강이 휘돌아친다. 절벽은 무지산 천주봉(159m)을 만나 부딪히면서 절경을 빚어낸다. 동쪽편 절벽 끝자락은 새 주둥이처럼 튀어나왔다. 마치 낙동강 물을 마시고 하늘로 솟구치는 학을 떠올리게 한다.

이어 찾는 곳은 경천대다. 바위 위에서 바라보는 발밑 강 풍경은 전망대보다 더 아슬하다. 예전에는 물 깊이를 헤아릴 수 없어 근접조차도 어려웠고 가뭄이 들면 비가 내리기를 기원했던 곳. 현재는 강, 소나무, 기암이 한데 어우러진 경천대 옆에 무우정이 들어앉아 한 폭의 수채화를 그려낸다. 무우정은 우담 채득기

 ❀ 걷기좋은계절 봄, 가을   ❀ 난이도 ★★

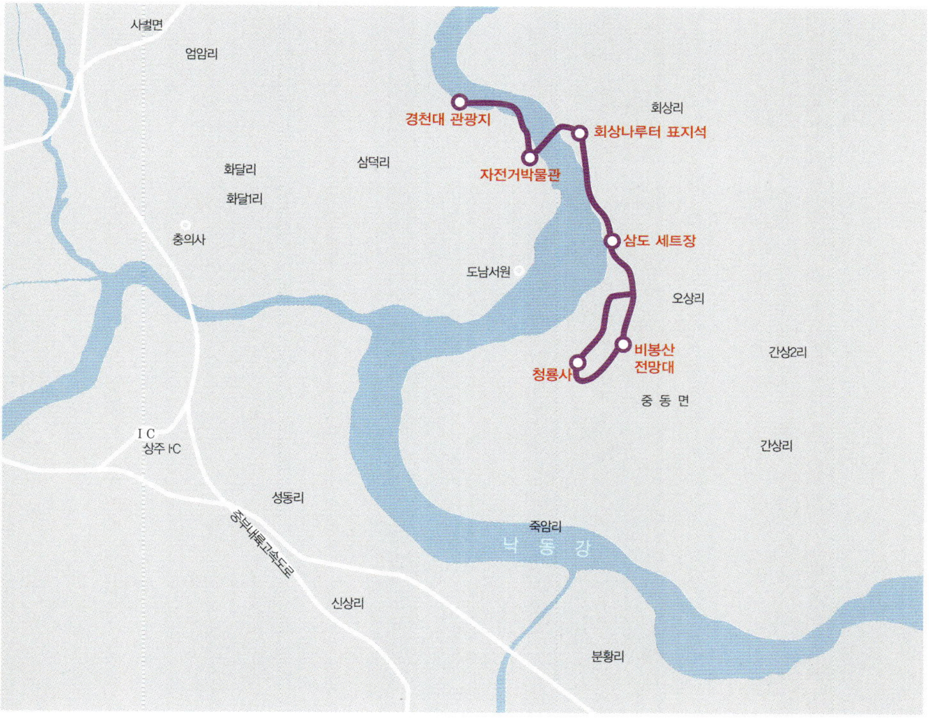

❸❾ 상주 낙동강길 [10.8km, 2시간 25분]

경천대 —1km/20분→ 자전거박물관, 경천교 —1km/20분→ 동봉 입구 —3.1km/50분→ 고갯마루 —0.8km/10분→

비봉산 —0.5km/5분→ 청룡사 —1.4km/10분→ 촬영장 —1.1km/10분→ 경천교 —1.9km/20분→ 경천대

위 경천대 전망대에서 바라본 낙동강 **아래** 비봉산 하산길에 바라본 도로

(1604~1646) 선생이 만들었다. 우담 선생은 병자호란 후 청나라 심양에 볼모로 잡혀간 봉림대군(인조의 아들. 후에 효종)을 모시고 왔다. 그는 곁에 있기를 원하는 효종의 만류를 뿌리치고 고향으로 돌아와서 비석과 무우정이라는 정자를 세우고 충절의지를 키웠다고 한다. 빛바랜 비석에는 '경천대, 대명천지 숭정일월(擎天臺, 大明天地 崇禎日月)'이라고 새겨져 있다.

우담 선생 말고도 정기룡(1562~1622) 장군의 이야기가 전해온다. 장군은 이곳에서 수련을 쌓았는데, 당시 바위를 파서 만들었다는 말먹이통(말구유)이 남아 있다.

무우정에서 오솔길을 따라가면 강변 절벽 위에 드라마 〈상도〉 세트장이 있다. 다리를 건너 위로 올라가면 철교 앞에서 MRF 표시를 만나게 된다. 그 길을 따라가면 다시 국도가 이어진다. 국도를 따라가면 우측에 잘 지어놓은 자전거 박물관을 만난다. 2002년 남장마을에 개관했다가 2010년 10월 27일 이곳으로 옮겨왔다. 희귀자전거와 자전거 하이킹, 자전거 발전기, 자이로스코프, 동력전달장치 등을 직접 체험할 수 있으며 무료로 자전거도 대여해준다. 박물관 앞쪽에는 낙동강을 잇는 경천교(330m)가 있다. 다리 양쪽 난간 위에 설치된 자전거 모형이 눈길을 끈다. 다리 끝에 옛 회상(횟골, 회곡진)나루터 자리를 알리는 비석이 있다. 이 나루터는 오래전에는 풍양에서 상주로, 상주에서 안동으로 왕래하는 관문의 역할을 하였다. 한때 객주촌이 번성하던 곳이지만 지금은 그저 돌 표시석으로만 남았다. 여기서부터는 산길을 따라 올라야 한다. 수목이 어우러진 산길에서 눈길을 끄는 것은 이무기 바위다. 바위 위에 소나무가 자라고 있어 마치 이무기가 용이 되어 날아가지 못하게 붙들고 있는 형상이다. 용이 되지 못함을 한탄하듯 눈 주위에 눈물 흔적이 남아 있다.

그렇게 걷고 걸으면 비봉산(230m) 동봉 정상이다. 야트막한 산이지만 경천대에서 바라본 모습하고는 비교할 수 없을 정도로 더 강줄기가 뚜렷하고 그림이 멋지다. 비봉산 속에 청룡사가 들어앉았다. 꽤 넓은 강줄기를 따라 중간에 모래섬 하중도가 있다. 현재는 4대강사업을 진행하는 공사차량이 부산하다. 정

◎ 자전거 타기에도 참 좋은 길

경천교를 지나 회상나루터 돌 표지석을 따라 산길로 오르는 것이 정상 코스지만 군이 그럴 필요는 없다. 넓은 강변길을 따라 〈상도〉 세트장으로 곧추 가면 된다. 청룡사에서 사과밭으로 내려오는 길은 일부러 낸 길이라서 아직 다듬어지지 않았음을 감안해야 한다. 또 이 코스는 도보길뿐만 아니라 자전거 타기에도 최상이다.

문의 경천대 536-7040, 자전거 박물관 534-4973, 청룡사 532-9808

1일차 아침식사 – 공갈못 – 남장사와 상주 시내 전적지 – 점심식사, 상주장 구경 – 충의사 –

　　　사벌왕릉, 석탑 – 상주박물관 – 저녁식사 및 숙박

2일차 아침식사 – 경천대 관광지 돌아보기 – 자전거박물관 관람 – 비봉산 정상 – 점심식사

　　　(도시락 지참) – 청룡사 – 〈상도〉 세트장 – 경천대 주차장으로 회귀 – 귀가

공갈못 삼한시대에 축조한 공갈못(경북기념물 제121호)은 처음에는 수심이 10자였다고 한다. 그러다 고종 때 못의 일부를 논으로 만들면서 5700평 정도로 축소되었다. 지난 1959년 서남쪽에 오태저수지가 완공되자 2000여 평만 남기고 모두 논으로 만들었다가 1993년 옛터 보존을 위해 1만 4000평의 크기로 개축했다. 현재 공갈못은 한여름 연꽃이 만발하는 곳으로 유명하다.
위치 공검면 양정리

충의사 경천대 가는 길목에 정기룡 장군의 유적지인 충의사가 있다. 정기룡 장군은 조선 중기의 무신으로 육상전투에서 혁혁한 성과를 거두었다. 육전의 맹호, 육지의 이순신이라 불린다. 사후 충렬사에 배향되었다가 충의사로 이전했다. 사당은 시호에 따라 충의사, 내삼문은 충렬문, 외삼문은 충의문이라 부른다. 유물관이 있다. **위치** 사벌면 금흔리 **문의** 532–2224

상을 비켜 하산하면 청룡사로 이어진다. 깎아지를듯한 비봉산 절벽 위에 아스라이 자리 잡은 청룡사는 1672년(숙종 원년)에 창건한 유서 깊은 사찰이다. 풍치가 빼어나 오래전부터 시인 묵객들이 많이 찾아들었던 곳이다. 아쉽지만 문화재는 남아 있지 않다.

청룡사를 지나 산 아래로 내려오면 들길이 이어진다. 사과나무 과수원은 물론이고 감나무 밭이 지천이다. 시멘트 포장길에서는 손만 뻗으면 감을 딸 수 있을 정도로 가로수화되어 있다. 감이 주렁주렁 달리는 가을이면 걷는 사람들의 마음을 뒤흔들어 놓는다. 이어 드라마 〈상도〉 세트장을 만난다. 경천대보다 규모가 크고 관리가 잘 돼 또 다른 영화, 드라마 촬영지로 이용된다. 지킴이가 있고 전시관도 있다. 이어 회상나루터까지는 강변길이다. 경사도 없는 강변길은 걷는 내내 아름다운 풍치를 보여준다. 지루할 틈 없이 낙동강 물줄기가 모습을 드러내고 환하게 웃으며 맞이하는 행복한 길이다. 그렇게 원점으로 회귀하면 낙동강 1코스는 끝이 난다.

좌 경천교　**우** 드라마 〈상도〉 세트장

사벌왕릉과 화달리삼층석탑 충의사를 지나면 전 사벌왕릉을 만나게 된다. 사벌국은 삼한 소국 중의 하나로 '사량벌국'이라고도 한다. 신라 경명왕(54대) 때 다섯 번째 왕자인 언창이 사벌주의 대군으로 책봉되어 사벌국이라 칭하고 11년간 통치하였다. 그 뒤 후백제 견훤의 침공을 받아 929년 패망하였다고 기록되어 있다. 사벌왕릉 옆에 화달리삼층석탑(보물 제117호)과 신도비(1954년)가 있다. 석탑의 서북 편에는 상산 박씨가에서 건립한 재실이 있다. **위치** 사벌면 화달리

상주박물관 경천대 근처에 상주박물관이 있다. 2007년에 개관한 박물관에는 민속생활유물 1500점과 고고유물 250점, 역사자료 130점, 고서적 50점 등 총 2400여 점이 전시되어 있다. 모두 상주시에서 출토되거나 발견된 것들이다. 야외에는 여러 석조 유물들이 전시되어 있다. 또 전통의례관에서는 전통혼례식을 거행할 수 있으며 탁본 등 전통 체험이 가능하다.
위치 사벌면 삼덕리 **문의** 536-6160, museum.sangju.go.kr

상주 시내 여행 상주 시내에는 임란북천 전적지(시도기념물 제77호)가 있다. 임진왜란(1592년) 때 조선 중앙군과 왜병의 선봉주력부대가 최초로 싸운 장소로, 900여 명이 순국한 호국성지이다. 또 장날(2, 7일)이 되면 장터 주변은 활기가 넘쳐난다. 주변에서 생산된 농산물과 건어물, 잡화, 기타 생활용품 등이 다량 거래된다. 가을이면 능이, 송이, 싸리, 가지, 호박버섯 등이 지천이고 다디단 곶감 수확 철이면 더 행복해진다. **위치** 상주시 만산동 699

남장마을과 남장사 상주에서 곶감마을로 명성을 날리는 곳은 남장동이다. 감이 익어가면 마을은 온통 붉어진다. 11월 중순쯤이면 곶감이 본격적으로 출하된다. 마을 위쪽, 노악산 자락에 남장사가 있다. 신라 흥덕왕 7년(832) 진감국사가 창건했다고 전해지는 천년고찰이다.
위치 남장동 502 **문의** 534-6331

가는 길

자가용 중부내륙고속도로→중부고속국도→호법분기점→영동고속국도→여주분기점→중부내륙고속도로→북상주IC. 공갈못 지나 상주 시내 쪽으로 가는 3번 국도를 따라가면 좌측으로 경천대 팻말이 나타난다. 사벌왕릉을 지나면 경천대 관광지다.

버스 강남고속버스터미널에서 상주행 버스(07:00~19:40)가 50분 간격으로 운행된다. 2시간 30분 소요. 또는 서울→김천(환승)→상주행 열차 이용. 상주에서 경천대행 시내버스가 1일 5회 운행된다. **문의** 상주종합버스터미널 534-9002

맛집 공갈못 주변에 백련지식당(연밥과 대나무밥, 541-0203)이 있고 경천대 입구에 청석골(536-6022)이 있다. 시내에는 홍성식육식당(536-6608), 청기와숯불가든(535-8107), 버섯골(536-4800), 새지천식당(534-6402) 등이 있다. 남장마을에는 남장 송어장(534-5539)이 있다.

숙박 경천대에는 야영장과 취사장이 마련되어 있다. 경천대 펜션(536-7471, 휴일 016-239-3747)과 민박집이 있다. 그 외 폐교를 이용한 상주예술촌(사벌면 매호리, 한국예총상주지부 531-2644)에서는 캠핑이 가능하다. 상주 시내에는 상주관광호텔(536-3900)을 비롯해 시내 무양동 일대에 새로 지은 모텔들이 많다.

40 숲이 아름다운 길

다디단 포도와 오미자 향기 흐르는, 신선이 사는 고장

상주 우복동길

상주시 화북면은 속리산, 청화산, 도장산, 승무산, 청계산, 백악산 등 많은 산과 우복동천, 용화동천, 입석동천, 서재동천 등 유명 계곡이 있다. 명산과 명수가 많아 '삼산삼수(三山三水)'의 고장이라 불린다. 얼마나 멋지면 계곡마다 '동천(洞天, 산천으로 둘러싸인 경치 좋은 곳)'이라는 이름이 붙었을까? 상주시는 그곳에 우복동천(牛腹洞天) MRF 코스를 개발 중에 있다. 글 | 사진 이신화

걷기는 화북면 상오리 마을 앞 버스정류장에서 시작된다. 시멘트 포장길을 따라 포도밭, 오미자밭이 이어진다. 청정지역에서 자라는 포도와 오미자는 이 지역의 내로라하는 특산물이다. 10여 분 정도 가면 멋진 장각폭포가 있다. 속리산의 최고봉인 천황봉(1058m)에서 시작된 물줄기가 흐르고 흘러 장각동 계곡 쪽으로 굽이쳐 흐르다 마을에 거의 다다라서 6m 높이의 절벽을 타고 물줄기를 떨어뜨리면서 폭포와 소를 만든 것이다. 폭포와 몇 그루의 노송, 금란정 정자가 어우러져 절묘한 조화를 이룬다. 마치 문인화 한 점이 현실로 살아 나온 듯하다. 장각폭포는 접근이 쉽고 풍광이 빼어나 드라마, 영화 촬영장으로 인기다.

더 안쪽으로 들어가면 상오리칠층석탑(보물 제683호)이 있다. 계단을 오르면 속리산을 등지고 밭 가운데에 붉은 화강암으로 만든 석탑 한 기가 우뚝 서 있

 걷기좋은계절 봄, 여름, 가을　　난이도 ★

지도 내 지명:
- 연엽산
- 매기재
- 화산리
- 우복동 마을
- 용유리
- 장암리
- 장암리
- 오송폭포
- 용유계곡
- 우복동천 체험관
- 동천암
- 시비탑
- 쌍용계곡
- 화북중학교
- 내서리
- 49
- 도장산
- 솔숲
- 상오리 석탑
- 장각폭포
- 백주재
- 상오리

⑩ 상주 우복동길 [7.3km, 1시간 8분]

상오리 0·영장 →(0.5km / 5분)→ 장각폭포 →(1.4km / 10분)→ 상오리칠층석탑 →(1.9km / 15분)→ 상오리 솔숲 →(1.7km / 20분)→

화북중학교 →(0.9km / 10분)→ 용유계곡과 시비탑 →(0.6km / 5분)→ 동천암 돌 표지석 →(0.3km / 3분)→ 우복동천 체험관

다. 높이 9.2m의 이 칠층석탑은 기단 구성이 독특하고, 각 부의 비례가 불안한 듯하지만 큰 키에 어울리는 균형을 갖춘 것이 특징이다. 일제 때 일본 헌병이 무너뜨린 이후 방치되어 있던 것을 1978년에 원형대로 다시 쌓았다가 최근에 정밀하게 재복원했다. 이곳에 장각사라는 절이 있었다고 전하지만 확실한 기록은 없다. 탑 주변에 주초석이 여러 개 남아 있는 것으로 보아 제법 큰 규모의 사찰이 있었을 것으로 추측할 뿐이다.

속리산 산행이 목적이 아니니 우복동 코스는 다시 오던 길로 되돌아 나와야 한다. 버스정류장 앞에 상오리 솔숲이 있다. 하늘 향해 쑥쑥 뻗어 올라간 소나무 숲 향기가 싱그럽다. 솔 향을 맡으며 산책을 하다가 정자에서 잠시 숨을 돌리면 된다. 길 건너편에는 폐교된 상오초등학교가 야영장이 되어 있다. 이어 국도를 따라 걸으면 화북중학교를 지나치고 화북면에 이른다. 가을이면 포도와 버섯, 오미자가 지천이지만 작은 시골마을은 늘 조용하다. 옛 5일장이 섰다는 슈퍼 옆 장터는 이제는 그 흔적조차 남아 있지 않다.

화북면을 지나쳐 오른쪽 국도를 따라가다 보면 용유리로 접어든다. 길목에 속리산 시비공원이 있다. 밭과 산, 언덕 위에 간간이 시비 탑이 만들어져 있다. 가깝게 속리산의 불꽃 같은 암봉들이 눈앞으로 다가서는 위치다. 선조들의 시를

상오리 솔숲

◎ 우복동천 걷기 코스

우복동천 걷기 코스는 여러 곳이 개발되어 있다. 하지만 산세가 높고 험해서 가족동반
여행객에게 적합하지 않다. 대신 새로 개발·소개된 MRF(Mountain, River, Field)
코스가 적당하다. 아직까지 안내팻말이 없지만 걷는 데는 큰 무리가 없다.
문의 www.sangju.go.kr, 상주시청 문화체육팀 537-7207, 화북면사무소 533-1300

비석에 새겨 놓았다. 강개의 충절을 담은 애국시, 우복동에 안거하는 탈복시,
산천 풍경을 찬미하는 유람시 등이다. 시비탑 반대편으로는 아름다운 용유계
곡이다. 낙동강 수계의 시발점으로 농암면 내서리로 흘러 쌍룡계곡으로 이어
진다. 화북면 용유리에 접한 부분은 용유계곡이라 하고 농암면 내서리에 접한
부분은 쌍룡계곡이라고 한다.

시비 탑 지나 더 밑으로 내려오면 비스듬히 누인 동천암(洞天巖)이라는 바위가
있다. 바위에 물 흐르듯 새겨진 글자는 초서에 능했던 양사언(1517~1584)의 솜
씨다. 양사언은 우복동이라는 지명을 함부로 밝힐 수가 없어서 그냥 동천이라
고만 쓴 것이라고 전해온다. 왜 그랬을까? 우복동은 '소의 뱃속 모양의 명당'
을 일컫는다. 『정감록』에는 우복동을 십승지지(十勝之地) 중의 하나로 기록했

폐사지에 남은 7층 석탑

금란정과 장각계곡

고 이중환의 『택리지』에서는 '우복동이 길지 중의 길지로 선비가 머물 만한 곳'이라 했다. 정약용은 「우복동가」를 읊었다.

우복동은 예전에는 접근조차 어려운 깊고 깊은 산골이었다. 서쪽은 백두대간의 속리산 바위병풍에 첩첩이 막혀 있다. 북쪽은 백두대간 늘재를 넘어야 괴산으로 연결된다. 상주로 가려면 남쪽 갈령을 넘어야 한다. 고개를 넘지 않는 유일한 관문인 동쪽 문경 가는 길은 가파른 벼랑이 연이어진 쌍룡계곡이 막고 있다. 그래서 우복동은 전쟁이나 천재지변에도 안심하고 살 수 있는 위치였던 것이다.

동천암에서 조금 더 내려오면 우복동 녹색농촌체험마을이다. 도로변에 체험장과 숙박동이 있으며 안쪽 마을로 들어가면 서낭당, 청화산 등산로가 있다. 봄에는 나물 캐고 여름이면 용유계곡에서 물놀이하고 가을이면 오미자 따고 겨울이면 청화산에 올라 일출 보는 등의 체험거리가 있는 마을이다. 이것으로 우복동 걷기 코스는 끝난다. 걷고 나면 무릉도원을 나비처럼 날갯짓한 듯 기분이 좋아진다.

1일차 아침식사 – 상오리에서 장각폭포 – 상오리 숲 – 화북면 – 시비공원 – 동천암 – 점심식사 – 우복동 체험하기 – 휴식 및 숙박

2일차 아침식사 – 쌍룡계곡에서 다슬기 잡기 등 물놀이 – 점심식사 – 심원사 – 원적사 – 귀가

여행
스케줄

쌍룡계곡과 늑천정 상주시 화북면과 문경시 농암면 경계지점이다. 농암면으로 접어들면서부터 도로변으로 쌍룡계곡이 이어진다. 골 깊고 물 맑아 청룡, 황룡이 놀다간 곳이라 해서 붙은 이름이다. 가장 아름다운 계곡에는 수십 길 높이의 암벽과 집채만 한 바위가 절묘하게 조화를 이룬다. 바위는 회란석이다. 길 건너 언덕 위에 늑천정이 있다. 또 계곡 따라 가다 보면 '청풍' '명월' '유수'를 사우(四友)로 삼는다는 '사우정'이 포인트다. 물이 맑아 다슬기도 지천이다. **위치** 문경시 농암면

심원사 도장산(828m)의 6부 능선 정도에 있는 심원사는 660년(신라 태종무열왕 7) 원효가 세운 고찰이다. 창건 당시에는 도장암이라고 하였다. 주차장에 차를 세우고 2km 정도 걸어야만 만날 수 있다. 수림이 우거진 길에는 심원폭포와 약수터가 있고, 절집은 매우 소박하다.

위치 문경시 농암면 내서리 **문의** 571–8183

원적사 청화산(984m) 자락에 원적사가 있다. 신라 660년(태종무열왕 7) 원효대사가 창건했다는 천년고찰이지만 자료는 남아 있지 않다. 이곳에 비학승천혈(飛鶴昇天穴)이라는 명당이 있어서 옛날부터 깨달음을 빨리 얻을 수 있는 수도처로 이름났다. 특히 1903년 고승 서암스님이 거하면서 크게 중창했다. 유물로는 해동초조원효조사진영(海東初祖元曉祖師眞影)과 부도 1기가 전한다. 원효의 진영은 이 절에만 소장되어 있다. **위치** 문경시 농암면 내서리 **문의** 533–9010

문장대 속리산의 문장대는 해발 1054m 지점에 하늘을 향해 우뚝 솟아올라 있는 커다란 바위이다. 상주에 주소를 두고 있으며 산행 거리도 상주 쪽에서 오르는 게 훨씬 가깝다. 풍치가 빼어난 이곳은 산행이 쉽지 않아서인지 세 번 오르면 극락왕생한다는 말이 있다.

위치 화북면 장암리 **문의** 속리산 화북분소 533–3389

가는 길

자가용 경부고속도로 청원분기점에서 청원~상주 간 고속도로를 타고 가다가 화서나들목으로 나가면 된다. 화서IC에서 상주 방면으로 1km 쯤 가다 삼거리에서 화북·문장대 방면인 지방도 49호로 좌회전하면 된다. 또는 중부고속도로 음성나들목을 빠져나가 82번 지방도를 이용해 금왕~음성을 거쳐 34번 국도를 타고 괴산~상주 쪽으로 진행하다가 쌍곡교에서 우회전하여 517번 지방도를 이용해 송면 지나 화북면에 이르기 전에 팻말이 있다.

버스 동서울터미널(02–446–8000)에서 상주행 시외버스가 50분 간격(06:50~20:20)으로 운행된다. 또 상주북부시외버스터미널(357–1851)에서 화북간 시내버스를 이용해 상오리에 하차하면 된다.

맛집 문장대 주변에 화북문장대회가든(533–8934)과 오송송어장(533–8972) 등 송어횟집이 있다. 대부분 양식장과 직접 기른 야채, 향 진한 들기름 등을 사용한다. 쌍룡계곡 주변에 있는 늑천정가든(532–2656)은 자연산 버섯요리로 유명하다. 청화산관광농원(536–8586)은 쌈정식이 유명하고 도로변에 토속음식점들이 많다.

숙박 화북면에 송학장(533–6968), 병천녹색체험마을(533–8945, 011–507–8945) 등 몇 곳의 민박이 있다. 휴프렌드(571–8999)는 최근에 지었다. 거리는 멀지만 2001년 6월에 개장한 성주봉 자연휴양림(541–6512)을 이용해도 좋다.

오르고 내리는 발걸음에 소망을 담아

경산 갓바위 오르는 길

하양역에서 내려 버스를 갈아탄다. 이미 경산 시내에서부터 타고 온 사람들로 만차이지만 불평 한 마디, 눈살 찌푸린 사람이 없다. 흔들리는 버스에 몸을 맡기다가 이내 깨달았다. 갓바위를 향해 가는 이들은 기도하는 마음이고, 서로의 마음이 담긴 염원을 방해하지 않으려고 조심스러운 배려를 하는 것임을. 갓바위 들머리로 오르는 길 위에선 분주하던 마음이 차분하게 정돈된다. 글 | 사진 유현영

버스는 한참을 달려 갓바위로 향한 길 입구에 선다. 버스를 기다리고 선 사람들 너머로 분주하게 오가는 사람들이 많다. 북적이는 인파는 웬만한 도심의 놀이공원 수준이다. 한 가지 소원은 꼭 이루어 준다는 갓바위 부처(관봉석조여래좌상)를 만나러 오는 불자와 등반객의 행렬은 입구에서부터 꼬리에 꼬리를 물고 이어진다. 돌계단과 철 난간으로 이루어진 산길은 구불구불 끝이 없다. 산신각 약수를 한 모금 마시고 머리 위를 바라보면 사람들의 행렬이 보인다. 대웅전에 이르러 한 걸음 더 오르면 갓바위 부처를 만나게 된다. 향을 피우고 초를 켜서 각자의 바람을 기원하는 사람들의 공간이다. 조심스레 곁을 지나면서 그들의 바람에 마음을 얹는다. 낙숫물이 바위를 뚫듯 기도를 올리라는 문장이 쓰인 현수막을 바라본다. 바위가 뚫리리란 믿음이 대단해 보인다.

그 길로 내려가면 대구 방향이다. 경산으로 나가려면 왔던 길을 되돌아가야 한

☆ 걷기좋은계절 **사계절**   ☆ 난이도 ★★★

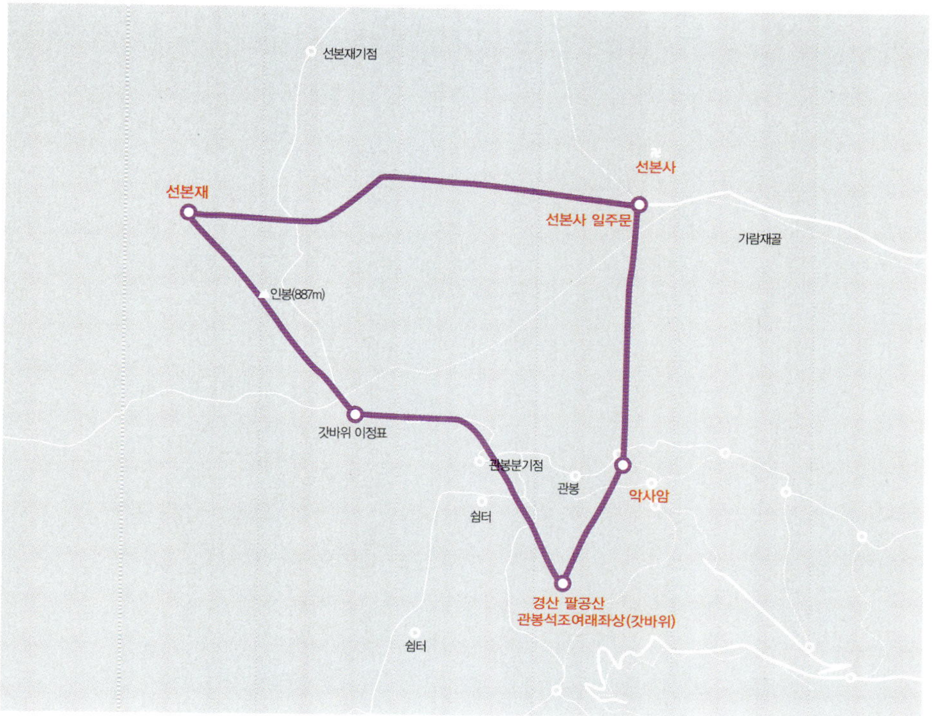

④1 경산 갓바위 오르는 길 [2.6km, 1시간 30분]

선본사 일주문 —1km/40분→ 갓바위 —300m/10분→ 약사암 —1km/30분→ 선본사 —300m/10분→ 일주문

◎ 갓바위 탐방안내

대구, 경산, 하양을 거치는 버스가 경산 갓바위 입구까지 30분 간격으로 오간다. 갓바위에 올라 약사암을 돌아 선본사까지 둘러보는 길은 거리가 2km를 조금 넘고 경사도를 감안해도 1시간 반이면 충분하다. 오가는 시간을 감안해 반나절이면 넉넉한 코스다.

좌 경산 갓바위 등산로 **우** 선본사 일주문

다. 가는 길에 들른 유리광전은 입구에서부터 이어지는 삼천 개의 갓바위부처상과 연꽃초가 인상적이다. 유리광전을 지나 약사암 쪽으로 내려가면 호젓한 산길이다. 산길과 돌계단길이 드문드문 이어진 길을 내려가면 약사암이다. 약병을 들고 있는 커다란 약사여래불이 있고 약사암을 비껴 선본사 이정표를 쫓아가면 여기서부터 1km 남짓한 오솔길이다. 낙엽이 소복하게 쌓인 길이 아름답게 이어진다. 내려가는 길은 인적이 드물어 계절의 정취를 만끽하며 걸어도 충분하다.

갓바위로 오르는 길 입구에서 오른쪽으로 난 길을 들어서면 선본사가 있다. 잘 골라놓은 채마밭 너머에 있는 선본사로 가기 위해선 가파른 계단을 걸어 선정루를 통해 가는 길과 빙 두른 경사로를 따라 오르는 길이 있다. 그 길을 걸어 한창 꽃처럼 부푼 느티나무를 바라보며 걷는다. 경내로 들어서면 아미타불을 모신 극락전이 자리한다. 경내 건물이 아담하고 편안하다. 앞마당에서 바라다보면 멀리 관봉이 보인다. 선정루를 통해 가파른 계단을 내려선다. 길지 않은 거리, 오랜 시간은 아니었지만 계단을 오르내리느라 묵직해진 다리가 느껴진다. 버스를 타고 경산 시내로 나간다. 한 시간 남짓 걸리는데 이곳에서 버스를 갈아타고 경산시립박물관을 찾아간다. 입구에서 만나는 원효, 설총, 일연 스님의 동상을 만난다. 삼성현의 모습이 낯설지만 재미있다. 경산시립박물관에서는 압독국의 역사를 만날 수 있다. 이름도 낯선 압독국은 삼국통일시대 전 800년가량 경산 압량 지역을 근간으로 국가를 이루었던 삼국시대 초기 소국이다. 후에 신라에 흡수되었는데 이 지역은 백제를 견제하는 군사적 요충지가 된다. 박물관은 제1·2·3전시실로 나뉘는데, 제1전시실에는 근대 경산의 모습을 알려주

위 갓바위 오르는 길 **아래** 약사암으로 내려오는 길

는 농업과 생활에 대한 전시물들이 있다. 중요무형문화재 제44호로 지정된 경산자인단오제의 원무인 한장군놀이 모형이 눈에 띈다. 한 장군은 일본인들의 괴롭힘을 당하던 주민을 위해 누이와 함께 화관을 쓰고 춤을 추어 그들을 유인한 뒤 섬멸했다는 이야기의 주인공이다. 단오제의 한장군놀이는 3m 높이의 화관을 쓰고 추는 화관무가 특징이다. 제2전시실은 통일신라, 고려시대, 조선시대의 경산의 모습을 주제로 한다. 경산의 삼성현인 원효, 설총, 일연에 대한 전시 코너가 있고 김유신 장군의 이야기가 깃든 압량유적에 대한 디오라마를 볼 수 있다. 제3전시실에서는 김유신 장군이 군사 훈련장으로 썼던 압량 유적에 관한 디오라마와 경산 지역에서 발굴된 압독국 관련 유적들이 전시되어 있다. 이곳에서 10분 거리에 있는 자인 계정숲으로 간다. 치수나 방풍의 목적으로 조성된 숲이 아닌 자연숲이 특징인 이곳은 자인단오제가 열리는 무대이기도 하다. 입구로 들어서면 정면으로 한장군 묘가 있다. 숲을 한 바퀴 돌아 난 소박한 산책로를 걷다가 단오제전수회관 앞으로 나와서 걸으면 면사무소로 가는 길이다. 근처 자인향교를 돌아보고 경산 시내로 나오는 버스를 탈 수 있다. 3, 8일이 자인 장날이니 날짜가 맞으면 아기자기한 장 구경은 덤이다.

선본사와 가을이 내려앉은 느티나무

여행 스케줄

1일차 서울 – 대구(경산·하양) – 갓바위 – 선본사 – 경산 시내(점심식사) – 경산시립박물관 – 자인 계정숲 – 저녁식사 – 휴식 및 숙박

2일차 아침식사 – 압량유적, 임당동 고분군 – 점심식사 – 영남대박물관 – 서울

여행지 정보

경산시립박물관 2007년 개관하였으며 경산의 역사문화와 관련된 유물을 전시하고 있다. 1·2·3 전시실이 있으며 3전시실에는 고대 압독국과 선사시대의 유물이 전시되어 있다. 금동관과 말띠 드리개 등의 장식이 눈에 띄고 신림사터에서 발굴된 석조물들이 야외에 전시되어 있다.
문의 810–6455, museum.gbgs.go.kr

계정숲 국내에서 보기 드물게 평지에 조성된 자연숲이다. 1982년 면적 4만 3237m²가 천연보호 림으로 지정되었으며 굴참나무, 이팝나무, 말채나무, 느티나무 등의 다양한 나무가 숲을 이루고 있다. 숲 내에는 한장군묘와 사당, 한장군놀이전수회관과 자인현청의 본관 건물을 옮겨왔다. 이 일대에서 매년 음력 5월 5일 중요무형문화재 제44호로 지정된 자인단오제가 열리고 한장군 놀이, 여원무를 진행한다.

압량 유적 경산리 압량면 압량리에 위치한다. 이곳과 내리, 진량의 것까지 세 개의 축조물을 함께 일컫는 말이다. 이곳은 김유신 장군이 압량주 군주로 있을 때 군사 훈련을 목적으로 조성한 곳이라 전한다. 백제를 공략하고 삼국통일의 꿈을 이루기 위한 전초기지였음을 짐작하게 한다. 7m 높이의 야트막한 구릉 형태로 다른 시설물은 없다.

Travel info

가는 길

자가용 대구→포항고속도로를 이용하여 포항 쪽으로 가다가 청통와촌IC로 나와 좌회전한다. 약 500m 뒤에 신안 삼거리에서 우회전하여 관음휴게소 주차→선본사 일주문(갓바위)

기차 무궁화호 서울→경산 (1일 19회, 4시간 소요)
    KTX 서울→동대구, 밀양 환승 (15~20분 간격, 1시간 15분 가량 소요)

버스 동대구역에서 818, 814번 버스, 하양역에서 803번 버스 이용

맛집 갓바위 주차장 근처에 민속식당들이 있다. 와촌면의 제2솔매기식당(촌두부, 852–9344) 등에서 손두부와 산채를 맛볼 수 있고 자인면에는 흑염소요리가 유명한데 원조회나무식당(813–2010)과 부흥흑염소(857–2013)와 자인장터 내에 북삼식육식당(돼지두루치기, 857–9630)이 맛있다. 경산농협 골목에는 고향전통손칼국시(칼국수, 들깨국수, 812–9292)가 깔끔하다.

숙박 옥산동에 모텔들이 많다. 발리파크(814–6556), 리베라(816–8100) 등의 모텔들이 있고 시내 인근에 온천이 있다. 상대리의 상대온천관광호텔(851–6645)과 금구리의 용암웰빙스파(817–5500)에서 숙박이 가능하다.

육지 속의 제주도, 오래된 돌담 따라 천 년 고을을 만나다

군위 한밤마을 돌담길

군위 한밤마을은 흔히 '육지 속 제주도'라 불린다. 제주도가 돌문화로 잘 알려진 섬인 것처럼 한밤마을 역시 팔공산의 돌로 일궈낸 유서 깊은 마을이기 때문이다. 세월의 흔적이 덧씌워진 돌담 사이로 유구한 마을의 역사와 산재한 문화유산을 엿볼 수 있다. 미로처럼 얽히고설킨 돌담길을 따라 시간 여행을 즐길 수 있는 곳이다. 글 | 사진 문일식

한밤마을은 고려시대 부림 홍씨가 세거하면서부터 시작돼 천 년 이상의 역사를 지닌 마을이다. 마을 전체가 돌담길로 이뤄진 한밤마을은 마을 입구 성안숲을 시작으로 한밤마을의 돌담길, 군위 아미타여래삼존 석굴까지 둘러볼 수 있다.

한밤마을 입구에 들어서면 한밤마을 상징조형물이 우뚝 서 있다. 한밤마을의 상징인 낮은 돌담이 마을 입구로 이어지고, 금세 울울한 소나무 숲이 눈에 들어온다. 한밤마을 걷기는 소나무 숲을 둘러보면서 시작하는 것이 좋다. 소나무 숲은 팔공산 줄기가 마을을 성처럼 싸고 있다 하여 성안숲으로 불린다. 임진왜란 때 이곳 출신으로 영천성 전투에서 큰 공을 세운 홍천뢰 장군이 의병들을 모아 훈련을 하기 위해 숲을 만들었다고 전해진다. 성안숲 한가운데는 홍천뢰 장군의 추모비가 소나무처럼 우뚝 솟아 있다.

 ✿ 걷기좋은계절 봄, 가을 　　　✿ 난이도 ★

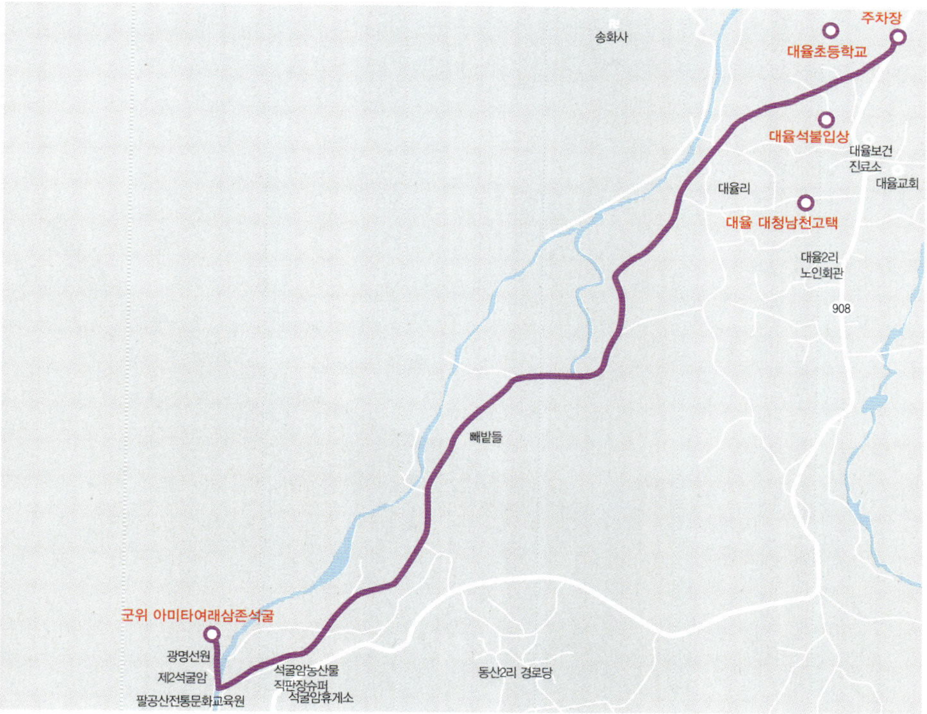

주차장
대율초등학교
송화사
대율석불입상
대율보건진료소
대율리
대율교회
대율 대청남천고택
대율2리 노인회관
908
빼밭들
군위 아미타여래삼존석굴
광명선원
제2석굴암
석굴암농산물
직판장슈퍼
석굴입구휴게소
팔공산전통문화교육원
동산2리 경로당

㊷ 군위 한밤마을 돌담길 [4.7km, 2시간 20분]

한밤마을 주차장 ─0.2km/5분─▶ 성안숲과 대율초등학교 입구 ─0.2km/5분─▶ 대율리 석불입상 ─2.5km/90분─▶

한밤마을 돌담길 둘러보기 ─1.8km/40분─▶ 군위 삼존 석굴

한밤마을은 대율 1·2리와 남산 1·2리, 동산 1·2리 등 6개의 리를 포함하는 큰 마을이다. 한밤마을을 둘러보려면 대율리 대청을 먼저 찾아야 한다. 한밤마을 한가운데 있는 대율리 대청은 원래 절의 대종각이 있던 자리에 세운 건물로, 임진왜란 때 불탄 이후 조선 인조 때 다시 세워졌다. 대율동중서당이라는 현판을 단 대청은 한때 서당의 공간이기도 했고, 지금은 마을 어르신들이 모여 휴식을 취하는 곳이다. 노인들뿐 아니라 한밤마을 사람들이 모이는 곳이었으니 대청을 중심으로 마을의 돌담길이 모이고 퍼진다. 한밤마을을 둘러볼 때 대율리 대청을 중심으로 하는 이유도 바로 여기에 있다. 대율리 대청 바로 옆에는 남천고택이라 불리는 군위 상매댁이 남아 있어 함께 둘러보는 것이 좋다.

대율리 대청과 상매댁을 둘러봤다면 한밤마을의 돌담길을 돌며 시간여행을 즐겨볼 차례다. 한밤마을의 돌담길은 팔공산이 빚어낸 결과물이다. 1930년 여름 대홍수 때의 일이다. 한여름 늦은 밤 두 시간가량 퍼부은 비는 골짜기를 휩쓸고 흘러내려 순식간에 마을을 덮쳤다. 마을 내 93동의 집이 홍수에 떠내려가고, 죽은 사람만 90명이 넘었다고 한다. 대홍수는 한밤마을 사람들의 삶의 터전을 송두리째 빼앗았지만, 살아야 할 사람들은 돌을 지고 날라 돌담을 쌓고, 수해가 났던 동산계곡 물길을 따라 1km 정도의 돌방천을 쌓았다. 지금의 한밤

한밤마을에 있는 오래된 고택인 상매댁

◎ 한티재로 오르는 아름다운 드라이브길

한밤마을과 군위 아미타여래삼존 석굴을 지나는 대구·칠곡 방면 908번 지방도를 타면 2006년 건설교통부에서 선정한 '한국의 아름다운길 100선'에 선정된 한티재에 오를 수 있다. 팔공산의 아름다운 경치가 펼쳐져 드라이브 코스로 잘 알려져 있다.

좌 군위 .아미타여래삼존 석굴 전경 **우** 한밤마을 내에 있는 대율리 석조여래입상

마을은 모든 것을 잃었던 슬픔과 절망 속에서 태어난 고귀한 산물인 셈이다. 사방으로 이어지는 돌담길에는 이정표가 없다. 어떤 이는 4km 정도, 또 어떤 이는 6km가 넘는다고도 한다. 돌담을 따라 걷는 길은 정해진 순서가 없다. 1km가 됐든 6km가 됐든 걷는 사람 마음이다. 그저 걷고 싶은 자의 발길이 머무는 대로 따라갈 뿐이다. 돌담은 넓어지다가 갑자기 좁아지기도 하고, 구불구불 이어질 듯하다가 끊어지기도 한다. 이끼를 잔뜩 뒤집어쓴 돌담은 세월의 흔적이 역력하다. 마치 천 년의 세월 동안 만들어진 미로 같다.

한밤마을은 산수유나무, 감나무, 사과나무가 유난히 많다. 봄에는 산수유의 진한 노란빛이 돌담과 어우러져 절경을 이루고, 가을빛이 일렁이면 산수유의 붉은 열매와 진홍빛 감이 푸른 하늘과 조화롭게 어울린다. 열린 대문 너머로 잘생긴 백구 한마리가 얼굴도 모르는 외지인을 향해 큰 소리로 짖어대고, 오후 햇살이 따스하게 내리쬐는 어느 작은 돌담길에는 고양이 한 마리가 따뜻한 햇볕 속에 해바라기를 하고 있다. 돌담이 이어지다 큰 감나무를 만나지만 감나무 건너로 다시 돌담이 이어진다. 큰 감나무를 베기 아쉬웠는지 돌담은 어느새 감나무와 하나가 되었다.

한밤마을을 둘러보고 양산계곡 쪽으로 나오면 군위 아미타여래삼존 석굴로 가는 길을 만난다. 1.8km에 이르는 길은 시멘트길로 되어 있어 다소 밋밋하다. 길을 따라 조성된 달빛산책로는 이름처럼 달빛 산책을 즐기기에 적격이다. 너른 들판 사이로 마을과 팔공산 자락이 운치 있게 펼쳐지기 때문이다. 음식점이 밀집된 곳까지 이르면 군위 아미타여래삼존 석굴은 지척이다. 울창한 송림과 양산계곡을 가로지르는 작은 다리를 하나 지나면 북쪽 암벽에 둥근 석굴이 바로 보인다. 양산계곡을 따라 올라가면 부림 홍씨의 중시조인 경재 홍로 선생의 유적을 만난다. 경재 홍로 선생을 배양한 양산서원과 홍로 선생의 절의를 추모하기 위해 세운 척서정이 그것이다. 경재 홍로 선생은 고려의 국운이 다하자 벼슬을 버리고 낙향한 뒤 고려가 망하자 나라와 함께 생을 마감한 인물이다. 구름다리를 건너 군위 아미타여래삼존 석굴로 다시 돌아올 수 있도록 산책로가 조성되어 있다.

한밤마을 돌담길을 지나는 마을 주민

화산산성 화산산성은 조선 숙종 때 병마절도사 윤숙이 외적의 침입을 막기 위해 쌓은 산성으로, 윤숙의 재산과 승려의 시주로 시작해 일체의 민폐를 끼치지 않았다고 한다. 극심한 흉년과 윤숙의 전출로 공사가 중단된 채 지금에 이르고 있다. 산성의 기초공사 흔적과 홍예문이 온전한 형태로 남아 있다. 화산산성 입구에서 약 7km의 임도를 올라야 한다.

인각사 터의 형세가 기린의 뿔이라 하여 이름 지어진 인각사는 해발 828m의 화산 서쪽 자락에 자리 잡고 있다. 인각사는 고려 충렬왕 때 일연 스님이 삼국유사를 쓴 곳으로 잘 알려져 있다. 인각사에는 보물 제428호로 지정된 일연 스님의 사리탑인 부도와 행적을 기록해 놓은 보각국사탑비가 남아 있다. **문의** 383-1161, www.ingaksa.org

장곡 자연휴양림 1997년에 개장한 장곡 자연휴양림은 참나무, 소나무가 울창한 숲 속에 숲속의 집, 종합산막, 산림문화휴양관, 야영장 등 숙박시설과 물놀이장, 체육시설 등을 갖추고 있다. 휴양림 숲길을 한 바퀴 도는 2.4km의 숲환경체험로는 장곡 자연휴양림의 가장 매력적인 숲길이다. 휴양림과 아미산, 방가산을 잇는 23.8km의 등산로가 최근 정비되어 등산코스로도 제격이다. **문의** 380-6317, www.janggok.co.kr

신비의 소나무 고로면 학암리 성황골에 있는 신비의 소나무는 수령 500년의 소나무로 둘레 4.5m, 높이 7m에 이른다. 소나무를 만지며 기도를 드리면 소원을 성취한다는 전설이 깃들어 있는 곳이다. 실제로 몸이 아픈 사람이나 아기를 갖지 못하는 부녀자들이 자주 찾는다고 한다.

가는 길

자가용 중앙고속도로 군위IC에서 내려 5번국도 가산·인각사 방면으로 우회전한다. 효령면 삼거리에서 영천·부계 방면 919번 지방도를 타고 가다가 부계 삼거리에서 제2석굴암 방면으로 약 4.7km 정도 가면 대율리 한밤마을에 이른다.

버스 동서울터미널에서 군위행 버스가 하루 6회 운행한다. (07:30, 09:30, 12:30, 14:30, 17:30, 19:30) 군위터미널에서 한밤마을을 거쳐 제2석굴암까지 가는 버스가 하루 8회 운행한다. (08:25, 10:40, 11:30, 13:00, 14:50, 15:40, 17:10, 19:10)

맛집 군위 삼존 석굴 주변으로 식당이 많이 밀집되어 있다. 시골밥상(모듬쌈밥, 382-2776), 원두막식당(꿩샤브샤브, 383-8227), 산너머남촌(한방백숙, 383-5445), 작은영토(간장게장, 383-9889) 등이 있고, 한밤마을이 있는 대율리에는 호두나무집(닭불고기, 383-9202), 서일도 돼지국밥(돼지국밥, 383-3780) 등이 있다.

숙박 한밤마을 내에 있는 한옥펜션과 남천고택, 신곡댁, 애연당 등 한옥을 이용할 수 있다(문의 383-0061). 한밤마을과 가까운 팔공산능금마을(382-4667, dongsan.invil.org)에는 사과나무밭에 펜션이 들어서 있어 봄, 가을로 다양한 사과 체험을 즐길 수 있다. 백송스파비스관광호텔(382-1400, www.baegssonghotel.co.kr)은 숙박뿐 아니라 온천도 즐길 수 있다. 인각사 인근 고로면 장곡리의 장곡 자연휴양림(www.janggok.co.kr)은 숙박과 함께 울창한 숲 속에서 산림욕과 숲길 산책을 즐길 수 있다.

43 숲이 아름다운 길

구름이 머무는 곳, 마음이 머무는 절
청도 운문사 솔바람길

청도에는 안개 낀 날이 많다. 호거산 자락의 청정도량 운문사는 구름 같은 안개 속에서 아슬하고 천천히 단정하고 고운 자취를 드러낸다. 수령이 오랜 소나무들이 만들어내는 공기가 쾌적하다. 아름답게 이어지는 솔바람길을 걸어, 운문사 처진소나무 아래 잠시 잠깐 쉬었다가 제비집처럼 높은 북대암까지 걷는다. 구름 위를 걷듯 발이 가볍다. 글 | 사진 유현영

운문사로 가는 길은 늘 마음이 먼저 달려간다. 신라시대에 창건되어 오랜 역사를 가진 운문사는 국내 최대 규모의 승가대학이 자리하고 있어 260여 명의 학승들이 수도와 강학을 함께 하고 있다. 자연스레 주변을 살피며 의식하게 되는데 그 덕에 여느 사찰보다 조금 조심스러운 분위기다. 매표소에서 운문사까지 이어진 1km의 소나무 숲길. 느리게 리듬을 타고 춤을 추듯 조금씩 휜 나무들의 자연스런 모양새가 서로 조화로운 모습을 만들어낸다. 차가 다니는 도로도 솔숲길, 잘 다져진 산책로도 솔숲길이다. 길을 걷다 보면 'V'자로 상처 입은 소나무들이 눈에 띈다. 송진을 채취한 흔적인데 몇십 년이 지나는 동안 도도록하게 살이 올라 역설적이게도 상처가 '하트 모양(♡)'으로 보이기도 한다. 전국 방방곡곡 어디서나 찾아볼 수 있는 일제강점기 수탈의 흔적들은 언제 봐도 참 안타깝고 억울하다. 소나무 숲길을 지나 솔바람길을 걸어 운문사 돌담을 따라 걸으면 호거산 운문사

☆ 걷기좋은계절 사계절   ☆ 난이도 ★★

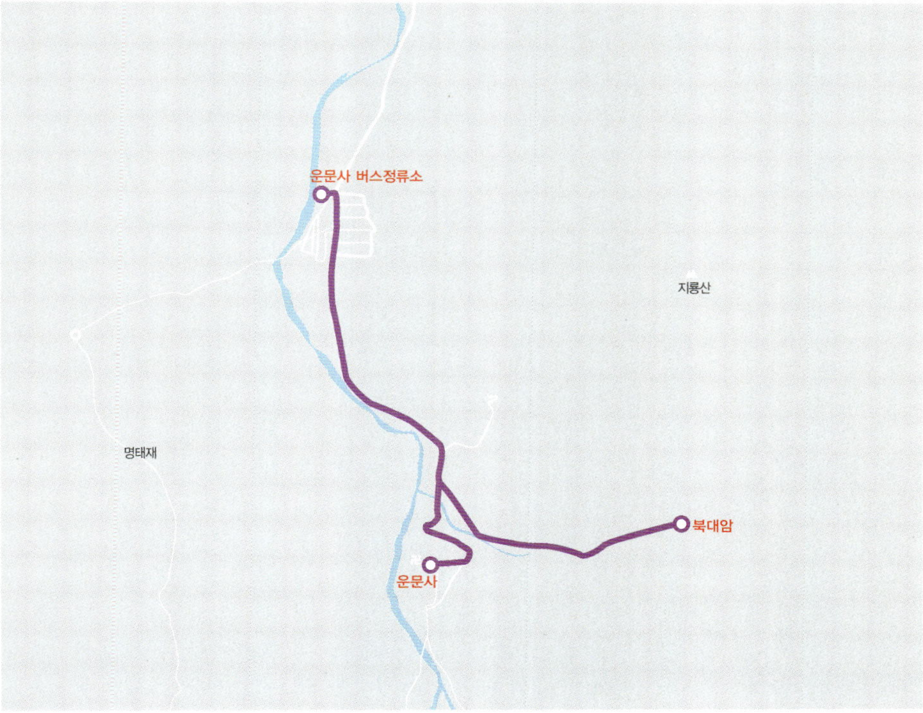

[지도]
운문사 버스정류소
지룡산
명태재
북대암
운문사

㊸ 청도 운문사 솔바람길 [5.3km, 1시간 50분]

운문사 버스정류장 —1.8km 30분→ 운문사 —왕복 2.4km 60분→ 북대암 —1.1km 20분→ 운문사 버스정류장

운문사 처진소나무

입구에 다다른다.

일주문도 천왕문도 없는 절의 입구는 2층으로 된 범종루가 자리한다. 들어서면 제일 먼저 보이는 것이 거대한 처진소나무다. 매년 봄이면 막걸리를 열두 말씩 부어주어 영양을 보충해 준다고 하는데 둥글고 낮게 가지를 드리웠으나 여전히 푸르른 것이 500년의 세월이 무색게 한다. 천연기념물 제180호로 지정되어 있는, 운문사의 상징적인 나무다. 그 옆으로 보이는 운문사의 만세루는 참 크다. 그 너머로 보이는 대웅보전도 엄청난 규모이다. 대웅전 너머로 북쪽 언덕에 북대암이 보인다. 계획도시처럼 반듯한 터와 가람배치가 정갈하고 시원스럽다. 운문사에는 대웅보전이 둘이다. 만세루 너머에도 있고 만세루 앞에도 있다. 만세루 너머의 대웅보전은 앞서 보았던 대웅보전의 절반도 되지 않게 아담하지만 역사는 훨씬 오래되었다. 새로 대웅보전을 신축하면서 극락전으로 바꿔 부르기로 했는데 기존의 대웅보전이 보물 제385호로 지정되어 있어 변경하지 못하고 있다. 법당 내에는 극락으로 가는 배인 반야용선이 천장에 표현되어 있고 줄을 잡고 오르는 작은 동자상이 매달려 있다. 일면 힘겹게도, 악착스럽게도 보인다. 그래서 악착동자라고 불린다. 극락전 앞에는 해태상이 한 쌍 있다. 오른편의 것은 새끼를 안고 있어 암컷임을 짐작게 한다. 아기 사자의 앙증맞은 모

운문사 대웅보전

습에 절로 웃음이 번진다. 그 앞으로 석등과 석탑이 한 쌍씩 나란히 있다. 발을 돌려 사천왕 석주를 보러 간다. 자그마한 작압전 안에는 보물 제317호로 지정된 석조여래좌상 주변으로 석주가 서 있다. 보물 제318호로 지정된 석주는 통일신라시대 후기에 제작된 것으로 추정된다. 동글동글 순한 얼굴의 사천왕상의 모습은 일면 귀엽다. 명부전과 칠성각을 지나 범종루 쪽으로 가다 보면 벽을 등지고 비각이 셋 있는데 가운데 것이 보물 제316호로 지정된 원응국사비다. 운문사 안쪽으로는 강학의 공간인데 출입을 금한다. 발을 돌려 나와 다시 백운교를 건너고 솔바람길을 향해 가면 북대암으로 오르는 길을 만난다. 운문사에

◎ 청도 볼거리

매년 봄에 열리는 청도 소싸움축제와 4, 9일에 열리는 청도 장날에 맞춰 찾으면 잔재미를 더할 수 있다. 함께 가보면 좋을 예술올레길(청도 몰래길)이 있다. 각북면 비슬리조트에서 최복호패션문화연구소, 전유성 씨의 코미디학교까지 연결되며 1, 2코스로 나뉜다. 문의 371-9009

운문사 소나무숲 산책로

1일차 서울 – 대구 – 청도역(운문사 버스정류장) – 점심식사 – 운문사 – 북대암 – 청도역 – 저녁식사 – 휴식 및 숙박

2일차 아침식사 – 청도석빙고, 도주관, 읍성 – 점심식사 – 남산 낙대폭포 산책 – 청도역 – 서울

여행 스케줄

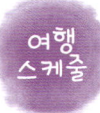

서 바라다보면 저 먼 북쪽 절벽에 자리하고 있어 북대암이라 불리는데 제비집 처럼 높은 곳에 올라앉은 모양새가 일품이다.

북대암 가는 길은 인적이 뜸하고 근처까지 차량으로 올라갈 수 있다. 포장이 되어 있어 아쉽지만 구불구불 경사진 길을 오르다 보면 제법 산을 오르는 느낌이다. 중간쯤 가면 극락교를 만난다. 오래되진 않았는지 지나치게 말끔하다. 무심코 지나치려는데 한쪽 기둥에 쓰인 좋은 글귀가 눈길을 끈다. '나를 비우면 모두가 편안하리라.' 다리를 건너고 북대암에 이르기까지 그 글귀를 자꾸 곱씹게 된다. 포장길을 20여 분 오르고 마지막에 돌계단 길을 잠깐 오르면 환하게 하늘이 열리고 북대암이 눈앞에 모습을 드러난다. 고요하고 환한 곳에 자리한 암자는 참 곱다. 더불어 주변 경관과 잘 어울리고 잠깐 사이에 세상사에서 멀어진 듯해 걸어온 길이 아쉽지 않다. 바람이 머물고 지나는 북대암에서 마음도 머리도 말끔히 비워지고 편안함이 깃든다.

북대암 가는 길

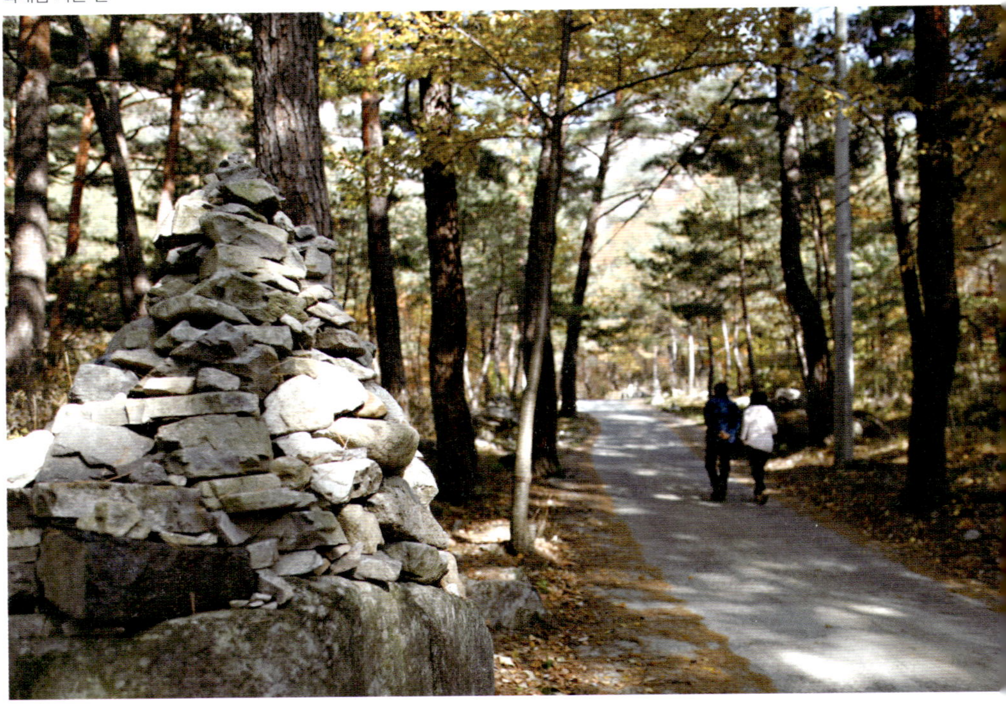

청도와인터널 1898년 완공된 남성현터널을 정비하여 2006년 와인터널로 개장하였다. 와인숙성 고로 이용되고 있으며 시음장과 전시 판매장이 있다. 붉은벽돌로 마감된 내부가 아름답고 100년 이 넘는 건축물이 주는 예스러움이 매력적이다. **문의** 371-1904, www.gamwine.com

대적사 와인터널 뒤편, 5분 거리에 있다. 신라시대에 창건된 절로 대적사 극락전은 보물 제836호 로 지정되었다. 기단 소맷돌에 용비어천도가 그려져 있고 기단에는 연꽃무늬와 거북이 무늬가 새 겨져 있다. 작고 오래되었지만 아름다운 절이다. **문의** 373-1964

청도석빙고(읍성, 도주관) 화양읍에 보물 제323호로 지정된 청도석빙고가 있다. 덮고 있던 흙이 사라지면서 드러난 아치형 구조가 보존이 잘 되어 있다. 조선 숙종 시대에 축조된 것으로 국내에 남아 있는 석빙고 중에 가장 오래된 것이다. 인근에는 최근 복원된 청도읍성과 조선시대에 지어 진 객사 건물인 도주관이 있다. **문의** 청도문화관광과 370-6114

청도 남산 낙대폭포 청도팔경의 하나인 낙대폭포 가는 길은 청도시내에서 쉽게 찾아갈 수 있다. 청도역에서 3km 정도 떨어져 있다. 최근 정비를 해서 옛 모습은 사라졌지만 신경통에 특효라는 낙대폭포의 물맞이는 유명하다. 낙대폭포 옆으로 난 길을 따라 은왕봉, 신둔사, 남산13곡을 거쳐 청도석빙고로 내려설 수 있다.

가는 길

자가용 대구부산고속도로 청도IC→IC교차로에서 밀양·청도 방향 우회전→모강 삼거리에서 경주·운문 방향으로 좌회전

기차 무궁화호 서울역→청도역(1일 16회, 4시간 15분 소요)

　　　KTX 서울역→동대구 또는 밀양역에서 환승(20~30분 간격, 2시간 30분 소요)

버스 대구(남부시외버스터미널)→청도 또는 운문사행 탑승

맛집 청도역 근처의 의성식당(추어탕, 371-2349)과 역전추어탕(추어탕, 871-2367) 등 추어탕 집 들이 줄지어 있고 군청 근처의 코보식당(수육, 국수, 373-5588)이 유명하다. 운문사로 가는 길인 동곡에 스님짜장으로 이름난 강남반점(야채짜장, 버섯탕수, 018-522-1569)이 있다. 운문사 주차 장 근처에 울산아지매집(산채정식, 373-0568) 등의 민속식당이 많다.

숙박 운문사 인근에 운문산 자연휴양림(371-1323)과 산나들이펜션(372-0440, www.sannadri. net), 하얀집민박(373-7772) 등이 있고 화양읍 와인터널 근처에 용암웰빙스파(371-5500, www. yongamspa.co.kr)에서 숙박할 수 있다.

대가야의 이야기를 찾아가는 길

고령 주산 산책로와 지산동고분군

아담한 읍내로 들어선다. 길과 그 길을 따라 늘어선 상가들이 모두 아담해서 기웃대며 걷는 길이 심심치 않다. 5일장으로 북적이는 장터골목과 향교를 지나쳐서 주산 삼림욕장으로 들어서면 울울창창한 나무숲 너머로 허물어져 흔적만 남은 석성 위로 길이 나 있다. 그 길 끝에는 고령 시내를 내려다보는 터에 고분군이 자리하고 있다. 대가야의 비밀을 간직한 거대한 고분군이다. 글 | 사진 유현영

고령터미널에서 내려서 중앙네거리로 걷는다. 우체국 방향으로 횡단보도를 건너고 왼편으로 장터거리를 지나쳐서 곧장 걸으면 길 왼편으로 커다란 느티나무가 눈에 띈다. 그곳이 고령향교 입구이다. 계단을 오르면 너른 터 왼편으로 향교가 있고 주변은 빈터다. 외삼문 너머로 명륜당과 대성전이 보인다. 규모가 크지 않고 아담하다. 조선시대에 지어졌고 두어 차례 이전을 거치면서 지금의 자리에 이른다. 향교 옆에는 '대가야국성지'라고 쓰인 석조물이 있다. 그저 빈터로 보였던 이곳이 대가야국의 왕궁터로 추정되는 곳이라고 한다. 터 주변으로 나무들이 빙 둘러 서 있고 그 사이를 오가며 맨손체조를 하는 사람들이 종종 눈에 띈다. 오랜 세월이 차곡차곡 내려앉은 자리로 잡풀만 무성하고 인적이 뜸하다. 세월이 지나고 잘 다져진 역사는 담담하고 의연하게 그 자리를 지키고 있다.

 ✿ 걷기좋은계절 사계절　　✿ 난이도 ★

주산성

고령시외버스
터미널

고령읍사무소
고령공공도서관
고령군보건소
고령향교
쾌빈리회관
고령
영생병원

농산물품질관리원
고령출장소

고령군청

고령경찰서

지산동고분군

대가야박물관

고령소방서

고령여자중학교

고령여자종합
고등학교

지산삼거리

고령가축시장

대가야동문

㊹ 고령 주산·산책로와 지산동고분군 [3.8km, 1시간 26분]

고령터미널 ─725m/11분→ 고령향교 ─1.4km/50분→ 주산산림욕장 ─975m/15분→ 지산동고분군

─350m/5분→ 대가야박물관 ─350m/5분→ 대가야테마파크

향교 뒤편으로 넘어가면 오른편으로 고령학생체육관 건물이 보인다. 삼거리에
서 주산순환길 이정표를 확인하고 포장된 길을 따라가면 주산산림욕장 입구까
지 이어진다. 칼을 든 기마석상이 세워진 길을 따라가면 대가야박물관이다. 친
절한 안내판에는 삼림욕장까지 50분이 걸린다고 소개되어 있다. 주산에는 12
개의 테마 길이 있으며 1구간이 '왕릉 가는 길'이라 이름 붙은 길로, 지산동고분
군을 거쳐 대가야박물관으로 향하는 코스이다. 고령은 대가야국의 수도였다.
정견모주와 이비가의 사이에서 낳은 아들 둘이 대가야와 금관가야의 시조가
되었다고 건국신화에 전해진다. 이곳에서 대가야고분관광로까지 3.4km. 삼림
욕장의 약수터를 지나고 곧바로 100m 정도 되는 산성길을 만난다. 주산성이라
불리는 성의 대부분은 유실되어 형태를 찾기가 쉽지 않지만 성의 일부였던 돌
무지들이 흘러내릴 듯 가까스로 남아 있는 것을 볼 수 있다. 산성을 복원하기
위한 공사가 벌어지고 있다. 제대로 된 산성의 모습을 보지 못해 안타까운 마
음으로 발을 옮기면 가야 지역 최고, 최대의 고분군인 지산동고분군을 만난다.
익숙하게 보았던 평지나 산자락의 왕릉이 아닌 산 정상 가까이 능선을 따라 자
리한 왕릉은 산 아래와는 다른 세계이다. 일제강점기에 무자비하게 이루어진

◎ 연계 등산로 안내

주산산림욕장에서 반룡사. 미숭산까지 8km에 이르는 등산로도 포함된다. 걷기에 무리 없고 조망이 좋아 등산객들이 많이 찾는 곳이다. 주산 자락의 대가야 유적과 미숭산의 반룡사를 포함해 답사코스로도 아주 훌륭하다.
고령장날(4, 9일)을 맞춰 가면 여행은 더 풍요로워진다. 장 구경 후에 장터국밥은 필수 코스다.

도굴로 인해 남아 있는 유적이 많지 않지만 다행히 왕릉 발굴을 통해 순장의 흔적을 찾을 수 있었고 금관, 금 장신구를 비롯한 다양한 유물이 출토되었다. 굼실굼실하게 늘어선 왕릉은 한 굽이 너머까지도 쭉 이어진다. 지산동고분군에 서면 고령 읍내가 다 내려다보인다.

인근도시에서 소풍을 왔다는 아이들 한 무리가 들어선다. 왕릉 사이로 난 길을 즐겁게 달리고 신기한 듯 둘러본다. 따스하게 햇볕 내려앉은 오늘의 소풍을 아이들은 어떻게 기억할까?

항상 스쳐 지나는 것이 시간이지만 오래된 유적들은 역사로 남아 과거의 흔적

지산동고분군

개실마을

을 현재에 남기고 지나간 시간을 증명한다. 과거의 유물과 몇 세기를 건너 함께
했던 오늘을 기억하며 언제고 이곳을 다시 찾을 이유가 생기면 좋겠다.

왕릉전시관으로 내려서면 봉분 모양을 살려 둥글게 지은 전시관을 만난다. 안
으로 들어서면 44호 고분의 내부를 그대로 재현해 놓았다. 이 고분은 국내 최
초로 확인된 순장묘이다. 돌방이 2개 있고 주변으로 순장자의 무덤 32기가 있
는데, 40명 가까이 되는 사람들이 함께 묻혔다. 대가야박물관으로 넘어가면
대가야국을 중심으로 고령 지역의 역사, 문화 관련 유물들이 전시되어 있다.

택시를 타고 우륵박물관으로 간다. 가야금의 모양을 본뜬 박물관 지붕이 인
상적인데 내부는 가야금을 발명한 3대 악성 중 하나인 우륵에 관한 전시물로
채워져 있다. 박물관에서 오른편으로 걸으면 가얏고마을이다. 가얏고 문화관
과 체험관이 있고 마을에서 민박을 운영한다. 마을 안에는 우륵 생가도 재현
되어 있다.

고령터미널로 나와 개실마을로 가는 버스를 탄다. 밀양·합천 방면으로 가는
버스는 개실마을을 지나친다. 합가1리 마을 입구에서 내리면 화개산에 둘러싸
인 개실마을이 눈에 들어온다. 기와를 얹은 지붕과 돌담골목이 정겹다. 골목으
로 들어서기 전에 도연제를 지나 오른편으로 가면 마을안내소가 있다. 그곳에
서 설명을 들은 뒤 지도를 들고 돌아보면 좋다. 마을 안쪽으로 들어서면 무성
한 대밭 앞으로 경상북도 민속문화재 제62호로 지정된 점필제 종택이 자리한
다. 솟을대문 너머로 사랑채가 보인다. '문충세가'라고 쓰였는데 이는 점필제
김종식 선생의 시호이다. 사랑채 뒤로 안채가 자리하지만 종손이 거주하고 있
어 출입이 불가하다.

여행스케줄

1일차 서울 – 고령터미널 – 주산산림욕장 – 지산동고분군 – 대가야박물관 – 점심식사(고령 읍내) – 우륵박물관– 숙박, 저녁식사(가얏고마을) – 휴식 및 숙박

2일차 아침식사 – 고령 읍내 – 개실마을 – 점심식사(고령 읍내) – 반룡사 또는 산림녹화숲 – 고령터미널 – 서울

여행지 정보

대가야박물관 대가야 왕릉이 모여 있는 지산동고분군 아래 자리하고 있다. 둥근 봉분 형태를 살린 대가야왕릉전시관과 대가야역사관 그리고 이곳에서 차량으로 5분 거리에 위치한 우륵박물관까지 3개의 전시관으로 구성되어 있다. 고령 지역의 역사와 문화를 알 수 있는 전문 박물관이다.
문의 대가야박물관 950–6071, 우륵박물관 950–6789, www.daegaya.net

개실마을 조의제문으로 유명한 조선 중기 성리학자 점필재 김종직 선생의 후손들이 모여 사는 한옥마을이다. 선산 김씨 집성촌이자 김종직 선생의 종택과 사당이 있다. 흙담을 쌓은 마을 안길과 한옥이 아름다운 마을이다. 현재 마을 체험 프로그램을 운영하고 있어 다양한 전통음식, 민속놀이, 자연체험을 할 수 있다. **문의** 956–4022, www.gaesil.net

반룡사 신라 애장왕 3년 해인사와 함께 창건되었다고 전하는 반룡사는 미숭산 자락에 위치한 천년 고찰이다. 현재는 대가야박물관에서 소장하고 있는 반룡사 다층석탑(수마노탑)과 반룡사 동종이 경상북도 문화유적으로 지정되어 있다. 템플스테이가 운영되는데 사찰음식, 다도다식체험, 영어 전통놀이 등 다양한 프로그램이 인상적이다. **문의** 954–1498, www.banryongsa.co.kr

대가야역사테마관광지 대가야의 역사를 테마로 조성된 곳으로 고대문화관, 4D영상관, 테마숲길 등으로 구성되어 야외와 실내에서 다양한 직접 체험을 할 수 있다. 부대시설로 대가야왕가마을펜션과 캠핑장이 있어 숙박이 가능하다. 가족단위 관람객이 많이 찾는다.
문의 950–6704, www.daegayapark.net

Travel info

가는 길

자가용 영동고속도로에서 중부내륙고속도로로 바꿔 타고 88고속도로로 고령IC에서 빠져나와 26번 국도를 타고 고령·성주 방향으로 가면 된다.

버스 서울남부터미널에서 고령시외버스터미널까지 10:08∼19:00 동안 하루 7회 운행. 4시간 30분 소요.

시외버스 서울에서 대구, 동대구역까지 철도나 고속버스로 이동한 후 서부시외버스터미널(성당못역)에서 고령행 시외버스 탑승. 약 50분 소요.

맛집 쌍림면 대원식당(인삼도토리수제비, 955–1500)이 유명하고 영남식육식당(소고기찌개, 954–2303), 진국명국(선지해장국, 956–6900)과 대통대맛(왕대사브사브, 오곡밥정식, 956–6749) 등이 이 지역 향토음식을 차려낸다. 고령 읍내에 있다.

숙박 대가야역사테마관광지에 대가야왕가마을펜션(950–6704, www.daegayapark.net)이 있고 가얏고마을(956–1799, www.gayatgo.net)과 개실마을(956–4022, www.gaesil.net)에서 민박을 이용할 수 있다.

수려한 풍경에 마음을 털어내는 길

성주 독용산성길

산성으로 향하는 길은 늘 즐겁다. 산성과 어우러진 수려한 풍경을 볼 수 있고, 답답했던 마음을 훌훌 털어낼 시원한 바람이 있기 때문이다. 1500년 전 성산가야시대로 거슬러 오르는 깊은 역사가 숨어 있는 독용산성은 영남 일대에서 가장 큰 규모의 산성이다. 6km에 이르는 외줄기 성곽길을 따라 걷는 길, 수북하니 쌓인 낙엽과 함께 주변 풍경에 취하는 길이다. 글 | 사진 채지형

산성을 걷는 것은 역사를 따라가는 길이다. 성산가야시대 천혜의 요새였던 독용산성을 따라 걷는 길은 과거를 쫓아가는 길이다. 조선 숙종 때 이르러 관찰사 정중휘가 개축하고 1997년부터 복원을 시작, 현재의 모습을 갖추게 되었다. 굽이굽이 산길을 오른 후 마주친 독용산성. 그 위용에 나도 모르게 발걸음이 멈춘다.

독용산성은 소백산맥의 주봉 수도산(1317m)의 줄기인 독용산(955m)에 조성된 포곡식 산성이다. 포곡식이란 산의 계곡까지 포함해 축성한 것으로, 독용산성은 둘레 7.7km에 이르고 성안에 물이 풍부해 장기 전투에 유리하게 조성된 천혜의 요새로 꼽혔다. 성산가야로 거슬러 오르는 유구한 세월이 담긴 독용산성은 한동안 잊혔다가 임진왜란 때 백성들의 피난길에 발견되었다. 그리고 1995년에 경상북도기념물 제105호로 지정되었다.

👟 걷기좋은계절 봄, 여름, 가을　　👟 난이도 ★★★★

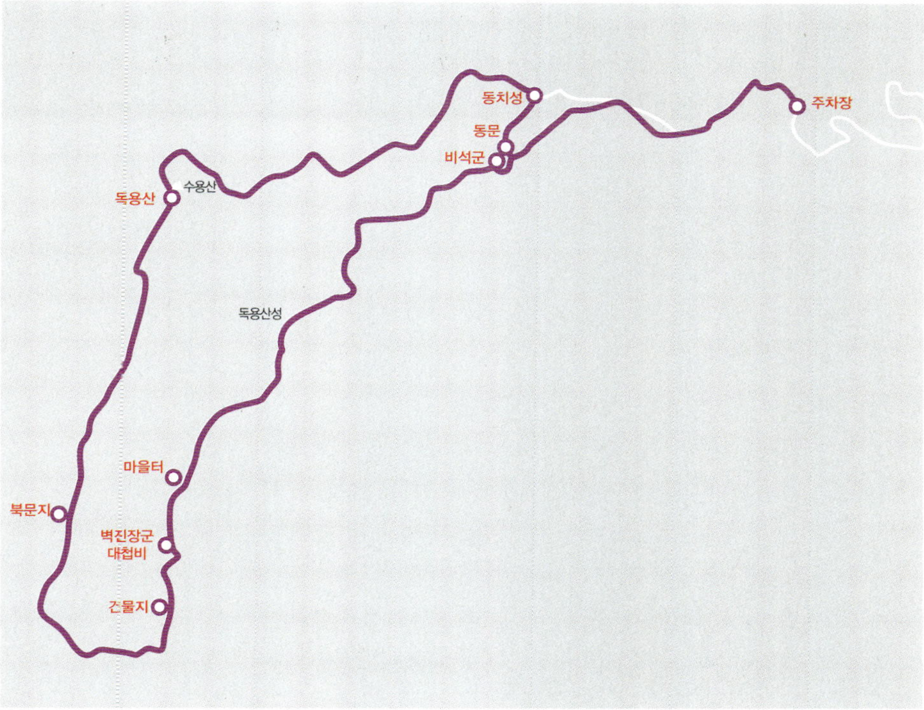

[지도: 독용산성길 — 주차장, 동치성, 동문, 비석군, 수용산, 독용산, 독용산성, 마을터, 북문지, 벽진장군대첩비, 건물지]

⑤ 성주 독용산성길 [5.15km, 2시간 10분]

성주 →(15km, 차로 25분)→ 금봉리 →(6.2km, 차로 20분)→ 독용산성 주차장 →(1km, 20분)→ 동문 →(1km, 30분)→ 독용산 정상 →(0.5km, 15분)→

북문지 →(0.65km, 7분)→ 벽진장군대첩비 →(1km, 20분)→ 동문지 →(1km, 20분)→ 주차장 →(15km, 차로 25분)→ 성주

독용산성 동문 입구

출발은 가천면 금봉리 시엇골 마을이다. 금봉리 숲과 오왕사를 지난 좁은 도로를 따라가면 독용산성 산행 안내판이 있고 오른쪽으로 임도가 나 있다. 6.2km의 임도를 따라 가면 멀리 동문이 보이는 주차장에 닿는다.

걷기는 산성 주차장에서 출발해 동문, 독용산 정상, 북문지를 거쳐 옛 마을터를 지나 임도를 따라서 다시 동문으로 회귀하는 코스다. 약 2시간 30분이 걸린다. 독용산성길은 간간이 이어진 성곽길을 따라 걷는 것으로 울창한 숲과 주변 산세를 조망하는 재미, 곳곳에 숨겨진 과거의 흔적을 찾아보는 즐거움이 있다. 동문은 주변의 치성, 성곽과 함께 최근에 복원된 것으로, 아치형을 하고 있다. 복원된 입구는 새로운 돌과 과거의 돌이 가지런히 정돈되어 있는데 마치 낡은 청바지 위에 최신 유행의 재킷을 걸친 모습이다. 동문 입구를 지나면 산성 곳곳에 흩어져 있던 비석을 한데 모아 놓은 곳이 나타난다. 불망비와 선정비가 대부분이다. 비석 오른쪽으로 향하면 독용산 정상으로 가는 성곽길이다. 성곽에 오르니 산 아래 3800만t의 물을 담은 성주댐이 눈에 들어온다. 멀리 빛에 반짝거리는 대단위 비닐하우스 단지도 내려다보인다. 성주의 특산품 참외를 재배하는 하우스들이다.

동문지에서 하산하는 등산객을 만났다. 성을 둘러보는 데 얼마나 걸릴지 물어

산성 입구에서 내려다본 풍경

보니 금방이란다. 가는 길의 소요시간에 대한 질문에는 어김없이 선의의 거짓 말이 돌아오곤 한다. 먼 길도 가까운 길도 금방이라니. 어찌 보면 걷는 것에 시 간은 의미가 없는 것은 아닐까 하는 생각이 든다.

잘 정비된 길을 지나자 조금씩 무너져 산만하게 흩어진 돌길이 나온다. 유구한 세월의 흔적으로 모진 풍파를 견디며 조금씩 닳아 버린 길이다. 수북이 쌓인 낙 엽을 밟고 가는 재미도 쏠쏠하다. 푹신한 발걸음에 서걱서걱 낙엽 밟는 소리도 즐겁다. 한참을 오르자 헬기 착륙장이 있는 독용산 정상에 이른다.

정상에 이르니 겹겹이 쌓인 산자락과 성주군이 시원하게 펼쳐진다. 서쪽으로 는 대덕산과 백두대간의 능선이, 남쪽으로는 명산 가야산이 우뚝 솟아 있다. 이어진 길을 따라 북문지에 이르면 허물어진 성곽을 따라 드넓은 초원지대가

◎ 넉바위 마을에서 독용산성 가는 길

시엇골에서 가는 방법 이외에도 넉바위 마을에서 출발하는 등산로를 이용해도 된다. 다소 가파른 길로 동문을 거쳐 독용산 정상까지 2.8km의 구간이다. 대중교통을 이용 하면 이 길로 가는 것이 가장 빠르다.

1일차 서울 – 성주 – 회연서원 둘러보기 – 무흘구곡 둘러보기 – 세종대왕자 태실 둘러보기 –
       저녁식사 – 휴식 및 숙박
2일차 아침식사 – 가천면으로 이동 – 독용산성 둘러보기 – 점심식사 – 성주군 관광 – 저녁
       식사 – 서울

여행
스케줄

나온다. 성곽을 따라 계속 가면 서문지로 향하고 초원지대로 이어진 길을 가
면 동문지로 향한다.

초원지대는 객사와 군기고와 같은 옛 건물지와 마을이 있던 자리다. 해방 전후
에 약 40호의 민가가 있었으나 1960년 모두 철거되었다. 초원지대의 임도에 벽
진 장군 대첩비가 세워져 있다. 벽진 장군은 벽진 이씨 시조인 이총언(李悤言)
으로, 고려 태조 왕건을 도운 개국 공신이다. 대첩비 주변에는 독용산성에 오
면 마셔봐야 한다는 옛 우물터도 있다. 대첩비를 지나 한적한 임도를 따라가
면 동문이 나온다.

우리 땅에는 유난히 산성이 많다. 우리나라 대부분이 산악지형인 탓도 있고 잦
은 외세의 침략에 시달린 까닭도 있을 것이다. 주변보다 높은 산에 성을 쌓으니
조망은 더할 나위 없이 훌륭하다. 이렇게 아름다운 풍경을 즐길 수 있는 것은
이 산성을 쌓아올렸던 우리 선조들의 힘겨운 손길들 덕분이 아니었을까 하는
생각에 마음이 경건해진다. 독용산성길은 선조들의 아련한 숨결이 어린 역사
의 현장이며, 뛰어난 풍경과 호젓한 숲으로 이루어진 걷기 좋은 길이다.

좌 호젓함을 만끽할 수 있는 산성길 **우** 독용산성 성곽길

무흘구곡 성주 출신 유학자 한강 정구가 중국 남송 주희의 무이구곡에 영향을 받아 지은 노래의 배경이 되는 곳이다. 대가천의 수려한 절경과 맑은 물이 흘러 여름철 피서지로 좋다. 성주댐에서 김천 청암사 계곡으로 이어지는 9곡은 드라이브 코스로도 유명하다. 성주에는 1~5곡이 있는데 1곡 봉비암, 2곡 한강대, 3곡 무학정, 배바위, 4곡 선바위, 5곡 사인암이다.

문의 문화체육정보과 933-0021

회연서원 무흘구곡으로 유명한 한강 정구의 학문과 덕행을 기려 제자들이 세운 서원이다. 서원은 한강이 선조 16년 회연초당을 세우고 인재를 양성하는 곳이었다. 숙종 16년에 사액을 받았다. 한강은 선조 때의 문신으로 의학, 역사, 천문, 풍수지리, 예학 등 여러 학문에 통달한 대학자였다. 회연서원은 고종 5년 서원 훼철에 따라 훼철되었으나 1975~1976년에 복원하여 오늘에 이르고 있다. **문의** 성주군 문화체육정보과 933-0021

세종대왕자태실 세종대왕자태실(경상북도 유형문화재 제88호)은 조선시대 왕자 태실이 모여 있는 유일한 곳으로 가치가 높다. 세종대왕의 18왕자 중 큰아들인 문종을 제외한 17왕자의 태실과 원손인 단종의 태실 등 19기의 태실이 있다. 월항면 인촌리 석선산(742.4m) 자락에 자리하고 있으며, 세종 20년에서 24년 사이에 조성되었다. 태실이란 왕가의 출산으로 인한 출생아의 태(胎)를 봉안하고 표석을 세운 것을 말한다. **문의** 성주군 문화체육정보과 933-0021

가는 길

자가용 중부내륙고속도로 성주IC에서 나와 합천·고령 방향 33번 국도를 이용한다. 가천교를 지나 가천 삼거리에서 우회전한 후 창천 삼거리에서 금봉리 방향 903번 지방도를 이용, 창천 삼거리 약 850m 지점에서 독용산성 방향으로 우회전한 후 독용산성 방향으로 직진하면 주차장이 나온다.

버스 서울남부터미널→성주버스터미널(1일 5회, 3시간 30분 소요)
　　　　(10:08, 12:00, 14:00, 15:00, 16:45)
　　　　성주버스터미널에서 가천면행 버스 이용

택시 가천면사무소에서 택시(932-4488) 이용

맛집 가천면 법전리 가야산 자락 아래에 산마루식당(버섯전골, 932-5777)과 가야산 야생화 식물원 부근에 솔마루식당(닭백숙, 931-0518)이 있다. 금수면 어은리에는 투박하지만 깊은 손맛이 느껴지는 할매묵집(메밀묵채, 932-5173)과 주변에 보리밥집이 몰려 있다.

숙박 청정지역인 가야산 국립공원에 자리한 가야산국민관광호텔(931-3500)이 머물기 좋고, 성주읍에 있는 궁전장여관(931-0959)은 저렴한 가격의 숙박업소다. 사우당 종택(932-3636)은 수륜면 수륜리에 위치해 있으며 다양한 예절, 풍물과 함께 고택체험을 할 수 있다. 무흘구곡의 선바위 부근에 위치한 무흘산장(932-2164)은 단체손님을 위한 넓은 객실을 갖추고 있으며, 빼어난 계곡과 함께 피서를 즐기기에 좋다.

46 숲이 아름다운 길

외침을 막기 위해 쌓은 산성, 아름다운 숲길과 어울리다

칠곡 가산산성길

팔공산 서쪽 끝자락에는 가산(해발 902m)이 자리 잡고 있다. 가산산성과 가산바위에 이르는 산행 코스는 길이 험하지 않고, 울창한 활엽수림이 이어져 있어 쉬엄쉬엄 오르기 좋다. 가산의 정상부에 는 험준한 골짜기를 따라 축조한 가산산성이 남아 있다. 조선시대 산성의 흔적도 둘러볼 수 있을 뿐 아니라 널찍한 가산바위 정상에 오르면 시원한 조망이 끝없이 펼쳐진다. 글 | 사진 문일식

칠곡군 가산면과 동명면에 걸쳐 있는 가산은 팔공산 도립공원의 서쪽 끝자락에 자리 잡고 있다. 가산에는 조선시대 때 축조된 가산산성이 남아 있다. 가산산성은 임진왜란과 병자호란 등 국란을 겪은 뒤 쌓은 산성으로 가산의 험준한 골짜기를 따라 축조됐다. 아마도 두 국란을 겪고 난 뒤 산성의 중요성을 절실히 느꼈던 모양이다. 조선 인조, 숙종, 영조 때 각각 내성, 외성, 중성이 차례로 축성되었고, 성곽의 총 길이는 무려 7km가 넘는다. 산성이 축조된 후 외침은 없었지만, 한국전쟁 당시 가산산성으로 40여 톤이 넘는 폭탄이 떨어졌을 정도로 처절한 혈전이 벌어졌던 곳이다. 과거에는 전략적 요충지였으나 지금은 가산산성과 가산바위까지 이르는 숲길을 따라 오붓한 트래킹을 즐길 수 있는 명소가 되었다.

가산산성길은 동명면 남원리에 위치한 진남문에서 시작한다. '영남제일문'이란 현판을 건 진남문은 옛돌과 새돌이 어색하게 짜 맞춰져 있어 고성의 예스러

☆ 걷기좋은계절 봄, 가을   ☆ 난이도 ★★★

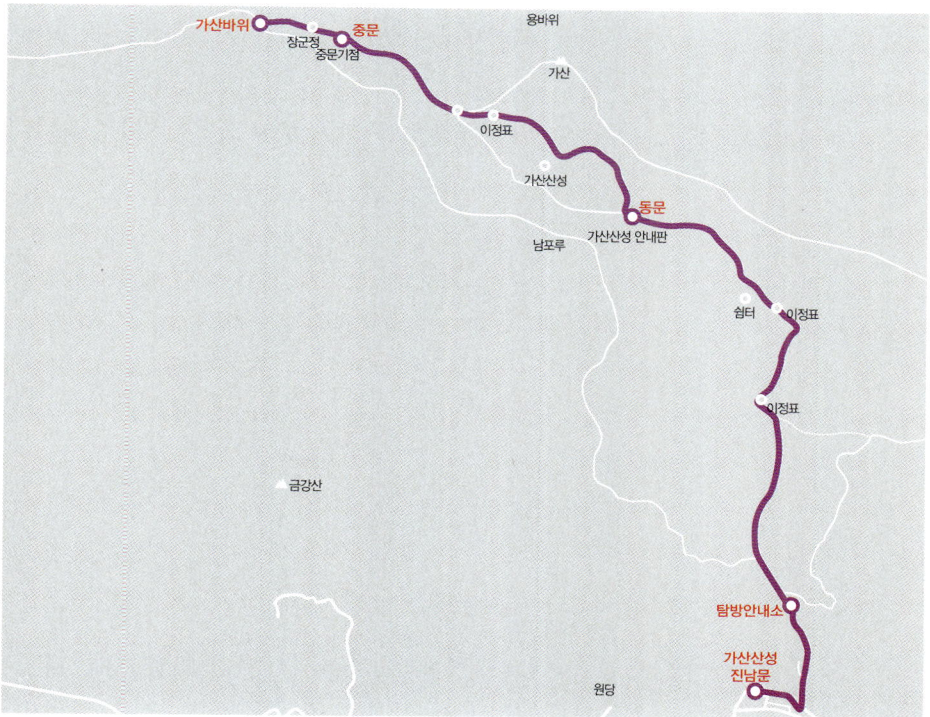

[지도]
가산바위 / 장군정 / 중문 / 중문기점 / 용비위 / 가산 / 이정표 / 가산산성 / 동문 / 가산산성 안내판 / 남포루 / 쉼터 / 이정표 / 이정표 / 금강산 / 탐방안내소 / 가산산성 진남문 / 원당

㊻ 칠곡 가산산성길 [5.4km, 2시간 30분]

가산산성 진남문 —0.4km 30분→ 탐방안내소 —0.9km 30분→ 삼거리 —2.7km 60분→ 동문 —0.9km 20분→ 중문 —0.5km 10분→ 가산바위

움은 없지만, 가산을 배경으로 든든하게 서 있다. 진남문과 가까운 탐방지원센터는 동문으로 오르는 입구다. 길을 따라 오르면 동문과 치키봉 이정표를 만나는데 어느 방향으로 가도 동문이 나온다. 동문 방향은 박석이 깔린 길과 숲길로 경사가 가파르고, 치키봉 방향은 에둘러 가는 완만한 임도다. 치키봉 방향은 에둘러 가기 때문에 시간도 제법 걸리고 동문 방향에 비해 운치도 떨어진다. 길이 가팔라도 울울한 숲길이 있는 동문 방향이 낫다. 숲 속 가파른 길을 20분 정도 올라가면 삼거리에 이른다. 가산산성길의 힘겨운 오르막은 다행히 여기서 끝난다. 이제부터는 울창한 활엽수림 사이로 난 완만한 숲길이 가산의 산자락을 지그재그로 휘감고 오른다. 산 정상을 향한 등산이라기보다는 숲길을 따라 쉬엄쉬엄 걷는 산책이라는 표현이 오히려 더 어울린다.

삼거리에서 시작되는 숲길은 제법 울창하다. 소나무도 눈에 띄지만, 대체로 신갈나무, 졸참나무, 굴참나무, 물푸레나무, 층층나무 등 활엽수가 주종을 이룬다. 가을이 깊어지면 숲길 곳곳은 울긋불긋 화려한 색감으로 만산홍엽을 이룬다. 한 굽이 휘감아 오를 때마다 조금씩 산세는 높아지고, 키 작은 산들의 모습이 너른 숲 사이로 차례차례 모습을 드러낸다. 문득 산비탈을 거슬러 오르는 바람이 숲길을 지나면 하늘 위에선 단풍잎이 춤을 추며 내리고, 땅 위를 구르던

구불구불 평탄하게 이어진 가산산성 숲길

◎ 새로 생긴 가산산성 둘레길

가산산성의 성벽을 따라가는 둘레길이 근래에 이어졌다. 진남문에서 남포루로 오르는
급경사 구간에 안전펜스와 계단을 설치해 진남문~남포루~가산바위~유선대~용바
위~중문~동문~진남문으로 이어지며. 둘레길은 약 5km 정도 된다.

바싹 마른 낙엽들이 '사르르' 소리를 내며 저만치 요란스럽게 달린다. 입체감이
느껴지는 가을은 숲길을 따라가는 내내 눈과 귀를 간질인다.

지그재그로 이어진 길을 몇 차례 오르다 보면 넓은 분지에 이르고, 곧 동문 주
변의 성벽이 나타난다. 성벽을 지나 우측으로 동문이 자리 잡고 있다. 동문과
동문 양쪽으로 날개처럼 뻗어 나가는 성곽의 모습이 인상적이다. 특히 동문 좌
우로는 치성처럼 바깥쪽을 향해 돌출되게 성을 쌓아 더욱 견고해 보인다. 차곡
차곡 쌓인 돌에는 이끼가 낀 채로 남아 있고, 오랜 세월 동안 모진 풍파를 겪은
탓에 빛바래진 지 오래다. 산성의 예스러움이 그대로 묻어난다.

동문에서 중문까지는 약 1km가 채 안 된다. 동문에서 중문으로 오르는 길은 두
갈래로 나뉜다. 동문에서 직진해 오르는 길은 중문까지 0.9km, 동문 성곽 왼
편으로 오르는 길은 중문까지 0.6km 떨어져 있다. 성곽 왼편으로 오르는 길은
직진해 오르는 길보다 다소 가파르다. 동문에서 직진해 올라 일본잎갈나무라
불리는 낙엽송 숲길을 지나면 금세 중문에 이른다. 중문은 근래에 복원해 동문
과는 느낌이 사뭇 다르다.

중문까지 왔다면 가산바위는 꼭 올라봐야 할 곳 중 하나다. 중문에서 내리막
길을 따라 5분 남짓 내려가 철계단을 오르면 널찍한 가산바위 위로 바로 오를

예스러움을 그대로 간직하고 있는 가산산성 동문

수 있다. 가산바위는 가암이라 불리는데, 수백 명이 모여 앉을 정도로 널찍하다. 올망졸망 솟아 있는 산세뿐 아니라 산자락이 겹쳐 이어진 모습은 정상에서만 누릴 수 있는 풍경이다. 가산과 함께 한국전쟁 당시 치열한 전투가 벌어졌던 다부동 일대와 유학산이 눈에 들어온다. 황학산, 백운산, 매봉산, 도덕산 등 칠곡 일대의 산자락뿐 아니라 멀리 대구 시내와 앞산, 비슬산도 바라다보인다. 넓은 바위에 앉아 사방으로 확 트인 전경을 바라보며 휴식을 취하는 것만큼 큰 즐거움도 없다.

동문으로 내려올 때는 중문에서 조금 지난 지점에서 갈라지는 두 개의 길 중 오른쪽 길로 가보는 것도 좋다. 계단을 따라 내려가면 낙엽송 숲이 눈을 현혹한다. 가을이면 하늘을 향해 두 팔을 뻗은 듯 펼쳐진 낙엽송 잎들이 노랗게 물들어 장관을 이룬다. 남포루와 동문 갈림길에 이르면 저 아래쯤에 비석 여러 기가 나란히 서 있다. 가산산성을 담당하던 관찰사와 별장의 영세불망비로, '높은 분들'의 공덕을 칭송하는 비석이다. 가산산성을 축성할 당시 10만여 명의 백성이 동원되었고 많은 사람들이 공사 중에 죽었다고 하는데, 백성들의 노고를 치하하는 비석 하나쯤 있었으면 하는 아쉬움이 든다. 하지만 시대가 어찌 그런 시대였던가! 비석군을 지나 동문까지는 지척이다. 진남문까지 내려가는 길은 왔던 길 그대로 돌아가면 된다.

좌 활엽수가 울창한 가산산성 숲길 **우** 동문 오르는 길에 만나는 너덜지대

1일차 칠곡 – 송림사 – 한티재 드라이브 – 점심식사 – 가산산성 진남문 둘러보기 – 가산산성 트래킹(탐방안내소~가산바위) – 저녁식사 – 왜관철교 야경 – 휴식 및 숙박
2일차 아침식사 – 가실성당 – 왜관지구 전적기념관 – 점심식사 – 다부동전적기념관 – 다부

여행
스케줄

여행지
정보

송림사 신라 진흥왕 때 명관 스님이 불사리를 봉안하기 위해 창건한 고찰로, 몽골군의 침입과 임진왜란 때 소실된 이후 조선 숙종 때 중창되어 지금에 이른다. 우리나라에 몇 안 되는 전탑이 대웅전 앞마당에 남아 있고, 대웅전과 천불전에는 각각 목조석가여래삼존좌상과 석조아미타여래삼존좌상이 보물로 지정되어 있다. **문의** 976-8116, www.songnimsa.org

한티재 칠곡의 득명리와 군위의 남산리를 잇는 고개다. 팔공산의 수려한 경치와 구불구불 이어지는 도로의 굴곡이 아름다워 건설교통부에서 선정한 '한국의 아름다운 길 100선'에 선정되기도 했다. 한티재에서 치키봉을 거쳐 가산산성으로 이어지는 등산로도 개설되어 있다.

왜관터널과 왜관철교 왜관터널은 1905년 경부선이 지나는 터널로 개통되었다. 석재와 붉은 벽돌을 아치형으로 쌓아 만든 터널로, 1941년 경부선 복선화 사업이 진행되면서 사용되지 않고 지금에 이른다. 호국의 다리라 불리는 왜관철교는 한국전쟁 때 남하하는 북한군을 저지하기 위해 미군이 폭파한 뒤 보수를 거쳐 1979년까지 이용되었다가 1993년 인도교로 재개통되었다.

다부동전적기념관 다부동전적기념관은 한국전쟁 당시 낙동강 방어선을 지키기 위해 벌어진 다부동 전투를 기념하기 위해 세운 기념관이다. 다부동 전투는 한국전쟁 중인 1950년 8월 1일부터 9월 24일까지 55일간의 전투로, 이로 인해 양군 3만여 명의 희생자가 발생했다. 기념관에는 한국전쟁 당시 사용된 각종 무기가 전시된 전시실뿐 아니라 전차, 장갑차, 포 등을 전시한 야외전시장으로 구성되어 있다. **문의** 973-6313, www.dabu.or.kr

가는 길

자가용 중앙고속도로 칠곡IC에서 내려 군위 방면 5번 국도를 타고 동명 사거리에서 송림사 방면 79번 지방도를 따라 우회전한다. 기성 삼거리에서 부계 방면으로 좌회전한 뒤 가산산성길을 따라가면 가산산성지구 탐방지원센터를 만난다.

버스 서울역에서 왜관역까지 하루 24회 운행한다(3시간 30분 소요). 왜관에서는 가산산성까지 가는 교통편이 없다. 왜관 북부터미널에서 동명행 버스(하루 2회 운행)를 타고 가다가 동명면 소재지에서 내려 택시를 타야 한다. 서울 경부고속터미널에서 서대구행 버스(15~20분 간격, 3시간 40분 소요)를 타고, 서대구고속버스터미널 앞에서 527번 버스를 탄 뒤 동호동에 내려 칠곡3번 버스를 타면 된다. 남원1리에서 내려 진남문까지 20분 정도 걸어가야 한다.

맛집 가산산성 주변 남원리와 기성리 주변에 식당이 다양하다. 가산산성 입구에는 고도리식당(토종닭, 975-3886), 강산가든(손두부, 972-3545) 등이 있고, 기성리에는 팔공산 국한그릇(쇠고기국밥, 975-6524), 우리콩사랑(순두부, 975-9089), 금강산가든(묵은김치고등어정식, 975-5625) 등이 있다. 왜관 읍내에는 60년 전통의 순대국밥과 전골로 유명한 고궁(974-0055)이 있다.

숙박 가산산성 주변 남원리와 기성리 주변에 아카풀코모텔(975-7522), 러브스토리모텔(974-2000) 등 주로 모텔이 많다. 한티재 아래에는 팔공산 도립공원에서 운영하는 가산산성 야영장(053-602-5900)과 팔공테마리조트(976-2000, www.80themeresort.com)가 있다. 석적읍에는 깔끔한 숲 속의 집이 인상적인 송정자연휴양림(979-6600, www.songjeong.go.kr)이 있다.

초판 1쇄 | 2011년 4월 7일
초판 2쇄 | 2012년 4월 11일

지은이 | (사)한국여행작가협회

발행인 겸 편집인 | 유철상

기획 | 경상북도
책임편집 | 유철상
집필 · 사진촬영 | (사)한국여행작가협회
디자인 | 주인지
지도 | 정은선
교정 · 교열 | 임지선

펴낸 곳 | 상상출판
주소 | 서울시 동대문구 용두동 790번지 롯데캐슬 피렌체 상가 3층 306호
구입 · 내용 문의 | **전화** 070-8886-9892~3 **팩스** 02-963-9892
이메일 cs@esangsang.co.kr
등록 | 2009년 9월 22일(제305-2010-02호)
찍은곳 | 다라니

※ 가격은 뒤표지에 있습니다.

ISBN 978-89-94799-05-6(13980)

© 2011 (사)한국여행작가협회, 경상북도

www.esangsang.co.kr